高等职业教育**计算机类专业**系列教材

（人工智能技术应用专业）

U0722257

数据库技术与应用

——从MySQL到达梦数据库

主　编　涂家海　徐　嘉　雷　琳

副主编　夏春芬　夏小翔　辛　玲　李　渊

参　编　李明义　王岭玲　程　青

DATABASE

重庆大学出版社

内容提要

本书是一本关于数据库设计与开发的教材,以"学生选课系统"和"图书管理系统"为实例,提供了9个不同情景的项目,包括26个具体的任务;内容包括数据库初识、数据库设计、数据库和数据表定义、数据库数据操作、数据库数据查询、数据库优化查询、数据库编程、数据库安全管理、达梦数据库系统适配迁移;可作为高职院校计算机类专业的教材,也可作为数据库设计与开发人员的参考用书。

图书在版编目(CIP)数据

数据库技术与应用:从 MySQL 到达梦数据库/涂家海,徐嘉,雷琳主编. -- 重庆:重庆大学出版社,2024.7. --(高等职业教育人工智能技术应用专业系列教材). -- ISBN 978-7-5689-4677-3

Ⅰ.TP311.132.3

中国国家版本馆 CIP 数据核字第 2024VP6514 号

数据库技术与应用——从 MySQL 到达梦数据库

SHUJUKU JISHU YU YINGYONG——
CONG MySQL DAO DAMENG SHUJUKU

主 编 涂家海 徐 嘉 雷 琳

策划编辑:范 琪

责任编辑:秦旖旎 版式设计:范 琪

责任校对:邹 忌 责任印制:张 策

*

重庆大学出版社出版发行

出版人:陈晓阳

社址:重庆市沙坪坝区大学城西路 21 号

邮编:401331

电话:(023)88617190 88617185(中小学)

传真:(023)88617186 88617166

网址:http://www.cqup.com.cn

邮箱:fxk@ cqup.com.cn(营销中心)

全国新华书店经销

重庆新荟雅科技有限公司印刷

*

开本:787mm×1092mm 1/16 印张:14.25 字数:358 千

2024 年 7 月第 1 版 2024 年 7 月第 1 次印刷

ISBN 978-7-5689-4677-3 定价:49.80 元

前言
Foreword

当今数据时代正面临数据量的爆炸式增长,有效存储、管理和分析海量数据已成为迫切需求。作为一款轻量级、高性能且对用户友好的开源关系型数据库管理系统,MySQL 被广泛运用于网站开发、企业信息系统和数据分析等多种场景。同时,达梦数据库以其完全自主知识产权和卓越性能,在国产信息创新领域占据了重要地位。掌握 MySQL 和达梦数据库技术,无疑将增强个人职业竞争力,并对企业的创新发展贡献巨大价值。

本书基于案例教学方法,以实际项目和具体任务构建教学单元,适配结构化与模块化的学习模式。鼓励读者通过动手实践、深入探索和团队协作等多元化方式掌握知识。读者将通过实际操作,熟练掌握 MySQL 和达梦数据库迁移的核心技术和应用技巧,同时培养其自主学习和团队合作的能力。

在具体内容上,本书精心打造了两个实用案例——"学生选课系统"和"图书管理系统"。围绕这两个案例,设计了 9 个不同情景的项目,包括 26 个具体的任务。这不仅涵盖数据库的基础理论,如数据库设计、定义、操作、SQL 语言、管理及安全、数据库迁移等方面,还致力于帮助读者理解并解决实际业务需求中的数据库设计问题,掌握核心概念和方法。

为了进一步支持读者的需求,本书提供了丰富的配套资源和数字教材。这些资源与作者在智慧职教平台上开设的"数据库设计与开发"在线课程相结合(https: // zyk. icve. com. cn/courseDetailed? id = ojypauwwmjjfebc6zsatg&openCourse = bp0sauaw8qjjri7pammvtw),便于读者随时通过网络平台进行学习,实现知识与技能的无缝对接。

本书建议总学时为 108 学时,具体分配如下:项目 1 至项目 9 分别占据 8、8、12、12、16、8、16、16、12 学时。这样的安排旨在确保学生在每个项目都有充分的学习和实践时间,以便能够深入理解相关知识和掌握技能。

在编写团队方面,涂家海、徐嘉、雷琳担任本书的主编,武汉达梦数据库股份有限公司的张守帅和程青提供了宝贵的数据库应用和迁移实例,使得本书内容更加贴近实际应用。具体到各个项目的编写责任,涂家海负责项目1,徐嘉、夏小翔负责项目2,李明义负责项目3,王岭玲负责项目4,夏春芬负责项目5,李渊负责项目6,徐嘉、雷琳负责项目7,辛玲负责项目8,程青负责项目9。此外,本书还邀请到中国地质大学的王典洪教授对本书进行了审阅,以确保教材的质量和专业性。

本书在编写过程中,得到了许多单位和个人的支持和帮助。在此,向所有参与编写、审阅、指导和提供支持的单位和个人表示衷心的感谢!

由于编者水平有限,书中难免出现疏漏之处,欢迎读者提出批评与建议。

编　者

2024 年 4 月

目录
Contents

项目1
数据库初识 ⚬⚬⚬⚬⚬⚬⚬⚬⚬⚬⚬⚬⚬⚬⚬⚬⚬⚬⚬⚬⚬⚬ ○

学习导读

数据库技术是现代信息技术的重要组成部分,能有效管理和存取大量的数据资源。例如,大家想了解新学期的课表,可以登录学校的教务管理系统,查看课程名称、上课时间及地点等信息,这些数据的管理都是通过数据库技术来实现的。MySQL 由于其体积小、开放源码、成本低等特点,被广泛应用于 Internet 的中小型网站上,其强大的功能和卓越的运算性能使其成为企业级数据库产品的首选。

本项目在介绍数据库基本概念的基础上,要求学生掌握 MySQL 的安装和配置方法,实现 MySQL 的一般使用操作。

学习目标

知识目标	技能目标	素养目标
1. 掌握数据库基本概念以及关系型数据库管理系统的基本原理。 2. 理解关系完整性约束。 3. 了解数据库特点及不同应用场景下的优势。	1. 能根据用户需求选择合适的数据库管理系统。 2. 能根据业务流程画出 E-R 图。 3. 能安装 MySQL 软件、配置相关服务并使用服务。	1. 培养爱国主义情怀:了解国产数据库先进技术。 2. 提高规划管理意识:根据需求合理规划数据库资源。 3. 提高探索实践意识:借助官方文档等资源自主实践。

任务1.1 学习数据库相关概念

任务描述

王芳是大数据技术专业的学生,前期已完成网页制作、Java 程序设计等课程的学习,她在使用学校教务管理系统的过程中萌生了设计一个小型学生选课系统的想法。要实现这个想法,除了需要具备网页制作、Java 程序设计的知识储备,还需要合理规划和设计数据库帮助我们管理系统数据。

具体任务实施如下。

[实施1] 理解数据库基本概念。

[实施2] 认识关系数据模型。

［实施3］　理解关系完整性约束。

任务分析

要完成该任务,一是要理解数据库的基本概念,掌握数据库、数据库管理系统和数据库系统之间的关系;二是要理解数据模型及表示方法;三是要理解现实世界、信息世界、计算世界中不同数据模型的关系;四是要从用户业务需求角度梳理、提炼和规划数据模型。

本任务知识聚焦内容如下。

- 常见的关系数据库管理系统
- 数据库行业特点及职业标准

任务实施

1.1.1　理解数据库基本概念

(1)数据和信息

①数据(Data):由事实和数字组成的原始材料,它通常以离散的形式存在,是客观的符号表示。数据可以被收集和存储,但在未经处理之前,它并不直接传达具体的意义或价值。数据在本质上可能是无序和混杂的,需要通过分析和解译才能转化为有价值的信息。

②信息(Information):对数据进行加工和解释后的产物,它赋予了数据特定情境下的含义。信息对于决策制定和理解具有更高的价值,因为它是有组织、有意义的,能帮助人们更好地理解事物并做出明智的决策。

③数据处理(Data Processing):对数据执行的一系列操作,包括收集、整理、存储、检索、分析和解释。这个过程涵盖了数据的输入、处理、输出和传输,目的是将原始数据转化为有用的信息,以支持决策和行动。

④数据管理(Data Management):对数据从创建到销毁的整个生命周期进行规划、组织、控制和维护的过程。它包括数据的创建、存储、维护、备份、恢复、安全和销毁等方面,以确保数据的可用性、一致性、完整性和安全性。

(2)数据库和数据库管理系统

①数据库(Database,DB)是一个系统化、可查询的数据集合,它按照特定的数据模型进行组织和存储,以便高效地访问和管理。

②数据库管理系统(Database Management System,DBMS)是一种软件工具,用于创建、管理和操作数据库。它使用户能够通过查询语言(如SQL)与数据库交互。

(3)数据库系统

数据库系统(Database System,DBS)是计算机系统中至关重要的部分,主要负责数据的存储和管理。如图1-1-1所示,它由数据库、相关的硬件、软件以及人员组成。

①数据库(Database):存储在计算机中的有组织的数据集合。这些数据通常具有较小的冗余、较高的独立性,并且易于扩展。数据库中的数据被组织成特定的结构,例如表格,以便用户和应用程序可以高效地存取。

②硬件(Hardware):数据库系统所需的物理设备,包括存储数据的外部设备,如硬盘驱动器、固态驱动器等。硬件配置需要满足整个数据库系统的性能和存储需求。

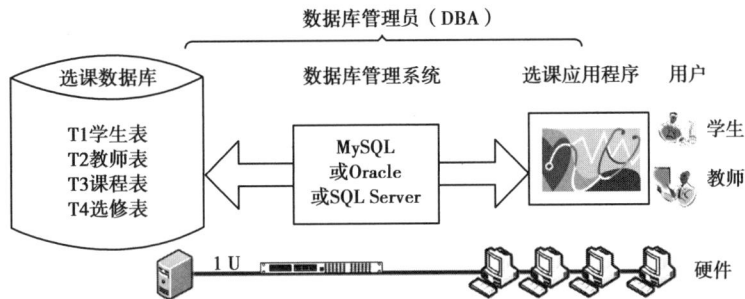

图 1-1-1　数据库系统结构

③软件（Software）：包括操作系统、数据库管理系统（DBMS）以及各种数据库应用程序。数据库管理系统是数据库系统的核心，负责数据的定义、操纵及数据库的运行管理和维护保养。

④人员（Personnel）：与数据库系统相关的人员可分为系统分析员和数据库设计人员、应用程序员、最终用户和数据库管理员（DBA）4 类。系统分析员和数据库设计人员负责需求分析和数据库设计；应用程序员编写使用数据库的应用程序；最终用户通过接口或查询语言访问数据库；而 DBA 则负责数据库的总体控制、性能改进，以及安全性和完整性的监控。

总之，数据库系统是一个复杂的集成系统，其设计目的是保障数据的有效管理和高效服务，支撑起日益增长的数据处理需求。在现代的信息技术领域，数据库系统扮演着至关重要的角色。

1.1.2　认识关系数据模型

（1）数据模型概念

"模型"是一种抽象的表示，用于描述、解释或预测某种现象或过程。例如，汽车模型和航空模型都是对真实事物的抽象表示。在不同的领域和背景下，模型可以有不同的形式和功能。在数据库中，使用"数据模型"（Data Model）来对现实世界进行抽象。

（2）数据模型分类

数据模型是对数据和信息进行模型化的工具。根据模型的应用目的，可以将数据模型分为概念模型和基本数据模型两类。

①概念模型：也被称为信息模型。这是一种面向用户、面向客观世界的模型，主要用于描述世界的概念化结构。它从用户的视角对数据和信息进行建模，帮助数据库设计人员在设计的初始阶段，摆脱计算机系统和数据库管理系统的具体技术问题，专注于分析数据及其之间的联系。概念模型与具体的数据库管理系统无关，它是现实世界到信息世界的第一次抽象，用于信息世界的建模，是数据库设计人员的重要工具，也是数据库设计人员与用户之间交流的语言。

②基本数据模型：这是直接面向数据库的逻辑结构，按照计算机系统的观点对数据进行建模，主要用于数据库管理系统（DBMS）的实现。这种模型通常被称为基本数据模型或数据模型，是对现实世界的第二次抽象。数据库中的基本数据模型包括网状模型、层次模型和关系模型等。概念模型和基本数据模型完成了将现实世界转换为计算机世界的过程，如图 1-1-2 所示。

图 1-1-2　现实世界转换为计算机世界的过程

（3）概念模型

1）概念模型的要素

概念模型在数据库设计中占有重要地位,它帮助设计者将复杂的现实世界简化为信息世界中的模型,是数据模型的基础,以便于后续的逻辑和物理设计。具体包括以下几个要素。

①实体（Entity）:现实世界中可以区分的一个个体或事物,如一个学生、一门课程、一座教学楼。

②属性（Attribute）:描述实体的特性,如一个学生实体可以由学号、姓名、性别、出生日期、专业班级等属性组成。

③域（Domain）:每个属性有一个取值范围,称为该属性的值域。值域的类型可以是字符型或整型等。如姓名的值域为字符串集合,年龄的值域为整数。

④实体型（Entity Type）:一类实体所具有的共同特征或属性的集合称为实体型。一般用实体名及其属性来抽象地刻画一类实体的实体型。例如,学生（学号,姓名,性别,出生日期,专业班级）就是一个实体型。

⑤实体集（Entity Set）:同型实体的集合叫作实体集。例如,全体学生、所有课程都称为实体集。

⑥联系（Relationship）:现实世界的事物之间是有联系的,一般存在两类联系,一是实体内部各属性之间的联系;二是各种实体之间的联系。在考虑实体内部的联系时,是把属性作为实体的。一般来说,两个实体之间的联系可分为一对一、一对多、多对多3种。

2）概念模型的表示方法

概念模型的表示方法最常用的是实体-联系法（Entity-Relationship Approach）,简称 E-R 方法。该方法用 E-R 图来描述某一组织的概念模型,其要点如下:

①长方形框表示实体集,框内写上实体型的名称。

②椭圆形框表示实体的属性,并用无向边把实体框及其属性框连接起来。

例如,学生实体具有学号、姓名、性别、出生日期和班级的属性,其 E-R 模型如图 1-1-3 所示。

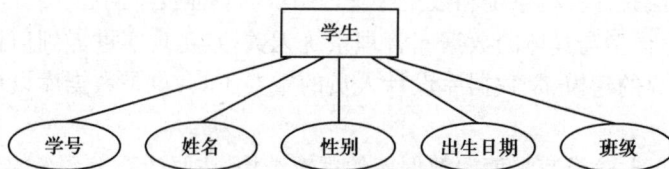

图 1-1-3　实体及属性 E-R 图

③菱形框表示实体间的联系,框内写上联系名,用无向边把菱形框及其有关的实体框连接起来,在旁边标明联系的种类（$1:1,1:n$ 或 $m:n$）。如果联系也具有属性,则把属性框和菱形框用无向边连接上。

　　a. 一对一(1∶1)联系。若对于实体集 A 中的每个实体,实体集 B 中至多有一个实体与之联系,反之亦然,则称实体集 A 与实体集 B 具有一对一联系,记作 $1∶1$,如图 1-1-4(a)所示。例如,在学校里,一个班只有一个正班长,而一个正班长只在一个班中任职,则班级与正班长之间具有一对一联系。

　　b. 一对多(1∶n)联系。若对于实体集 A 中的每个实体,实体集 B 中有 n 个实体($n \geq 0$)与之联系;反之,对于实体集 B 中的每个实体,实体集 A 中至多有一个实体与之联系,则称实体集 A 与实体集 B 具有一对多联系,记作 $1∶n$,如图 1-1-4(b)所示。例如,一个班级中有若干个学生,而一个学生只能在一个班级中学习,则班级与学生之间具有一对多的联系。

　　c. 多对多(m∶n)联系。若对于实体集 A 中的每个实体,实体集 B 中有 n 个实体($n \geq 0$)与之联系;反之,对于实体集 B 中的每个实体,实体集 A 中也有 m 个实体($m \geq 0$)与之对应,则称实体集 A 与实体集 B 具有多对多联系,记作 $m∶n$,如图 1-1-4(c)所示。例如,一个学生可以选修若干门课程,而一门课程也可以有若干个学生选修,则学生与课程之间就是多对多联系。

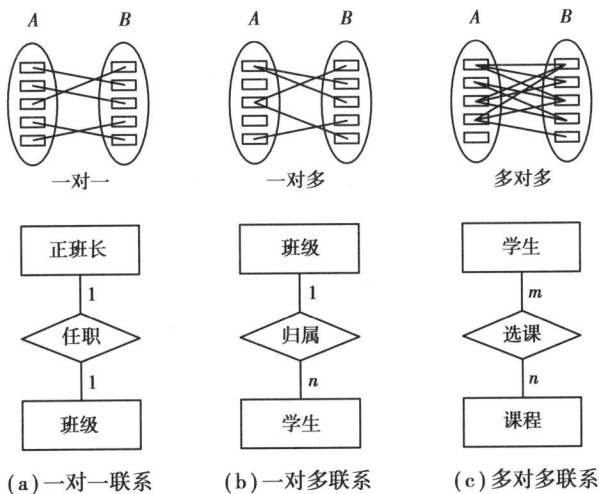

图 1-1-4　实体及联系 E-R 图

(4)常见的数据模型

　　数据模型是数据库系统的核心,它决定了数据的组织和处理方式。每个数据库管理系统都基于一个特定的数据模型构建。数据模型包含3个关键要素:数据结构、数据操作和完整性规则。这些要素分别定义了数据的静态特性、动态行为及约束条件。目前,主流的数据模型包括层次模型、网状模型、关系模型和面向对象的数据模型,其中关系模型最为普及。同时,随着技术的进步,一些新兴的数据模型,如 NoSQL 数据库和图数据库也逐渐兴起,被广泛应用在不同的场景中。

1)层次模型

　　层次模型是一种较早出现的数据模型,它以树形结构来表示数据和数据之间的关系。这种模型简单且直观,适用于表现具有明确上下级关系的数据结构,如组织架构、目录结构等。

　　层次模型的特点如下。

　　①有且仅有一个根节点,它是树的顶端节点,没有父节点。

②除了根节点外,其他节点有且仅有一个父节点。

在层次模型中,节点代表记录类型,定义实体属性和特征。每条记录含多个字段,父节点与子节点形成一对多联系。但层次数据库在灵活性和扩展性上受限,现代数据库设计已转向更先进、灵活的数据模型,如关系模型和 NoSQL 模型,以更好地处理复杂数据关系和大规模数据集。

2)网状模型

网状模型是一种较早的数据模型,它通过无向图的形式来表示数据及其之间的关系,其中图的节点代表记录,边代表记录间的关系。这种模型相比层次模型具有更高的复杂性和灵活性,因为它允许多个节点之间存在多对多的关系。

网状模型的主要特点如下。

①节点可以有多个双亲节点,即记录可以有多个上级记录。

②允许两个节点之间存在一种或多种联系。

③某些节点可以没有任何双亲节点,即不依赖于其他记录。

网状模型在功能上优于层次模型,并提供数据的重构支持、具备数据独立性和共享能力以及较高的运行效率,但该模型结构复杂,用户查询和定位难度大,操作命令过程式烦琐,且不支持直接表达层次结构需求。

3)关系模型

在数据库领域,关系模型由于其简单性、灵活性以及强大的理论基础,成为应用最广泛的数据模型之一。它基于二维表结构来组织数据,每个二维表即关系,代表实体集及其关联。

关系数据模型的主要特点如下所述。

①简洁性和灵活性:能够直观地表述和处理实体及其关系,通过规范化处理提供清晰的逻辑结构。

②数学和操作基础:建立在关系代数和关系演算等操作体系之上,支持灵活的查询和操作。

③对称性:关系模型中的数据间关系具有对称性,无论正向或反向查询均便捷。

关系模型的缺点包括实现效率不高、描述能力限制、不支持层次结构和复杂对象、可扩展性受限以及处理复杂对象的能力不足。为解决这些问题,现代关系数据库系统采用了多种优化技术,如索引、查询优化器和执行计划;出现了对象-关系数据库等扩充形式以增强对复杂数据类型和结构的描述;增加了对 JSON、XML 等半结构化数据的支持和使用更丰富的数据类型来模拟层次结构和复杂对象;分布式关系数据库和云数据库服务提高了处理大规模分布式数据的能力;引入了特殊数据类型和函数库以满足处理图形数据、地理空间数据和文本搜索等复杂数据处理需求。

4)面向对象的数据模型

随着数据库应用领域的扩展和深入,传统的数据模型如层次模型、网状模型及关系模型在某些方面显示出局限性。特别是对于处理复杂数据类型,如音频、视频、图像以及 CAD 数据等,传统模型往往难以胜任。因此,面向对象的数据模型应运而生,它能够更好地适应新型应用程序的需求。

面向对象的数据模型采纳了面向对象编程范式的核心理念,主要包括以下几个关键概念。

①对象:任何可识别的实体,可以是具体的或抽象的。

②对象标识:每个对象都有一个唯一的标识符,类似于商品的条形码,用于区分不同的对象实例。这个标识符与对象的存储位置和内容无关。

③封装:对象封装了自己的状态(即属性)和行为(即方法)。从外部看,对象如何存储数据和实现功能是不可见的,只能通过定义良好的接口与之交互。

④类:共享相同结构和行为的对象的模板。在类中定义的属性和方法适用于该类的所有实例。类的概念在某种程度上类似于实体-关系模型中的实体集。

⑤继承:允许子类继承父类(超类)的特性和行为,支持单继承和多继承。继承性提高了代码的重用性和逻辑的组织。

⑥消息:对象之间通过发送消息来通信,消息触发接收对象执行特定的操作并返回结果。

面向对象的数据模型不仅继承了关系模型的许多优点,还提供了对复杂和多媒体数据类型的原生支持,并且与面向对象的程序设计语言兼容。这使得它在处理现代应用中的复杂数据和需求时具有显著优势。

1.1.3　理解关系完整性约束

在关系数据库中,确保数据的准确性和一致性是通过实施完整性约束来实现的。存在3种类型的完整性约束:实体完整性、参照完整性和用户定义的完整性。

(1)实体完整性

实体完整性保证每个关系中的记录是唯一可识别的。这通过关系的主键实现,主键是一个或多个属性集,它能唯一确定关系中的每一条记录。主键的属性不能包含空值,因为空值会导致记录无法被唯一识别。例如,学生表中学号作为主键,它能够唯一标识每个学生,因此,根据实体完整性规则,学号字段不允许有空值。

(2)参照完整性

参照完整性维护了不同关系间的一致性。当一个关系中的外键引用另一个关系的主键时,这种约束确保了数据之间的链接是有效的。外键是一个或多个属性,其值必须与另一个关系的主键的值相匹配,或者是空值。例如,在选修表中课程号是外键,其值引用课程表中的课程号主键。

(3)用户定义的完整性

用户定义的完整性允许数据库设计者根据具体的业务规则来设置约束条件。这些约束可以是字段值的范围限制(例如,年龄为18~60岁),或是确保数据模式中的特定属性间满足某些条件(例如,开始日期必须早于结束日期)。用户定义的完整性约束提供了高度的灵活性,使得数据库能够适应各种复杂的业务环境。DBMS应提供声明和实施这些约束的机制,从而保障数据的准确无误。

随着数据库技术的发展,现代关系数据库(如 MySQL、Oracle 等)已经实现了以上提到的完整性约束,同时还提供了触发器、存储过程和事务控制等高级功能,以便全面地管理数据完整性。NoSQL 数据库和其他非关系型数据库可能采用不同的方法来处理完整性约束,以适应其特定的数据模型和应用场景。

➤ **知识聚焦**

(1)常见的关系数据库管理系统

在当今数据驱动的时代,关系数据库管理系统(Relation Database Management System,RDBMS)是企业和组织用来存储、管理和检索结构化数据的关键工具。随着技术的进步和市场需求的变化,一系列功能强大的 RDBMS 不断涌现,包括一些具有国际影响力的国产数据库软件。

1)Oracle 数据库

由 Oracle 公司研发的 Oracle 数据库是一个企业级的 RDBMS,广泛应用于金融、电信等行业及政府管理系统。它以高可靠性、高性能和强大的可扩展性著称,提供了全面的解决方案,如实时应用集群(Real Application Cluster,RAC)、安全高效的压缩技术。Oracle 数据库支持标准的 SQL 语言,并且拥有丰富的开发工具和应用编程接口(Application Programming Interface,API),极大地便利了开发者和数据库管理员的工作流程。

2)Microsoft SQL Server

Microsoft SQL Server 是微软推出的一款功能强大的关系数据库管理系统,特别适用于 .NET 框架环境。它与 Microsoft 产品和平台的无缝集成,为用户提供便捷的开发和维护体验。SQL Server 具有很好的扩展性和可用性,支持大规模数据处理和商业智能应用。它也提供了混合云解决方案,允许数据库在本地和云端之间灵活迁移。

3)MySQL 数据库

MySQL 是一种广泛使用的开源关系数据库管理系统,最初由瑞典 MySQL AB 公司开发,后被甲骨文公司收购。由于其开源性质,MySQL 拥有一个庞大而活跃的开发和支持社区。其优点是具有高性能、高可靠性和易用性,经常被用于网站和在线应用程序。MySQL 的另一个优点是它的跨平台支持,可以在多种操作系统上运行,包括 Windows、Linux 和 macOS。

4)达梦数据库(DM)

达梦数据库由武汉达梦数据有限公司研发,是一款具有自主知识产权的企业级关系数据库管理系统。它支持大数据量处理,具备高并发、高性能的数据处理能力,并兼容 SQL 标准。达梦数据库适用于多种操作系统平台,包括 Windows、Linux 和 Unix 等。

5)金仓数据库(KingbaseES)

金仓数据库是北京人大金仓信息技术股份有限公司自主研发的、具有自主知识产权的商用关系型数据库管理系统。它能够提供一主一备及一主多备的高可用集群架构,实现数据及实例级(异地)故障容灾,也能够提供多节点并行服务、内存融合及存储共享,实现高并发性能利用最大化。

这些关系数据库管理系统各有特点,但都提供了对 ACID 属性(即原子性、一致性、隔离性和持久性)的支持、SQL 结构化查询语言的实现以及广泛的数据管理和操作功能。选择合适的 RDBMS 通常取决于组织的具体需求,包括预算限制、性能要求、特定功能的需求以及与现有技术栈的兼容性。随着云计算和大数据技术的兴起,现代 RDBMS 也在不断进化,增加了更多支持这些技术的特性和功能,以满足日益增长的数据处理需求。

【思政小贴士】

　　随着数字转型的深入发展,数据已成为国家治理的重要资源。国产数据库借助国家国产化项目工程及新创产业的发展,也逐步走进世界一流行列。在此背景下,我们学习数据管理技术,不仅要了解国内外数据库的先进技术,掌握好数据处理的知识和技能,更要找准发展方向,做好人生规划,积极融入科技强国的大潮。

　　(2)数据库行业特点及职业标准

　　数据库技术是现代信息技术基础设施的核心组成部分,其发展受到企业需求、技术创新和数据量增长的强烈推动。以下内容概述了数据库行业的主要特点。

　　①多样化的数据库类型:不再局限于传统的关系型数据库,行业现在拥有包括 NoSQL 数据库、分布式数据库、内存数据库等在内的多样化选择,以适应不同的应用场景与性能要求。

　　②面向大数据的架构:随着数据量的爆炸性增长,数据库系统被设计成能够高效处理 PB 级甚至 EB 级大数据的系统,具备高性能的数据分析和实时数据处理能力。

　　③云计算与数据库服务化:云数据库(如 Amazon RDS、Azure SQL Database、Google Cloud SQL 等)提供了易于管理、可扩展且具有成本效益的数据库服务,使组织能够更加灵活地使用数据库资源。

　　④自动化与智能化管理:借助自动化工具和 AI 技术,数据库的维护和管理变得更加智能化,减少了人工干预,提高了效率和可靠性。

　　⑤数据安全与合规性:随着全球数据保护法规的日益完善,数据库系统不断强化数据安全措施,以满足不同地区和行业的合规要求。

　　⑥开源生态:开源数据库(如 MySQL、PostgreSQL、MongoDB 等)促进了社区驱动的创新和协作,为用户提供了更多选择和灵活性。

　　⑦多模型数据库的融合:为支持不同类型的数据模型和存储需求,多模型数据库开始兴起,允许在单一数据库系统中同时处理结构化和非结构化数据。

　　⑧实时性与交互性:交互式查询和实时分析成为用户体验的重要部分,这要求数据库系统具备高效的实时处理能力。

　　⑨可持续性与绿色计算:随着对环境问题的关注增加,数据库系统需要考虑能效和可持续性,如通过降低功耗和优化资源利用率来减少碳排放。

　　要成为数据库领域的专业人士,需具备一系列关键技能和知识。这包括深入理解数据库原理,精通 SQL 和数据库设计技巧,以及对数据库维护和安全性有透彻的了解。此外,编程能力和脚本编写技能也是必需的,对系统架构的认识和数据迁移与集成技术也不可或缺。项目管理经验则能确保在现实环境中有效地应用这些技术。

　　在技术不断演进的今天,数据库专业人员必须致力于持续学习,以保持与最新技术和最佳实践同步。为了验证自己的专业技能并适应行业的多样化、自动化和智能化趋势,获取如 Oracle 或华为等知名专业认证是一条有效途径。这些认证不仅有助于提升个人职业形象,还能确保在竞争激烈的职场中保持领先地位。

▶ 任务拓展

　　①打开本校的"教务管理系统"。在登录界面上,输入学生的学号和密码以登录系统。

登录成功后,可以查询个人信息、选课信息以及成绩。

②在此过程中,请思考并确定"教务管理系统"是属于数据库、数据库管理系统还是属于数据库系统的范畴。

③根据教务管理系统中的表格信息,请列出3个实体及其属性,并描述它们之间的联系。

任务 1.2　搭建数据库环境

▶ 任务描述

经过上一任务的学习,王芳对数据库的基本概念、数据模型以及关系完整性约束有了基本的理解。为了进一步实施数据库项目,她认识到必须安装并配置一个数据库管理系统(DBMS)。在众多选项如 MySQL、SQL Server 和 Oracle 中,王芳最终选择了广受欢迎的 MySQL 数据库管理系统来开发学生选课系统,并开始着手构建学生选课系统数据库的设计工作。

具体任务实施如下。

［实施1］　下载、安装和配置 MySQL。

［实施2］　启动和登录 MySQL。

［实施3］　使用 MySQL。

［实施4］　使用 MySQL Workbench。

▶ 任务分析

要完成该任务,一是要了解不同版本的 MySQL 及其安装包信息;二是要会根据操作系统选择合适的 MySQL 版本,下载、安装和配置 MySQL;三是要会通过命令行启动和登录 MySQL 数据库;四是要熟悉 MySQL 的相关命令,以便能够熟练地进行日常的使用和操作。

本任务知识聚焦内容如下。

- MySQL 的概述
- MySQL 的图形管理工具

▶ 任务实施

1.2.1　下载安装和配置 MySQL

(1)下载 MySQL 安装包

导航至 MySQL 官方网站。在提供的下载选项中,选择对应于 MySQL 8.0.36 版本的 Windows 安装程序(.msi 文件)。

(2)在 Windows 环境下安装和配置 MySQL

①双击安装程序后,启动 MySQL 安装向导,如图 1-2-1 所示。对于多数用户,选择"Server only"即可满足基本需求。单击"Next",进入下一步。

②在准备安装界面,单击"Execte",开始安装,并显示安装的进度。一旦安装完成,系统

显示"Complete",如图 1-2-2 所示。对于 MySQL 8.0.36 版本,默认安装目录被设定为 C:\Program Files\MySQL\MySQL Server 8.0\。

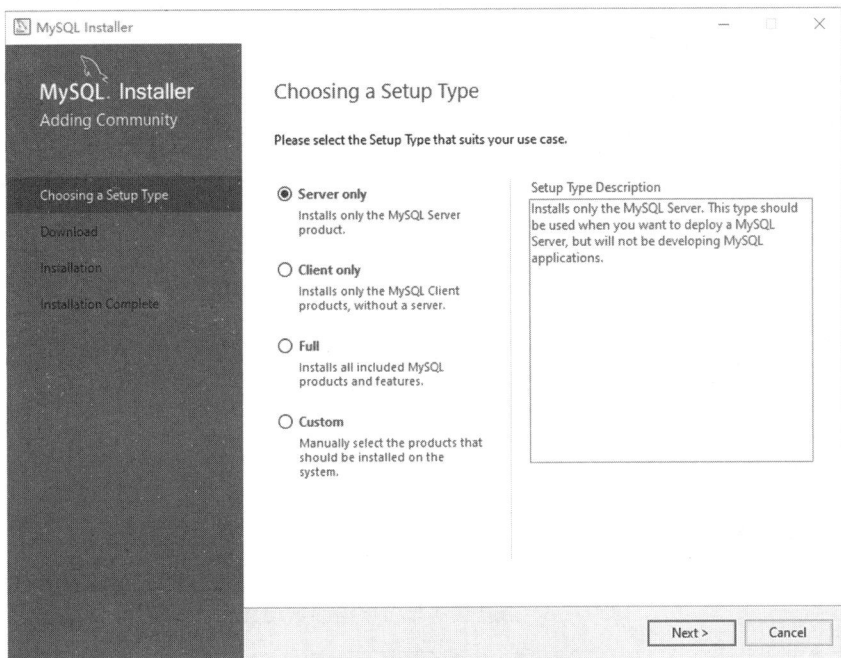

图 1-2-1　产品类型选择

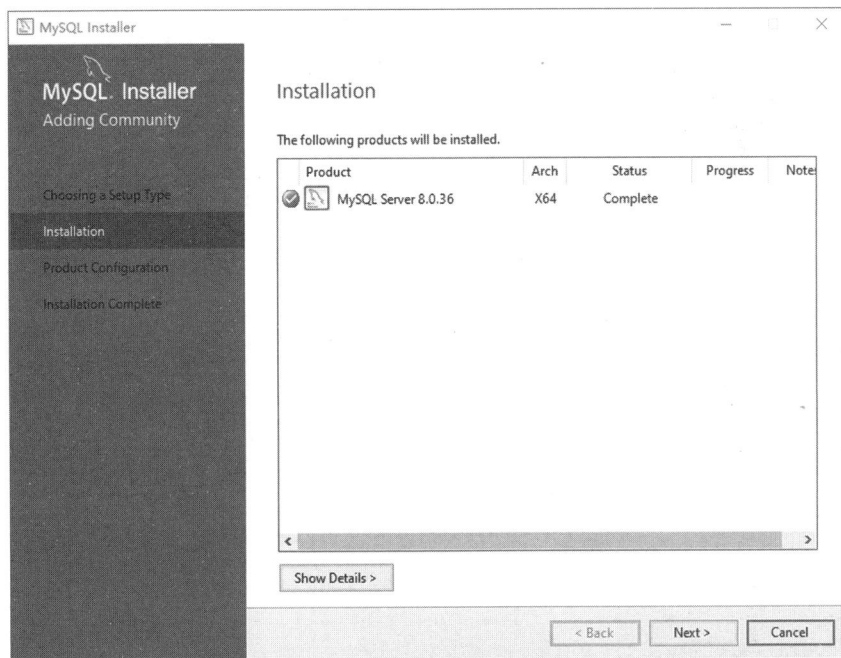

图 1-2-2　服务器安装完成

③单击"Next",进入 MySQL 配置引导界面。继续单击"Next",进入服务器类型和网络参数的配置界面,如图 1-2-3 所示。

MySQL 默认启动 TCP/IP 网络,并使用 3306 端口。建议勾选"Open Windows Firewall ports for network access"复选框,以便在防火墙上注册这个端口号。其他配置均选择默认设置。

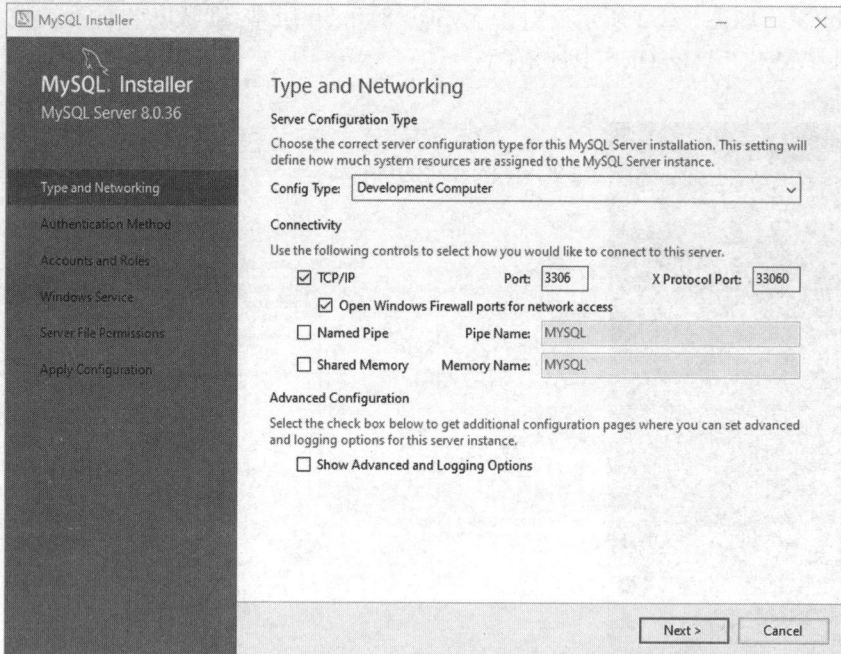

图 1-2-3　服务器类型及网络参数配置

④单击"Next",进入身份验证方式配置界面,如图 1-2-4 所示。勾选"Use Strong Password Encryption for Authentication(RECOMMENDED)",使用 MySQL 8.0 提供的新验证方式,采用强大的密码加密机制来增强安全性。

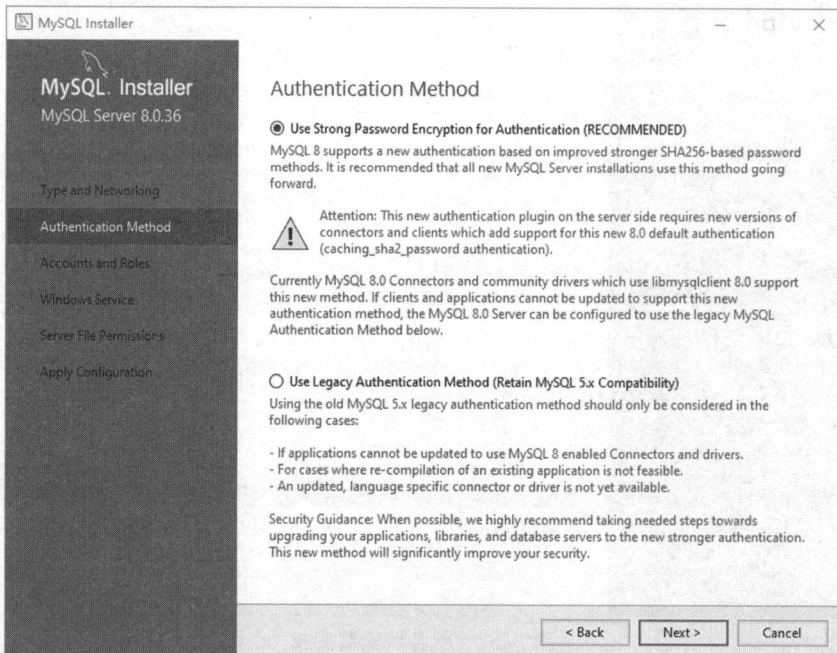

图 1-2-4　身份验证方式配置

⑤单击"Next",进入 MySQL 的账户和角色配置界面,如图 1-2-5 所示,需要进行以下操作。

MySQL Root Password:设置 root 账户的密码,这是 MySQL 最高权限账户。

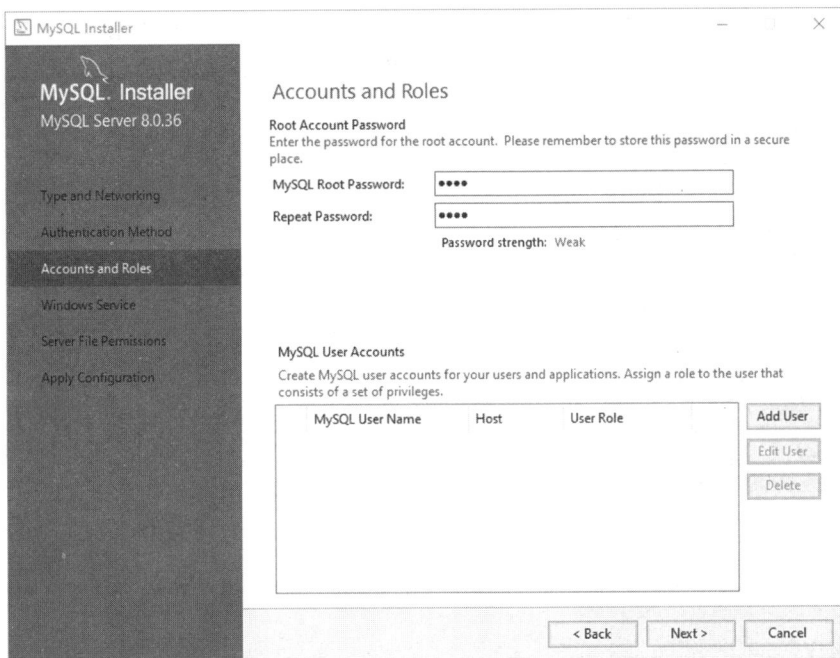

图 1-2-5　账户和角色配置

Repeat Password：再次输入 root 账户的密码，以确保正确无误。

此外，在"MySQL User Accounts"部分，可以添加新的用户账户，相关内容将在项目 8 详细说明。

⑥单击"Next"，进入配置"Windows Service"界面，如图 1-2-6 所示。在此阶段，为 MySQL 服务器实例指定一个 Windows 服务名称：MySQL80。对于 MySQL 服务器运行的用户账户，选择"Standard System Account"（标准系统账户）。

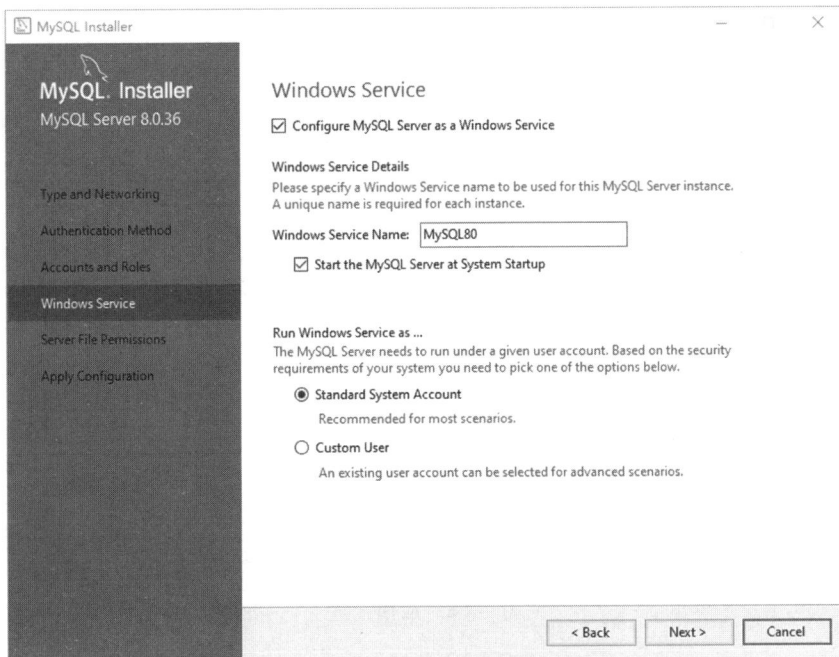

图 1-2-6　Windows 服务器配置

⑦单击"Next",用户将被引导至配置"Server File Permissions"界面,如图1-2-7所示。默认的数据目录路径设置为 C:\ProgramData\MySQL\MySQL Server 8.0\Data。

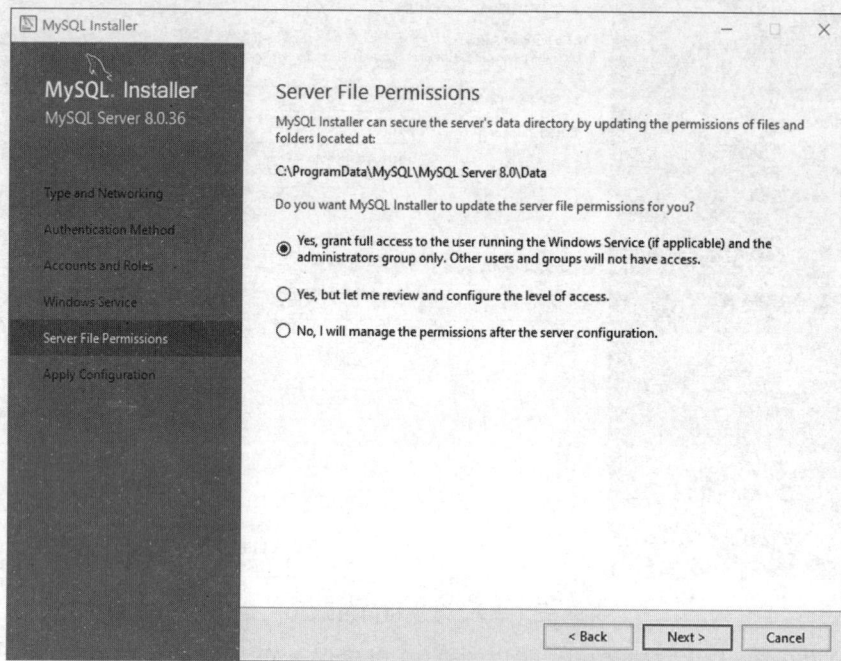

图1-2-7　Windows服务文件路径配置

⑧单击"Next",进入配置"Apply Configuration"界面,如图1-2-8所示,单击"Execute",启动按照先前设定参数的配置过程,待配置完成后即可进入下一步。

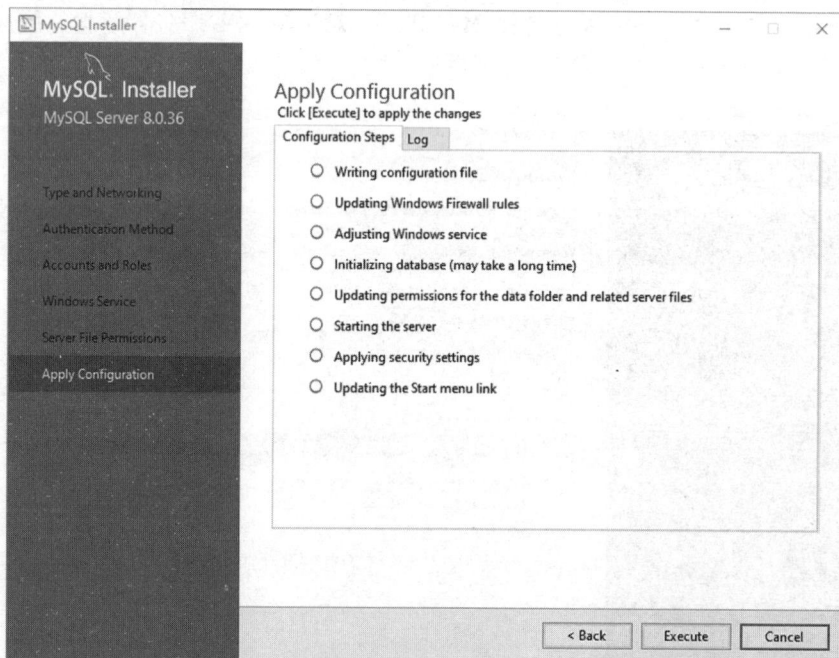

图1-2-8　应用配置

⑨单击"Finish",进入"Product Configuration"界面,继续单击"Next"用户将被引导至"Installation Complete"界面,这标志着安装过程的完成。通过单击"Finish"按钮,用户将结束安装程序。

1.2.2　启动和登录 MySQL

(1)启动 MySQL 服务

只有启动 MySQL 服务后,客户端才可以登录到 MySQL 数据库。在 Windows 操作系统中,使用 DOS 命令启动 MySQL 的方法如下。

选择"开始"→搜索"cmd",以管理员身份运行,进入命令提示符窗口。使用"net start mysql80"启动 MySQL 服务,执行结果如图 1-2-9 所示。

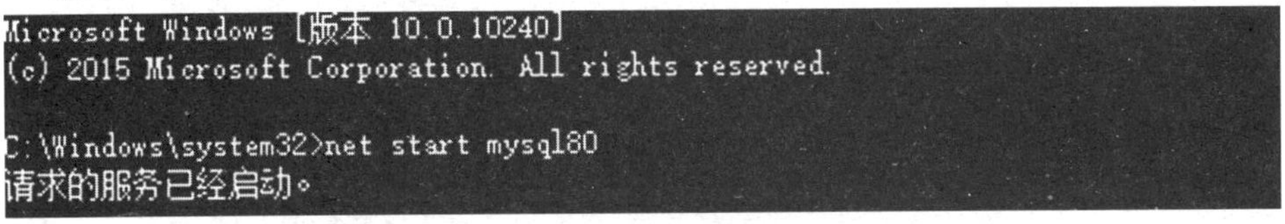

```
Microsoft Windows [版本 10.0.10240]
(c) 2015 Microsoft Corporation. All rights reserved.

C:\Windows\system32>net start mysql80
请求的服务已经启动。
```

图 1-2-9　启动 MySQL 服务

使用 DOS 命令也可以停止 MySQL 服务,执行结果如图 1-2-10 所示。

```
C:\Windows\system32>net stop mysql80
MySQL80 服务正在停止.
MySQL80 服务已成功停止。
```

图 1-2-10　停止 MySQL 服务

(2)登录 MySQL 服务器

MySQL 服务启动后,用户可以通过 MySQL 客户端进行登录并访问 MySQL 数据库。在 Windows 操作系统下,用户还可以通过 DOS 命令来登录 MySQL 数据库。

①用 MySQL 客户端方式登录。

首先,用户需要在菜单栏中依次选择"开始"→"程序"→"MySQL"→"MySQL 8.0 Command Line Client",打开 MySQL 客户端界面。在客户端窗口中,输入密码以"root"用户身份登录到 MySQL 服务器。成功登录后,用户将在窗口中看到如图 1-2-11 所示的命令行提示符"mysql>"。在该提示符后面输入 SQL 语句,用户可以对 MySQL 数据库进行操作。

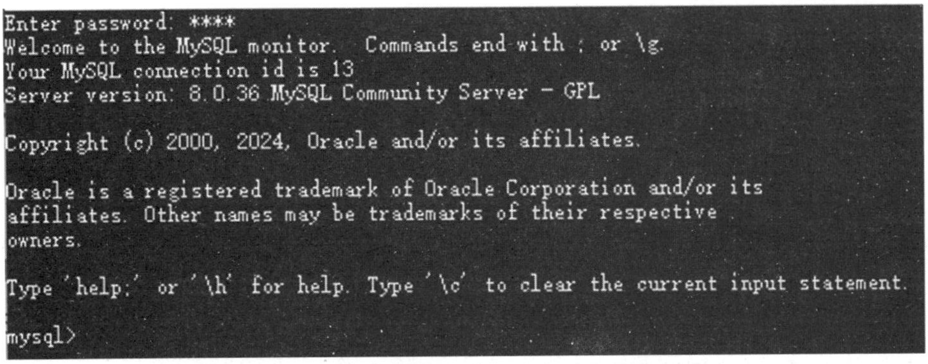

```
Enter password: ****
Welcome to the MySQL monitor.  Commands end with ; or \g.
Your MySQL connection id is 13
Server version: 8.0.36 MySQL Community Server - GPL

Copyright (c) 2000, 2024, Oracle and/or its affiliates.

Oracle is a registered trademark of Oracle Corporation and/or its
affiliates. Other names may be trademarks of their respective
owners.

Type 'help;' or '\h' for help. Type '\c' to clear the current input statement.

mysql>
```

图 1-2-11　MySQL 客户端窗口登录 MySQL 服务器

②用DOS命令登录。

在命令提示符窗口中,用户可以通过特定的命令来登录MySQL数据库。具体的命令格式如下:

```
mysql -h localhost -u root -p
```

其中,"mysql"是用于登录MySQL数据库的命令;"-h"后面接的是MySQL服务器的IP地址(或主机名),这里因为MySQL服务器在本地计算机上,所以主机名为"localhost";"-u"后面接的是数据库的用户名,这里以"root"用户身份登录;"-p"后面接的是"root"用户的密码。为了安全起见,一般不直接输入密码,而是在回车后以保密方式输入。输入正确的密码后,回车,就可以成功登录到MySQL数据库,如图1-2-12所示。

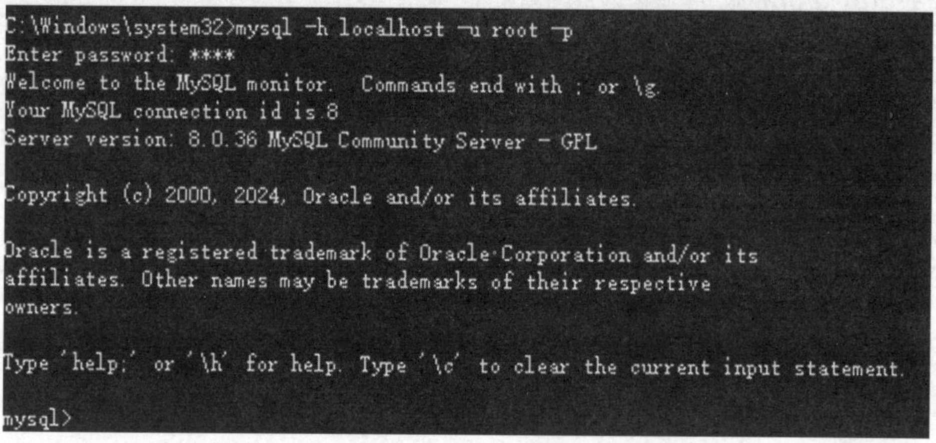

图1-2-12　命令提示符窗口登录MySQL服务器

【学习提示】

在本地登录MySQL服务器时,可省略主机名。故登录MySQL数据库的命令可以简写为"mysql -u root -p"。在非程序目录bin文件夹下运行"mysql"命令前,需要先配置bin文件夹为Windows环境变量path的值。

1.2.3　使用MySQL

(1) MySQL常用命令

在使用MySQL的过程中难免会遇到一些问题,这时可以使用MySQL的帮助功能,在命令提示符窗口输入"help;"或者"\h"命令,此时就会显示MySQL的帮助信息。表1-2-1中对其中部分常用命令进行说明。

表1-2-1　MySQL提供的部分常用命令

命令名	简写	说明
?	\?	显示帮助信息
clear	\c	清除当前输入的语句
connect	\r	连接到服务器,可选参数为数据库和主机
delimiter	\d	设置语句分隔符

续表

命令名	简写	说明
exit 或 quit	\q	退出 MySQL
help	\h	显示帮助信息
prompt	\R	改变 MySQL 提示信息
source	\.	执行 SQL 脚本文件
status	\s	获取 MySQL 的状态信息
tee	\T	设置输出文件,并将信息添加到所有给定的输出文件中
use	\u	切换数据库
charset	\C	切换字符集

(2)修改 MySQL 配置

在 MySQL 的数据文件夹中,可以找到一个名为 my.ini 的配置文件。这个文件是用于配置 MySQL 数据库的关键文件,通过修改它可以实现对 MySQL 的各种配置更新。以下是一些重要的配置项。

port=3306:表示 MySQL 服务监听的端口是3306,客户端通过这个端口与 MySQL 服务进行通信。

basedir=C:/Program Files/MySQL/MySQL Server 8.0/:指定 MySQL 软件的安装位置。

datadir=C:/ProgramData/MySQL/MySQL Server 8.0/Data:指定 MySQL 的数据文件夹位置,所有的数据库数据文件都会存放在这里。

default_authentication_plugin=caching_sha2_password:指定 MySQL 的默认验证插件为 caching_sha2_password,这是 MySQL 的一种密码验证方式。

default-storage-engine=INNODB:指定 MySQL 的默认存储引擎为 INNODB,存储引擎决定了 MySQL 如何存储和检索数据。

注意:修改配置文件后需要重启 MySQL 服务才能使新的配置生效。

1.2.4 使用 MySQL Workbench

迈入数据库管理的新时代,MySQL Workbench 为用户呈现一站式视觉操作体验。由于完美兼容 MySQL 5.0 及后续版本,这款官方工具是数据库管理员、开发者和设计师的理想选择。轻松构建 E-R 模型,快速正反向工程,以及简化那些曾耗时费力的文档任务,MySQL Workbench 让复杂变得简单。

访问 MySQL Workbench 官网,下载并安装软件后,登录 MySQL 服务器的操作如下。

步骤1:单击"开始"按钮,然后依次选择"程序"→"MySQL"→"MySQL Workbench 8.0 CE"。进入"MySQL Workbench"界面,如图1-2-13所示。

步骤2:单击"本地连接"后,输入 root 用户的密码,如图1-2-14所示。

步骤3:单击"OK",登录至本地 MySQL 数据库服务器,如图1-2-15所示。界面顶部为功能菜单,而左上角则是导航栏。在导航栏中,用户能够一瞥 MySQL 服务器内的各种数据库

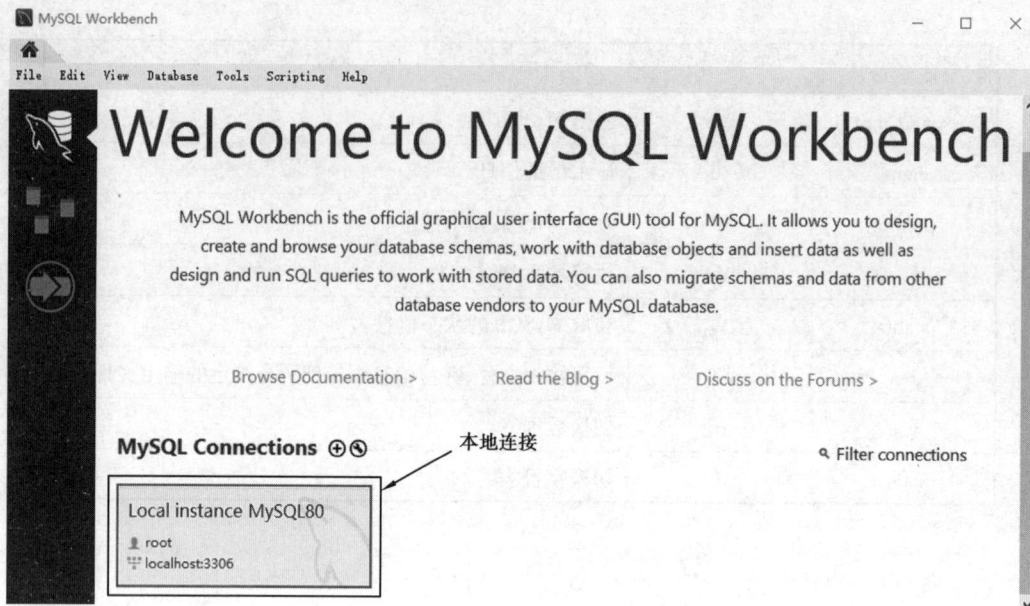

图 1-2-13　Workbench 连接服务器

图 1-2-14　Workbench 连接服务器
　　　　　——输入用户密码

元素,包括但不限于数据表、视图、存储过程和函数。左下角信息栏则提供了有关上方选中的数据库、数据表等对象的细节信息。

脚本编辑区域是编写 SQL 语句的场所。只需单击菜单栏左侧的第 3 个运行按钮,即可执行工作区内的 SQL 语句。执行结果输出区域则负责展示 SQL 语句的执行情况,包括开始运行的时间、执行的内容、产生的输出,以及所需的时长等信息,为用户提供全面的反馈。

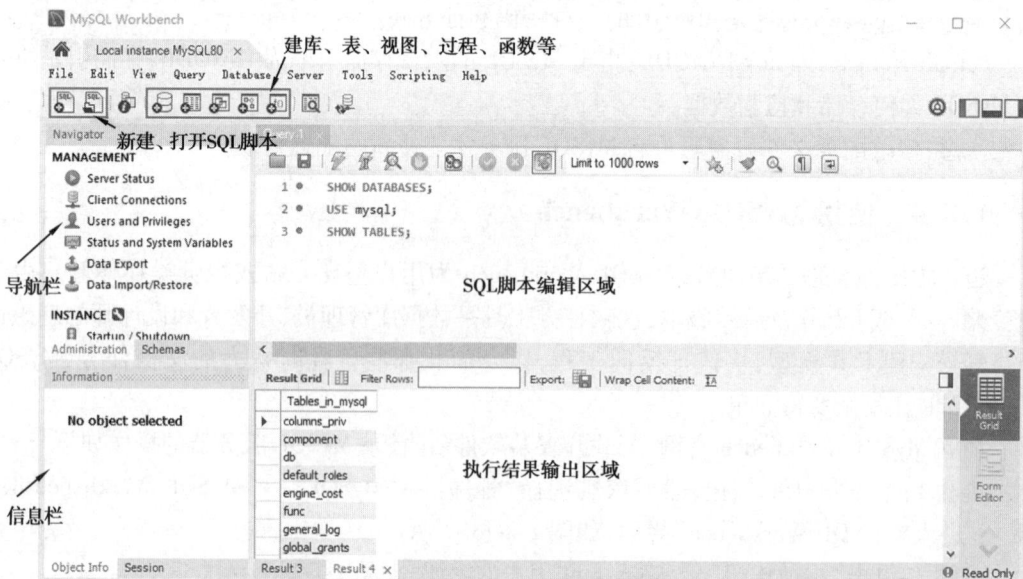

图 1-2-15　Workbench 操作界面

▶ 知识聚焦

(1) MySQL 的概述

MySQL 自 1995 年由瑞典的 MySQL AB 公司首次推出以来,凭借其开放源代码的优势迅速在全球范围内获得了广泛的应用。在 2000 年,MySQL 以 GPL 许可的形式开源,进一步促进了其在数据库领域的普及。经过多次收购和合并,最终在 2010 年成为 Oracle 公司的旗下产品。随着技术的不断进步和社区的贡献,MySQL 持续更新迭代,现已成为全球最受欢迎的关系型数据库之一。MySQL 具有如下特点。

① 操作简便:MySQL 提供了多种管理工具和图形界面,MySQL 使用标准的 SQL 数据语言形式,使得用户可以轻松地进行数据库的管理和维护。同时,它的语法简单直观,便于开发者快速上手。

② 接口丰富:MySQL 支持多种编程语言的 API 接口,如 C、C++、Java、Python 等,为开发者提供了广泛的选择。

③ 多平台兼容性:MySQL 可以在多种操作系统上运行,包括 Windows、Linux、macOS 等,无论是 32 位还是 64 位系统,都有优秀的兼容性。

④ 成本效益高:作为一款开源免费的数据库管理系统,MySQL 可以显著降低企业在数据库方面的投入成本,同时具备商业版本供企业选择。

⑤ 性能优异:MySQL 采用了多层缓存机制,提高了数据的读写效率。此外,它还支持大量的并发连接,能够满足高负载场景的需求。

⑥ 支持大型数据库:MySQL 支持大型的数据库,可以处理拥有上千万条记录的大型数据库,32 位系统最大可支持 4 GB 的表文件,64 位系统支持最大的表文件为 8 TB。

综上所述,MySQL 不仅拥有悠久的发展历史,还具备操作简便、接口丰富、多平台兼容性好及低成本高效益等特点,这使其成为当今最流行的关系型数据库管理系统之一。

(2) MySQL 的图形管理工具

在管理 MySQL 数据库时,除了流行的 Workbench,用户还可选择其他高效的图形界面工具,如 phpMyAdmin 和 Navicat for MySQL 等。这些工具提供了直观的操作界面,极大地简化了数据库的管理流程。

1) phpMyAdmin

phpMyAdmin 是最常用的 MySQL 维护工具之一,它是一个用 PHP 开发的基于 Web 方式架构在网站主机上的 MySQL 图形管理工具,支持中文,管理数据库非常方便。phpMyAdmin 使用非常广泛,尤其是在进行 Web 开发方面,但其不足之处在于对大数据库的备份和恢复可能不太方便。phpMyAdmin 可导航至其官网进行下载。

2) Navicat for MySQL

Navicat for MySQL 是一款专为 MySQL 设计的高性能图形化数据库管理及开发工具。它可用于 3.21 版本或 3.21 以上任何版本的 MySQL 数据库服务器,并支持大部分 MySQL 最新版本的功能,包括触发器、存储过程、函数、事件、视图、管理用户等。Navicat for MySQL 和微软 SQL Server 的管理器很类似,易学易用。Navicat for MySQL 使用图形化的用户界面,可以让用户使用和管理更为轻松。该软件支持中文,有免费版本提供,可导航至官网直接下载。

3）MySQL-Front

MySQL-Front 是一款小巧的管理 MySQL 的高性能图形化应用程序,支持中文界面操作,主要特性包括具有多文档界面,语法突出,其构成包括拖曳方式的数据库和表格,为 MySQL 的管理提供了便捷的操作方式。MySQL-Front 可在官网上直接下载。

任务拓展

①安装并配置 MySQL:选择"Custom"选项进行个性化安装。

②环境变量设置:配置 path 以简化 mysql.exe 的调用。

③MySQL 登录:通过 DOS 窗口,利用 mysql.exe 命令连接到 MySQL 服务。

④图形化管理:探索 Navicat for MySQL 的安装与使用方法,提升对 MySQL 服务的管理水平。

思维导图

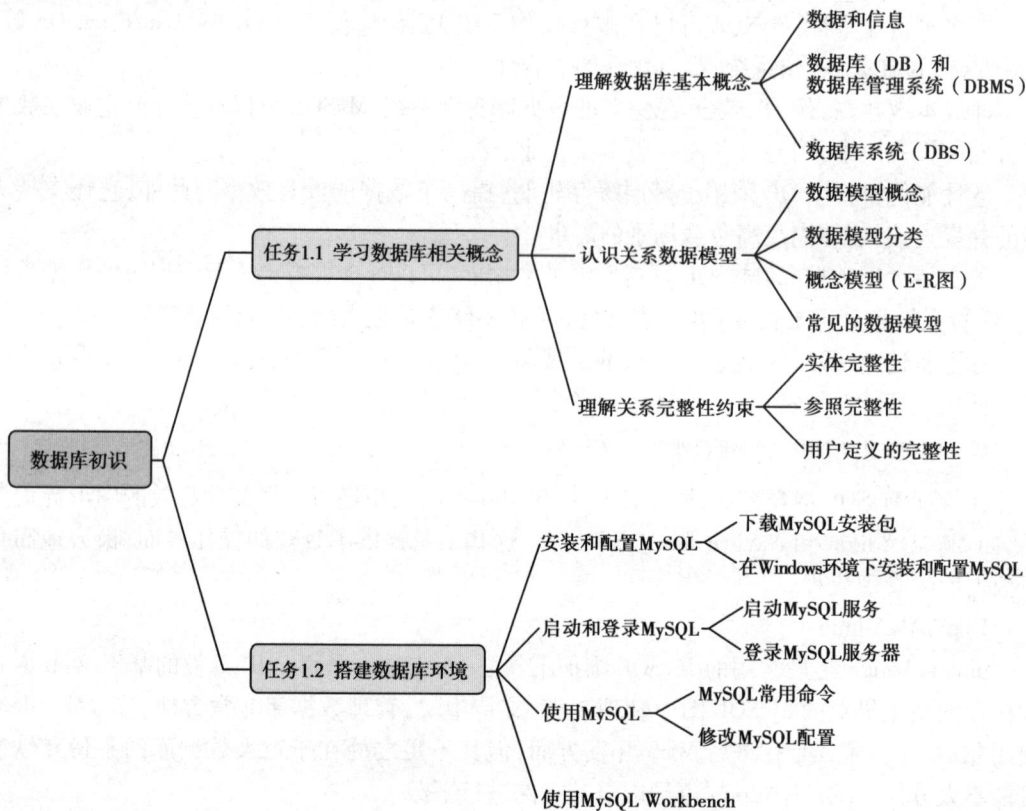

项目实训

一、实训目的

1. 掌握 MySQL 的下载、安装与配置。

2. 掌握 MySQL 服务的启动和停止。

3. 掌握 MySQL 的登录和其他简单操作。

二、实训内容及要求

根据本项目所学知识和技能,完成以下 MySQL 安装配置工作:

1. 从 MySQL 官网下载最新版本的.msi 安装文件。

2. 按照向导提示安装和配置 MySQL。

3. 使用 DOS 命令启动 MySQL 服务。

4. 登录 MySQL 服务器。

5. 使用 MySQL 常用命令获取 MySQL 的状态信息。

6. 退出 MySQL。

7. 打开 my.ini 配置文件,记录 port、datadir、default-storage-engine 等参数值,写出其含义。

课后习题

一、选择题

1. 在数据库设计中,将现实世界的事物抽象为数据库中的表的过程称为(　　)。

A. 规范化　　　　　　B. 实体化　　　　　　C. 概念化　　　　　　D. 物理化

2. MySQL 是一个(　　)的数据库系统。

A. 层次型　　　　　　B. 关系型　　　　　　C. 网状型　　　　　　D. 以上都不是

3. 数据库的三级模式结构包括(　　)。

A. 外模式、概念模式、内模式　　　　　B. 物理模式、逻辑模式、视图模式

C. 用户模式、系统模式、存储模式　　　D. 以上都不是

4. 数据库系统的核心是(　　)。

A. 数据库　　　　B. 数据库管理系统　　C. 数据模型　　　　D. 软件工具

5. SQL 是(　　)的语言,容易学习。

A. 过程化　　　　　　B. 结构化　　　　　　C. 格式化　　　　　　D. 导航式

6. SQL 具有(　　)的功能。

A. 关系规范化、数据操纵、数据控制　　　B. 数据定义、数据操纵、数据控制

C. 数据定义、关系规范化、数据控制　　　D. 数据定义、关系规范化、数据操纵

7. 在数据库中存储的是(　　)。

A. 数据库　　　　　　　　　　　　　B. 数据库管理员

C. 数据及数据之间联系　　　　　　　D. 信息

8. DBMS 的中文含义是(　　)。

A. 数据库　　　　　　B. 数据模型　　　　C. 数据库系统　　　D. 数据库管理系统

9. 在关系数据库中,表之间的联系是通过(　　)实现的。

A. 主键　　　　　　　B. 外键　　　　　　　C. 索引　　　　　　　D. 约束

10. 通过特定的 DOS 命令登录 MySQL 数据库,下面不正确的是(　　)。

A. mysql -h localhost -u root -p　　　　B. mysql -u root -p

C. mysql -h 127.0.0.1 -u root -p　　　　D. mysql -h -u root -p

二、填空题

1. MySQL 数据库超级管理员的名称是_____。

2. 断开 MySQL 服务器的命令是_____。

3. MySQL 服务器配置文件的文件名是_____。

4. 在 MySQL 中,用于切换数据库的命令是_____。

5. 常用的 MySQL 图形管理工具有_____、_____、_____。

项目2
数据库设计 ·····································○

学习导读

　　数据库设计是指对于给定的应用环境,构造最优的数据库模式,并根据此模式建立数据库,使之能够有效、安全、完整地存储大量数据,满足各类用户的应用需求。例如,王芳要设计实现的学生选课系统需要存储哪些数据,如何存储数据,怎样处理数据是数据库设计中需要解决的核心问题。

　　本项目通过分析学生选课系统需求,结合数据库设计流程及关系数据库规范化理论,建立系统的概念模型和逻辑模型,最终得到满足应用开发要求的物理表结构。

学习目标

知识目标	技能目标	素养目标
1. 熟悉数据库设计步骤及任务。 2. 理解关系数据库的规范化理论。 3. 掌握关系表的存储记录结构设计方法。	1. 会根据实体、属性和联系绘制局部 E-R 图。 2. 会将局部 E-R 图集成为全局 E-R 图。 3. 会将 E-R 图转换为关系模式,并做规范化处理。	1. 培养科学理性思维:根据系统需求规划设计数据模型。 2. 培养团队协作意识:团队成员分工协作整合 E-R 模型。 3. 培养勇于探究的意识:借助规范化理论优化数据库设计。

任务2.1　分析系统需求

▶ 任务描述

　　需求分析的任务就是通过分析用户的业务流程,得到系统功能需求以及实现这些功能的数据要求。王芳想设计一个小型的学生选课系统数据库,对学生、课程和教师等数据进行科学、有效的管理。那么她该如何获取系统功能需求,怎样找出数据库必须保存的数据信息呢?本任务将带领王芳一起学习系统需求分析,揭晓问题的答案。

　　具体任务实施如下。

　　[实施1]　获取学生选课系统的功能需求。

　　[实施2]　描述学生选课系统的任课和选课业务流程。

　　[实施3]　描述学生选课系统业务涉及的数据结构和数据项。

▶ 任务分析

要完成上述任务,一是要通过调查用户活动获取学生选课系统的功能需求;二是要使用数据流图描述任课和选课业务流程;三是要使用数据字典描述业务涉及的数据结构和数据项。

本任务知识聚焦内容如下。

- 数据库设计步骤
- 数据字典

▶ 任务实施

2.1.1　获取功能需求

从数据库设计的角度来看,需求分析的任务是对现实世界要处理的对象(如组织、部门、企业等)进行详细调查,通过对原系统的了解,明确用户的各种需求,并在此基础上确定新系统的功能。具体地说,需求分析阶段的首要任务就是调查分析系统用户的活动。

(1)调查用户活动

该过程对相关用户的业务或旧系统进行分析,收集业务相关原始资料,明确未来系统开发的需求目标,确定这个目标的功能域和数据域。具体做法如下。

①调查业务或新系统相关的组织机构,包括该组织的部门组成、各部门的职责和任务等。例如,学生选课系统的主管部门是教务处,由教务处将选课权限下发给学生,将任课权限下发给学院教学办公室,指导并协调各部门的教学活动安排。

②调查业务的线下实施方式或旧系统的业务流程,包括业务涉及的用户角色,业务执行概要,业务的输入输出文件、表格和其他类型数据,业务间交互方式等。例如,调查学生选课系统的用户类型,任课业务和选课业务的执行流程,需要使用的学生、教师及课程等数据文件等。

(2)功能需求说明

通过与系统用户进行沟通,并实际操作学校的教务管理系统,可知一个小型的学生选课系统至少应实现学生选课和教师任课的功能,相关需求说明描述如下。

学生选课系统中有教学管理员、教师和学生3种用户角色。

管理员可以录入、更新和查看学生、课程和教师信息。在任课安排过程中,管理员依据人才培养方案中的课程信息和教授该课程的教师信息,将课程安排给相关教师,并保存为任课信息。假定一个教师可以教授多门课程,一门课程只能由一个教师任教。

学生可以查看自己的个人信息,包括学号、姓名、性别、出生日期、专业班级等,也可以查看所有课程的相关信息,包括课程号、课程名、学分、类型等,然后选择选修的课程。假定一个学生可以选修多门课程,一门课程可以被多个学生选修。在考试结束后,学生可以通过系统查看自己各门课程的考试成绩。

教师可以查看自己的个人信息,包括教师工号、姓名、职称和研究方向等,也可以通过系统查看选修自己课程的学生情况,还可以在考试结束后通过系统录入学生的考试成绩。

2.1.2 描述业务流程

在需求分析阶段,任何调查研究没有用户的积极参与是寸步难行的,设计人员应和用户取得共同的语言,帮助不熟悉计算机的用户建立数据库环境下的共同概念,故这个阶段中不同背景的人员之间互相了解与沟通是至关重要的,同时方法也很重要。这里采用最简单实用的自顶向下分析方法,从最上层的系统组织机构入手,采用逐层分解的方式分析系统,用数据流图(Data Flow Diagram,DFD)描述系统业务流程。

因此,学生选课系统主要完成学生选课和教师任课业务,按照自顶向下的分析方法,可将学生选课系统需求分解为学生选课子需求和教师任课子需求。

下面通过数据流图分析业务中数据的流动形式,获得业务的处理逻辑和业务涉及的数据资源。任何一个数据库系统都可抽象为如图2-1-1所示的数据流图。

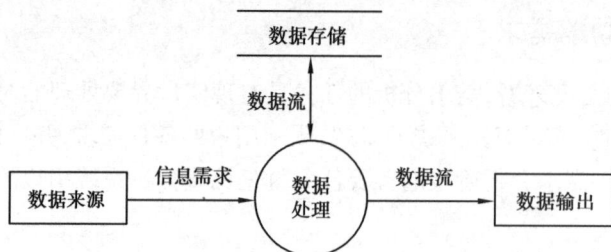

图2-1-1 数据流图基本结构

在数据流图中,封闭的矩形表示数据来源和输出,圆圈表示数据处理,平行线表示数据存储,带命名的箭头表示数据流。数据流图通常是分层表示和抽象业务。一个简单的系统可用一张数据流图来表示。当系统业务比较复杂时,可运用自顶向下的需求分析方法,通过分层数据流图描述不同层次的业务需求。

(1)教师任课业务

教师任课业务的DFD如图2-1-2所示。数据流图抽象的实际业务为管理员在任课安排过程中,需要依据人才培养方案中的课程信息和教授该课程的教师信息,将课程安排给相关教师,并保存到任课信息中。

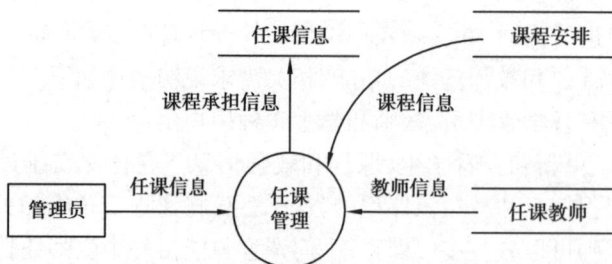

图2-1-2 教师任课业务的DFD

(2)学生选课业务

学生选课业务的DFD如图2-1-3所示。数据流图抽象的实际业务为学生在选课过程中,需要依据本学期的课程安排情况和学生自然情况(如专业、年级等)进行课程的选取,并将选择的课程信息保存为选修信息。在课程结束后,任课教师会根据学生选修情况为学生评分,并将评分结果保存下来。

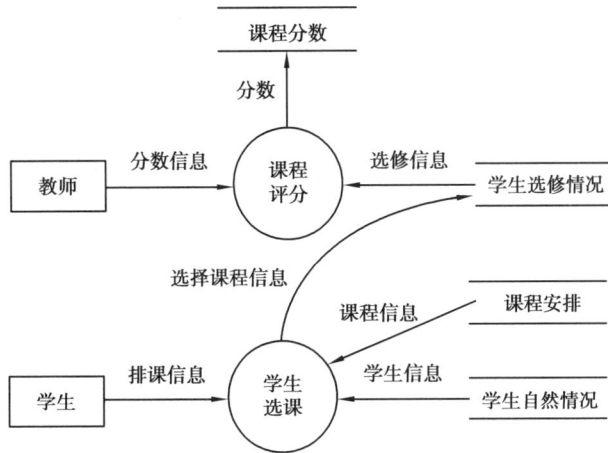

图 2-1-3　学生选课业务的 DFD

2.1.3　获取数据资源

由于本项目仅关心数据库设计,因此,根据任课业务和选课业务的 DFD,学生选课系统运行需要的数据资源包括课程安排、任课教师、任课信息、学生自然情况、学生选修情况和课程分数。这些数据资源可作为数据库结构设计的依据,通常采用数据字典来描述。

数据字典是对系统中数据资源结构和处理过程的详细描述,是各类数据结构和属性的清单,通常包含数据项、数据结构、数据流、数据存储和处理过程 5 个部分内容。下面重点分析学生选课系统的数据字典包含哪些数据结构和数据项,有关其他部分的内容,可参看任务 2.1"知识聚焦"中数据字典的介绍。

(1)数据项

数据项是数据的最小单位,其内容包括数据项名、含义说明、别名、类型、长度、取值范围、与其他数据项的关系。

例如,学生的学号可作为描述学生的数据项,它的数据类型一般为字符型,长度为 9 位。取值范围、与其他数据项的关系这两项内容定义了完整性约束条件,是设计数据检验功能的依据。

(2)数据结构

数据结构是有意义的数据项集合,其内容包括数据结构名、组成的数据项。

例如,学生可作为选课业务的数据结构,它包含学号、姓名、性别、出生日期、专业班级等数据项。

综上所述,学生选课系统的数据结构和数据项见表 2-1-1。

表 2-1-1　学生选课系统的数据结构和数据项

数据结构名称	数据项内容
课程安排	课程号、课程名、学分、类型等
任课教师	教师工号、姓名、职称、研究方向等

续表

数据结构名称	数据项内容
任课信息	课程号、教师工号等
学生信息	学号、姓名、性别、出生日期、专业班级等
选修信息	学号、课程号等
课程分数	学号、课程号、成绩等

【学习提示】

在进行数据项的定义过程中,每一个数据结构在实际生活中都存在诸多数据项,不需要将所有内容都定义为数据项,仅需根据业务需求,选择适量的数据项。

知识聚焦

(1)数据库设计步骤

按规范化设计的方法,考虑数据库及其应用系统开发的全过程,将数据库设计分为6个设计阶段:需求分析、概念设计、逻辑设计、物理设计、数据库实施、数据库运行与维护。各阶段及其主要工作具体说明如下。

1)需求分析阶段

需求分析就是根据用户的需求收集与业务相关的数据资源和业务描述,使用数据流图等工具,抽象满足业务需求的数据模型(如数据结构和数据项)。该工作最费时、最复杂,但也最重要,直接决定整个数据库设计的效率和质量。

2)概念设计阶段

概念设计是整个数据库设计的关键,它通过对用户需求及数据进行综合、归纳与抽象,形成一个独立于具体 DBMS 的概念模型。最常用的概念结构描述方式是 E-R 图。

3)逻辑设计阶段

逻辑设计是把概念模型转换为某个 DBMS 所支持的数据模型,并进行优化。在关系数据库中,逻辑设计将 E-R 图转换为关系数据模型。

4)物理设计阶段

物理设计是为逻辑数据模型(关系模型)选取一个最适合应用环境的物理结构。关系数据库中的物理设计主要指设计存储结构和存取方法。

5)数据库实施阶段

在数据库实施阶段,设计人员运用 DBMS 提供的数据语句、工具及宿主语言,根据逻辑结构和物理结构设计的结果建立数据库,编制与调试应用程序,组织数据入库,并进行试运行。

6)数据库运行与维护阶段

数据库应用系统经过试运行后即可投入正式运行。在数据库运行期间,需要不断地对数据库进行评价、调整与修改。数据库的维护工作主要由数据库管理员完成,包括数据库的备份与恢复、数据库的安全性和完整性控制等。

（2）数据字典

数据字典是关于数据库中数据的一种描述，与数据流图互为注释。这里主要介绍数据字典中的数据流、数据存储和处理过程。

1）数据流

数据流可以是数据项，也可以是数据结构，它表示业务执行过程中数据在系统内传输的路径。内容包括数据流名、说明、输出过程、流入过程，其中，流入过程说明该数据由什么过程而来，流出过程说明该数据传输到什么过程。

2）数据存储

数据存储是指处理过程中数据的存放场所，通常为数据库、文件或其他业务处理过程。内容包含数据存储名、说明、输入（数据流）、输出（数据流）和数据结构。

3）处理过程

处理过程通常描述了数据的处理逻辑。内容包括处理过程名、说明、输入（数据流）、输出（数据流）和处理（简要说明）。

▶ 任务拓展

在学生选课系统中，用户登录功能的需求描述如下：用户通过提交用户名、密码及角色类型申请登录系统；系统从用户信息表中读取用户的账户信息，与其提交的信息进行匹配，如果匹配成功，则登录系统进入首页，否则提示用户重新登录。

请根据系统登录功能的需求说明，绘制登录业务的数据流图，使用数据字典描述业务涉及的数据结构及数据项。

任务2.2　建立数据模型

▶ 任务描述

数据模型是数据库的框架，数据库通过数据模型来模拟现实世界中某应用环境（一个学校、单位或部门）所涉及的数据的集合。目前，王芳已收集到学生选课系统的大量复杂数据，接下来她该怎么找出数据之间的联系，如何建立信息世界的数据模型，怎样用于计算机世界DBMS的实现呢？本任务将带领王芳一起学习数据模型的建立，揭晓问题的答案。

具体任务实施如下。

［实施1］　设计学生选课系统数据库的概念模型。

［实施2］　设计学生选课系统数据库的关系模式。

［实施3］　设计学生选课系统的存储记录结构。

▶ 任务分析

要完成上述任务，一是要使用分类和聚集的方法对系统进行数据抽象，得到实体、属性和联系；二是使用E-R图设计系统业务的概念模型；三是要根据E-R图的集成步骤设计全局E-R图；四是要根据关系模式的转换规则设计初始关系模式；五是要使用规范化理论优化初始关系模式；六是要根据增加、合并或分解关系的方法改进关系模式；七是要根据数据类型及完整性约束要求设计存储记录结构。

本任务知识聚焦内容如下。

- 全局 E-R 图的集成步骤
- 关系数据库的规范化理论
- 关系模式的评价与改进

▶ 任务实施

2.2.1 设计概念模型

概念结构设计的主要任务是将需求分析得到的用户需求(数据结构和数据项),抽象为描述数据结构和数据项之间关系的概念模型。此阶段主要应用 E-R 图来完成,通常分为两步来进行:设计局部 E-R 图和设计全局 E-R 图。

(1)设计局部 E-R 图

根据学生选课系统的业务描述,可分别构建教师任课和学生选课业务的局部 E-R 图。局部 E-R 图绘制的关键就是正确区分实体和属性,通常可以采用分类和聚集两种方法(表2-2-1)。

表 2-2-1　区分实体和属性的方法

方法	注释	示例
分类	分类定义某一类概念作为现实世界中一组对象的类型,将一组具有某些共同特性和行为的对象抽象为一个实体	"王芳"是一名学生,具有学生实体型共同的特性(学号)和行为(选课)
聚类	聚集定义某一类型的组成成分,将对象类型的组成成分抽象为实体的属性	学号、姓名、专业班级等可以抽象为学生实体的属性

1)列出任课业务的实体、属性和联系

①实体分析。

根据表 2-1-1 的需求分析结果,与教师任课相关的数据结构包括课程安排、任课教师和任课信息。运用分类分析方法,教师任课业务涉及的实体为课程实体和教师实体。

这里未将任课信息作为实体的原因是任课并不是客观存在且可以相互区分的"事物",它只发生在教师实体与课程实体的排课行为中,应作为实体联系。

②属性分析。

教师实体:教师实体中包含教师相关属性(教师工号、姓名、职称、研究方向)。按照实体完整性要求,教师工号属性作为主码。在大多数系统中,还可进一步补充年龄、所属教研室等其他属性,为降低实际业务繁杂属性对任务理解的影响,本任务仅在教师实体中考虑需求说明所给的 4 个属性。

课程实体:课程实体中包含课程相关属性(课程号、课程名、学分、类型)。按照实体完整性要求,课程号属性作为主码。

③实体联系分析。

根据需求分析描述,任课业务只需将每次任课信息记录在系统中。因此,只需分析教师实体和课程实体之间的联系。

任课联系:1∶n 联系。一个教师可以教授多门课程,一门课程只能由一个教师教授。

2)列出选课业务的实体、属性和联系

①实体分析。

与学生选课相关的数据结构包括课程安排、学生信息、选修信息和课程分数。运用分类分析方法,学生选课业务涉及的实体为课程实体和学生实体。

选修信息只发生在课程实体与学生实体的选课行为中,应作为实体联系;课程分数是选课行为的附属品,应作为选修联系的属性。

②属性分析。

课程实体:课程实体中包含课程相关属性(课程号、名称、学分)。按照实体完整性要求,课程号属性作为主码。

学生实体:学生实体中包含学生相关属性(学号、姓名、性别、出生日期、专业班级、平均成绩)。按照实体完整性要求,学号属性作为主码。

③实体联系分析。

根据需求分析描述,选课业务只需将每次选修信息记录在系统中。因此,只需分析课程实体和学生实体之间的联系。

选修联系为 m∶n 联系。一个学生可以选修多门课程,一门课程可以被多个学生选修。在每次选修过程中,会产生成绩属性。

3)设计任课和选课业务的概念模型

任课业务的局部 E-R 图如图 2-2-1 所示。

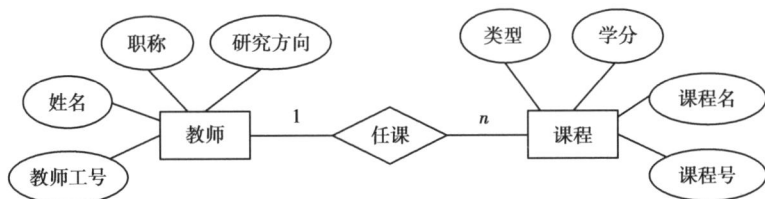

图 2-2-1 任课业务的局部 E-R 图

同理,根据选课业务的实体、属性和联系,绘制局部 E-R 图如图 2-2-2 所示。

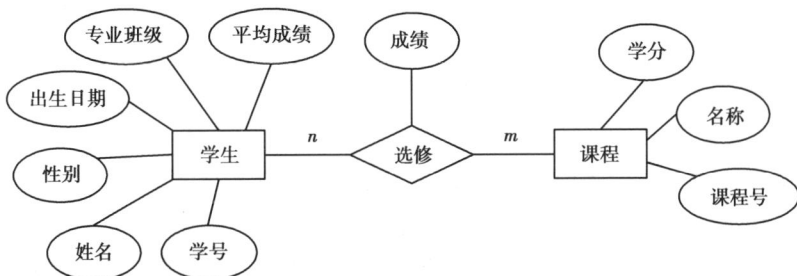

图 2-2-2 选课业务的局部 E-R 图

【学习提示】

在设计局部 E-R 图时,实体和属性是相对而言的,在形式上并无可以明显区分的界限,数据库设计人员可以根据实际情况进行调整,但需要遵循两个原则。

一是实体具有描述信息,而属性没有,即属性必须是不可分的数据项,不能再由另一些属性组成。

二是属性不能与其他实体具有联系,联系只能发生在实体之间。

(2)设计全局 E-R 图

各个局部 E-R 图建立后,数据库设计人员通常采用多元集成法(逐步集成法),将它们合并,集成为一个整体的、一致的概念结构,即全局 E-R 图。

①合并局部 E-R 图,生成初步 E-R 图。

消除命名冲突:任课业务的局部 E-R 图中课程实体的"课程名"属性和选课业务的局部 E-R 图中课程实体的"名称"属性都是指课程的名称,即所谓异名同义,合并后统一改为"课程名"。

消除结构冲突:任课业务的局部 E-R 图中课程实体和选课业务的局部 E-R 图中课程实体的属性组成不同,合并后课程实体的属性组成为各局部 E-R 图中同名实体属性的并集。

消除上述冲突后,合并两个局部 E-R 图,生成初步 E-R 图如图 2-2-3 所示。

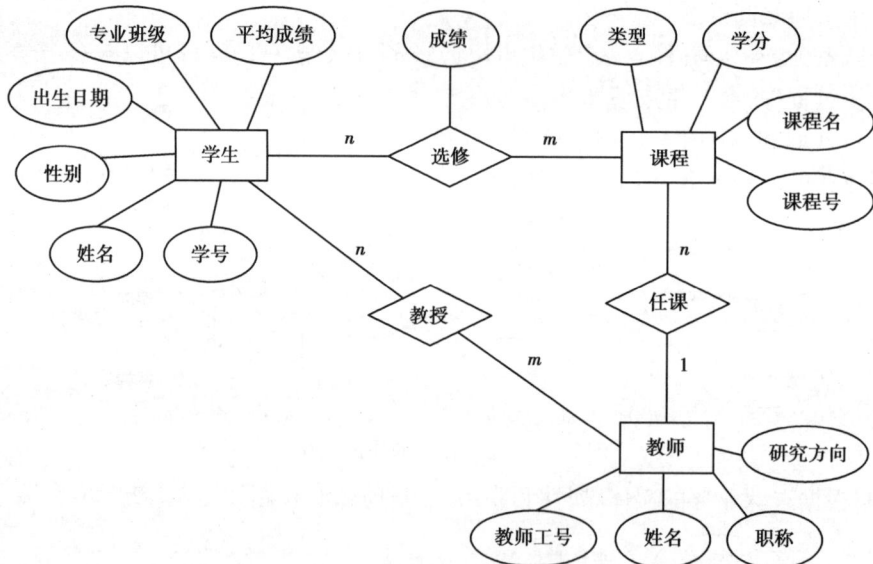

图 2-2-3　学生选课系统的初步 E-R 图

②优化初步 E-R 图,生成全局 E-R 图。

消除冗余数据:学生实体中的"平均成绩"属性可由选修联系中的"成绩"属性计算出来,因此"平均成绩"属性是冗余数据,可以消除。

消除冗余联系:教师实体和学生实体之间的"教授"联系,可以由教师实体和课程实体之间的"任课"联系与课程实体和学生实体之间的"选修"联系推导出来,因此"教授"联系是冗余联系,可以消除。

初步 E-R 图在消除上述冗余后,生成全局 E-R 图如图 2-2-4 所示。

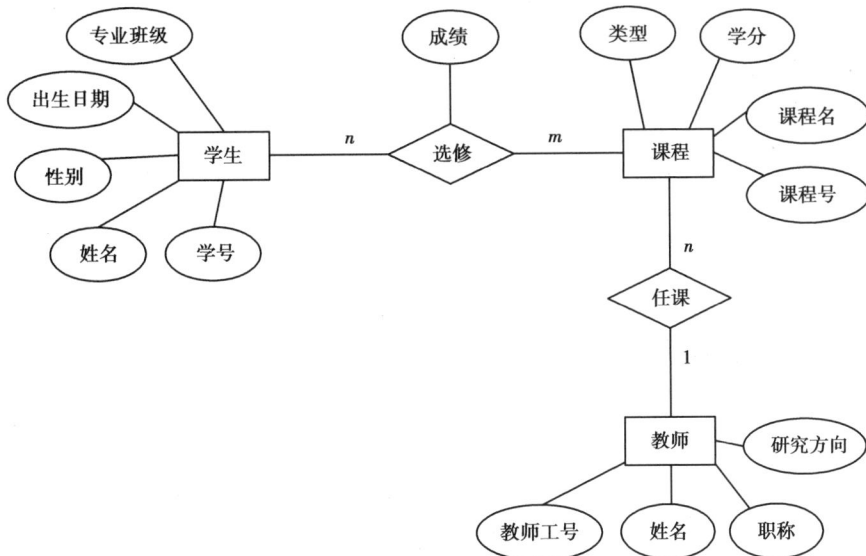

图2-2-4 学生选课系统的全局E-R图

2.2.2 设计逻辑模型

为了建立用户所要求的数据库,设计人员需要把概念结构模型转换为某个具体的DBMS所支持的数据模型。这里只讨论关系数据库的逻辑结构设计问题,即如何将E-R图转换为关系模型。

(1)设计初始关系模式

概念结构设计阶段得到的E-R图是由实体、属性和联系三要素组成的。关系模型的逻辑结构是一组关系模式的集合。因此,E-R图向关系模型的转换要解决的首要问题是如何将实体、属性和联系转换为关系模式。

将E-R图转换为关系模式时需遵循以下原则。

1)实体转换原则

将每一个实体转换为一个关系模式,实体的名称为关系模式的名称,实体的属性是关系的属性,实体的码就是关系的码。

根据实体转换原则,对图2-2-4中3个实体进行关系模式转换,得到下面3个关系模式,每个关系模式使用下画线标注主码。

- 教师(教师工号,姓名,职称,研究方向)
- 课程(课程号,课程名,学分,类型)
- 学生(学号,姓名,性别,出生日期,专业班级)

2)联系转换原则

将每一个联系转换为一个关系模式,联系的名称为关系模式的名称,联系的属性及与联系相连的各实体的码均转换为关系的属性,联系类型决定关系的码。

①如果是1:1联系,则关系的码为与联系相连的任一端实体的码。

②如果是1:n联系,则关系的码为与联系相连的n端实体的码。

③如果是$m:n$联系,则关系的码为与联系相连的各实体码的组合。

根据联系转换原则,对图2-2-4中两个联系进行关系模式转换,得到下面两个关系模式,每个关系模式使用下画线标注主码。

- 任课(<u>课程号</u>,<u>教师工号</u>)
- 选修(<u>学号</u>,<u>课程号</u>,成绩)

(2)关系模式规范化

由于不同的设计人员对需求的理解不同,因此数据库设计的逻辑结果不唯一,数据库的设计没有对错,只有优劣。为了进一步提高应用系统数据存储的有效性,在逻辑结构设计阶段应根据需求调整和优化数据模型,避免由不规范的设计造成数据冗余,以及插入、删除和更新操作异常等情况。

关系模式规范化通常以规范化理论为指导,先确定关系模式的范式级别,再实施规范化处理。

【学习提示】

范式是符合某一种级别的关系模式的集合,是衡量关系模式规范化程度的标准。范式的等级由低到高可分为第一范式(1NF)、第二范式(2NF)、第三范式(3NF)等,且高级范式必是低级范式的子集。一般来说,数据库设计时关系模式只需满足3NF即可。

1)确定范式级别

针对初始关系模式,分析每个关系模式中主码与非主属性之间的函数依赖关系,按照范式等级定义,确定每个关系模式的范式级别。这里以学生关系模式和选修关系模式为例进行详细分析,其他关系模式的范式级别仅给出结果作为参考。

①学生关系模式。

在学生关系模式(学号,姓名,性别,出生日期,专业班级)中,每一个属性都是不可再分的原子项,则学生关系模式满足1NF。

该关系模式的主码是学号,非主属性是姓名、性别、出生日期和专业班级。学号的值一旦确定了,姓名的值也就唯一确定了,故学号决定姓名,即姓名函数依赖于学号,记作学号→姓名。因此,学生关系模式包含的函数依赖集合F={学号→姓名,学号→性别,学号→出生日期,学号→专业班级}。在1NF基础上,学生关系模式中每一个非主属性都完全函数依赖于码,即由学号单独决定,则学生关系模式满足2NF。

在2NF基础上,函数依赖集合F中不存在学号→X且X→Y(X、Y为非主属性)的函数依赖关系,即每个非主属性都不传递函数依赖于码,则学生关系模式满足3NF。

②选修关系模式。

在选修关系模式(学号,课程号,成绩)中,每一个属性都是不可再分的原子项,则选修关系模式满足1NF。

该关系模式的主码是(学号,课程号),非主属性是成绩。(学号,课程号)的值一旦确定了,成绩的值也就唯一确定了。因此,选修关系模式包含的函数依赖集合F={(学号,课程号)→成绩}。在1NF基础上,非主属性"成绩"完全函数依赖于码,则选修关系模式满足2NF。

在2NF基础上,函数依赖集合F中只有1个函数依赖关系,不存在传递函数依赖,则选修关系模式满足3NF。

③其他关系模式。

经分析,教师关系模式、课程关系模式和任课关系模式均为3NF,确保了属性原子化的要求,不存在非主属性对主码的部分函数依赖和传递函数依赖。

2)实施规范化处理

由于学生选课系统的初始关系模式已满足3NF,无需再做规范化处理。如果想了解更多规范化理论的相关知识,可参看任务2.2"知识聚焦"中对关系数据库的规范化理论的详细介绍。

(3)模式评价与改进

为了进一步提高数据库应用系统的性能,在对关系模式进行设计并规范化后,还要对关系模式进行评价、改进,经过反复尝试和比较,最终得到最优关系模式。

1)关系模式的评价

功能评价:对照学生选课系统的需求分析结果,检查规范化后的关系模式集(教师、课程、学生、任课和选修)已满足用户的应用需求,没有疏漏关系模式或属性。

性能评价:在规范化后的关系模式集中,课程关系模式和任课关系模式具有相同的主码(课程号),这种情况会增加关系连接数量,降低查询效率。

2)关系模式的改进

对具有相同主码的关系模式进行合并操作,即将任课关系模式中的"教师工号"属性添加到课程关系模式中,形成新的课程关系模式(课程号,课程名,学分,类型,教师工号),使用波浪线标注关系模式中的外键,删除原任课关系模式。

经过初始关系模式转换、关系模式规范化及关系模式的评价与改进,学生选课系统最终的4个关系模式如下。

- 教师(教师工号,姓名,职称,研究方向)
- 课程(课程号,课程名,学分,类型,教师工号)
- 学生(学号,姓名,性别,出生日期,专业班级)
- 选修(学号,课程号,成绩)

【思政小贴士】

在实际应用开发中,利用工程化思想指导数据库的规范化设计,不仅是技术层面的要求,也是职业素养的体现。遵守行业标准和规范可以有效提高数据库系统的稳定性、可维护性和扩展性,还可以避免在业务系统投入运行后,由功能缺陷、数据异常而导致系统宕机。

2.2.3 设计物理模型

数据库在物理设备上的存储结构与存取方法称为数据库的物理结构,它与给定的计算机系统相关。设计物理结构就是为一个给定的逻辑数据模型选取一个最适合应用要求的物理结构的过程。此阶段是以逻辑结构设计的结果为依据,结合具体的DBMS特点与存储设备特性进行设计,通常分为两步来进行。

第一步,确定物理结构,即确定数据库的存取方法和存储结构。

第二步,评价物理结构,评价的重点是时间效率和空间效率。

在物理结构中,数据的基本存取单位是存储记录。有了逻辑记录结构(关系模式)以后,就可以设计存储记录结构。这里以学生关系模式为例,分析模式中各字段的英文命名、数据类型及相关完整性约束,对存储记录结构进行设计,其他关系模式的存储记录结构仅给出结果作为参考。

1)学生的存储记录结构设计

关系模式学生的主码是学号,由9位数字组成,可以定义为字符型,长度为9;姓名和专业班级的长短不一,可以选择可变长度字符类型;性别取值为"男"或"女",可以定义为字符型,长度为2;出生日期精确到日,可以选择日期型。同时,为了方便在 MySQL 中对字段和表进行操作,将表名称、字段名称设计为英文描述,学生表的结构见表2-2-2。

表2-2-2 学生表(student)结构

字段名	数据类型	完整性约束	字段描述
sno	char(10)	主键	学号
sname	varchar(20)	非空	姓名
gender	char(2)	默认,男	性别
birthday	date	非空	出生日期
class	varchar(20)	非空	专业班级

2)其他表的存储记录结构设计

对每个关系模式中的属性进行详细分析之后,结合实际情况,可以确定其他3个关系模式的存储记录结构,分别见表2-2-3—表2-2-5。

表2-2-3 教师表(teacher)结构

字段名	数据类型	完整性约束	字段描述
tno	char(10)	主键	工号
tname	varchar(20)	非空	姓名
professor	varchar(20)	默认,助教	职称
research	varchar(20)		研究方向

表2-2-4 课程表(course)结构

字段名	数据类型	完整性约束	字段描述
cno	char(10)	主键	课程号
cname	varchar(20)	唯一值	课程名
credit	decimal(2,1)	非空	学分
type	char(10)	默认,必修	类型
tno	char(10)	外键	工号

表 2-2-5　选修表(elective)结构

字段名	数据类型	完整性约束	字段描述
sno	char(10)	(sno,cno)为主键,其中 sno,cno 分别为外键	学号
cno	char(10)		课程号
grade	int	检查,0 ~ 100	成绩

注:关系表中所涉及的数据类型、完整性约束将在项目 3 具体说明。

知识聚焦

(1)全局 E-R 图的集成步骤

1)合并

由于各个局部 E-R 图通常由不同的设计人员并发设计,因此各局部 E-R 图不可避免地会出现许多不一致的地方,这种不一致称为冲突。合并局部 E-R 图的关键就是合理消除各局部 E-R 图中的冲突。

①属性冲突。

属性冲突分为值域冲突和取值单位冲突,具体描述见表 2-2-6。

表 2-2-6　属性冲突说明

冲突类别	释义	示例
值域冲突	同一属性值的类型、取值范围或取值集合不同	学生学号通常用数字表示,有些部门将其定义为数值型,有些部门则定义为字符型
取值单位冲突	同一属性的取值单位不同	零件的质量,有的以千克为单位,有的以克为单位

属性冲突属于用户业务上的约定,必须与用户协商后解决。

②命名冲突。

命名冲突可能发生在实体名、属性名和联系名之间,其中属性的命名冲突较为常见,一般表现为同名异义和异名同义,具体描述见表 2-2-7。

表 2-2-7　命名冲突说明

冲突类别	释义	示例
同名异义	同一名称的对象在不同的局部应用中具有不同的意义	"单位"在某些部门表示人员所在部门,在某些部门可能表示物品的质量、长度等属性
异名同义	同一意义的对象在不同的局部应用中具有不同的名称	教师所属的"单位",学生所属的"院系",通常指代的是同一个部门

命名冲突的解决方法与属性冲突相同,需要与各部门协商、讨论后解决。

③结构冲突。

结构冲突包含 3 种情况,具体描述见表 2-2-8。

表 2-2-8　结构冲突说明

冲突类别	释义	示例
抽象对象冲突	同一对象在不同局部应用中有不同的抽象,可能为实体,也可能为属性	员工的工资在某一局部应用中被当作实体,而在另一局部应用中被当作属性
属性组成冲突	同一实体在不同局部应用中的属性组成不同,可能是属性个数或属性次序不同	课程实体在某一个局部应用中有课程号、课程名和学分属性,而在另一局部应用中只有课程号和课程名属性
联系类型冲突	同一联系在不同局部应用中呈现不同的类型	教师与课程的任课联系在某一局部应用中可能是 $1:n$,而在另一局部应用中可能是 $m:n$

针对不同的结构冲突,解决方法各不相同,描述如下。

a. 抽象对象冲突:使同一对象在不同局部应用中具有相同的抽象,或把实体转化为属性,或把属性转化为实体。

b. 属性组成冲突:合并后实体的属性组成设置为各局部 E-R 图中同名实体属性的并集,然后再适当调整属性的次序。

c. 联系类型冲突:根据应用的语义对实体联系的类型进行综合或调整。

2)优化

消除冗余,经规范化验证,生成全局 E-R 图。

冗余包括冗余的数据和冗余的联系。冗余的数据是指可由基本的数据导出的数据;冗余的联系是指可由其他的联系导出的联系。冗余的存在容易破坏数据库的完整性,给数据库的维护增加难度,应该消除。

(2)关系数据库的规范化理论

关系数据库的规范化理论以属性间的函数依赖关系为基础,按照范式级别定义了 1NF、2NF、3NF 等。数据库设计人员可根据范式级别,分析现有关系模式的规范化程度,对不满足规范化级别的关系模式采用模式分解等方法,提升关系模式的规范化程度。

1)第一范式

第一范式是关系模式的最基本规范形式,它要求关系模式中每个属性都是不可再分的最小数据项。不满足 1NF 的数据库,不是关系数据库。

例如,设有教师关系模式(教师工号,姓名,职称,联系方式),前 3 个属性都是不可再分的最小数据项,但是"联系方式"可以有多种形式(如手机、QQ 等),可见"联系方式"不是最小的数据项。该关系模式不符合 1NF,可将其改成如下符合 1NF 的关系模式。

• 教师关系模式(教师工号,姓名,职称,手机,QQ)

事实上,并不是符合第一范式的关系模式就是规范合理的数据表。例如,学生选课关系模式(学号,姓名,专业班级,辅导员号,课程号,课程名,学分,成绩),虽然每一个属性都是最小数据项,但仍会出现表 2-2-9 中的问题,因此,这样的关系模式也不是规范的,需要进一步规范化处理。

表 2-2-9 常见问题汇总

问题	示例
数据冗余	假设同一门课程有 45 个学生选修,在录入成绩时,相同的课程号、课程名、学分等信息将重复出现 45 次
插入异常	假设要开设一门新课程,暂时还没有人选修。由于缺少"学号"取值,那么该课程的课程号、课程名等信息也无法记入数据库
更新异常	若调整某门课程的学分,则相应记录中的学分值都要更新,否则会出现同一门课程学分不同的情况
删除异常	假设一批学生已经毕业,这些选修记录就应该从数据表中删除。但是,同时删除的还有课程号、课程名等信息,从而导致课程数据丢失

2)第二范式

第二范式是在第一范式的基础上,要求每一个非主属性都完全函数依赖于该关系模式的主码,不能由主码的部分主属性来决定。

例如,上述的学生选课关系模式中,主码是(学号,课程号),其中"姓名"属性可由主码中的"学号"单独决定,则"姓名"不是完全函数依赖于(学号,课程号),而是部分函数依赖于(学号,课程号)。因此,该关系模式不满足 2NF。

将 1NF 转换为 2NF,可以通过分解关系模式,将主属性和由该主属性独立决定的非主属性形成一个新关系模式,将主码和由该主码完全决定的非主属性形成另一个新关系模式。因此,学生选课关系模式可以分解为如下新关系模式。

- 学生_辅导员(学号,姓名,专业班级,辅导员号)
- 课程(课程号,课程名,学分)
- 选修(学号,课程号,成绩)

经分析可知,分解后的学生_辅导员、课程和选修关系模式均满足 2NF。

3)第三范式

第三范式是在第二范式的基础上,要求每一个非主属性都非传递函数依赖于该关系模式的主码,即在关系模式中不存在如下依赖关系:主码→X,X→Y(X、Y 为非主属性)。

例如,前面分解得到的学生_辅导员关系模式中,存在"学号→专业班级,专业班级→辅导员号"的决定关系,故不满足 3NF。此时仍然可以通过分解关系模式,将 X 和 Y 属性形成一个新关系模式,将主码和除 Y 以外的剩余属性形成另一个关系模式。因此,学生_辅导员关系模式可以分解为如下新关系模式。

- 辅导员(专业班级,辅导员号)
- 学生(学号,姓名,专业班级)

经分析可知,分解后的学生和辅导员关系模式均满足 3NF。

(3)关系模式的评价与改进

模式评价的目的是检查所设计的数据库模式是否满足用户的业务需求(含功能性需求和非功能性需求),从而确定需要加以改进的部分。模式评价包括功能评价和性能评价,下面根据不同类型的评价结果给出具体的模式改进策略。

1）功能评价与改进

功能评价是对照需求分析的结果，检查规范化后的关系模式集是否满足用户所有的应用需求（功能性需求）。如果因为系统需求分析、概念结构设计的疏漏，某些应用不能得到支持，则应该增加新的关系模式或属性。

2）性能评价与改进

性能评价是按照预期逻辑记录的存取数、传送量等，估算关系模式的性能，其评价指标及模式改进如下。

①如果有若干关系模式具有相同的主码，且主要进行多表连接查询，那么可对这些关系模式进行合并。例如，将课程关系模式和任课关系模式进行合并，减少关系连接的数量，提高查询效率。

②对于经常进行大量数据的分类条件查询的关系，可进行水平分解，把关系的元组分为若干个子集合，每个子集合定义为1个子关系。例如，有学生关系（学号，姓名，类别，……），其中类别包括专科生、本科生。如果多数查询1次只涉及其中的一类学生，可把学生关系水平分解为专科生、本科生2个子关系。这样可以减少应用系统每次查询需要访问的记录数，提高查询性能。

③对于经常进行部分属性查询的关系，可进行垂直分解，把经常一起使用的属性分解出来，形成1个子关系。例如，有教师关系（教师工号，姓名，年龄，工资，岗位津贴，电话），如果经常查询前4项，后2项很少使用，则可把教师关系垂直分解得到教师关系1（教师工号，姓名，年龄，工资）和教师关系2（教师工号，岗位津贴，电话）。这样便减少了查询的数据传送量，提高了查询速度。

> **任务拓展**

对学生选课系统进行系统升级，新增1个功能，对其进行数据建模。新增功能需求描述如下。

新增教师的隶属管理功能。假定1个教研室可以有多个教师，每个教师只能隶属于1个教研室。其中，教研室包含教研室名、座机电话信息，教师包含教师工号、姓名信息。

完成系统升级后的数据库设计，具体要求如下。

①针对系统中新增的实体、属性和联系，绘制局部 E-R 图。

②设计系统升级后的全局 E-R 图。

③将 E-R 图转换为初始关系模式，并进行规范化处理。

④对规范化后的关系模式进行评价与改进。

思维导图

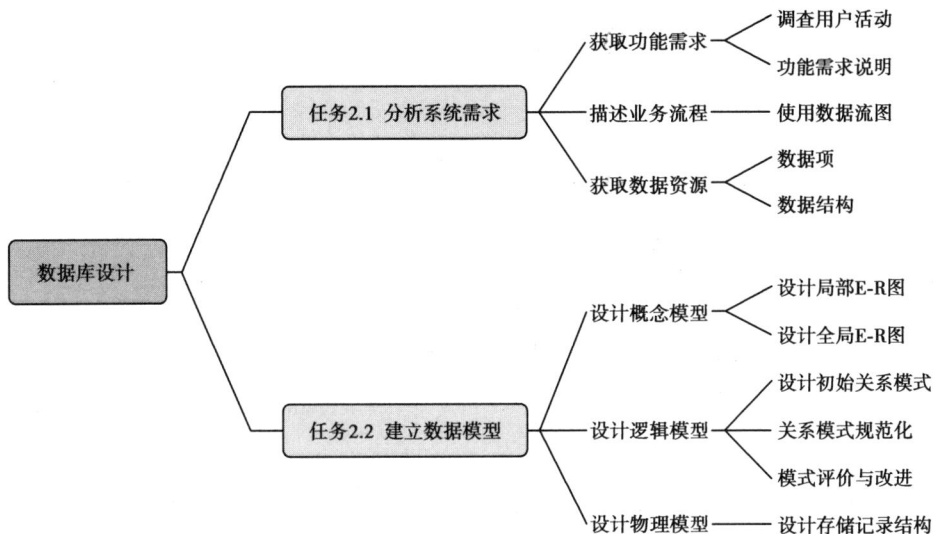

项目实训

一、实训目的

1. 熟悉数据库设计的工作流程。

2. 掌握概念结构、逻辑结构及物理结构的设计方法。

3. 独立设计一个小型关系数据库。

二、实训内容

图书管理系统中需要存储读者信息,包括读者证号、姓名、部门名等,读者可以搜索所有图书的相关信息,包括图书编号、书名、作者、出版社名、库存数量等,然后选择借阅的图书(假定一个读者可以借阅多本图书,一本图书可以被多个读者所借阅,每次借阅会产生借书时间、还书时间)。为了更好地管理图书信息,系统专门建立了图书类别清单,包括类别编号、类别名称等(假定一个图书类别下可以有多本图书,每本图书只能属于一个图书类别)。

请根据系统描述完成以下设计工作。

1. 列出图书管理系统中的实体、属性和联系。

2. 根据系统描述绘制全局E-R图。

3. 将E-R图转换为初始关系模式,并进行规范化处理。

4. 对规范化后的关系模式进行评价与改进。

5. 设计图书管理系统的存储记录结构。

课后习题

一、选择题

1. 在数据库设计中,需求分析阶段常用的分析工具有( )。

A. 数据流图和数据字典　　　　　　B. 数据流图和程序流程图

C. 程序流程图和数据字典　　　　　　D. 层次结构图和数据字典

2. E-R 图提供了表示信息世界中实体、属性和(　　　)的方法。

A. 数据　　　　　　　B. 联系　　　　　　　C. 表　　　　　　　D. 模式

3. E-R 图是数据库设计的工具之一,一般适用于建立数据库的(　　　)。

A. 概念模型　　　　　B. 结构模型　　　　　C. 物理模型　　　　　D. 逻辑模型

4. 在关系数据库设计中,设计关系模式属于数据库设计的(　　　)。

A. 需求分析阶段　　　　　　　　　　　B. 概念设计阶段

C. 逻辑设计阶段　　　　　　　　　　　D. 物理设计阶段

5. 在数据库设计中,当合并局部 E-R 图时,学生的学号在某一局部应用中被定义为字符型,而在另一局部应用中被定义为整型,这种冲突称为(　　　)。

A. 属性冲突　　　　　B. 命名冲突　　　　　C. 联系冲突　　　　　D. 结构冲突

6. 从 E-R 模型向关系模型转换,一个 $m:n$ 的联系转换成一个关系模式时,该关系模式的主码是(　　　)。

A. n 端实体的码　　　　　　　　　　B. m 端实体的码

C. n 端和 m 端实体码的组合　　　　D. 重新选取其他属性

7. 设有学科竞赛关系模式(学号,姓名,专业班级,奖项),假设学号不唯一,每个学生可拿多项奖项,则学科竞赛表的主键是(　　　)。

A. 学号　　　　　　　B. 姓名、奖项　　　　C. 奖项　　　　　　　D. 学号、奖项

8. 规范化理论是关系数据库进行逻辑设计的理论依据,根据这个理论,关系数据库中的关系必须满足其每个属性都是(　　　)。

A. 互不相关的　　　　B. 不可分解的　　　　C. 长度可变的　　　　D. 互相关联的

9. 在关系模式中,如果有学号→专业班级,专业班级→辅导员,则学号和辅导员之间存在(　　　)。

A. 完全函数依赖　　　　　　　　　　　B. 传递函数依赖

C. 完全函数依赖和传递函数依赖　　　　D. 部分函数依赖和传递函数依赖

10. 关系模式中,满足 2NF 的模式(　　　)。

A. 可能满足 1NF　　　　　　　　　　　B. 必定满足 1NF

C. 必定满足 3NF　　　　　　　　　　　D. 必定满足 BCNF

二、简答题

1. 简述数据库的设计过程及每个阶段的任务。

2. 简述需求分析阶段的设计目标及其调查内容。

3. 简述集成 E-R 图的方法。

4. 简述 E-R 图转换为关系模式的转换规则。

5. 简述数据库物理设计的内容及步骤。

项目3
数据库和数据表定义 ···○

学习导读

　　数据库是存储数据对象的仓库,这些数据对象包括数据表、视图、存储过程等。其中,数据表是最基本的数据对象,用来存放数据。在应用开发过程中,数据库从业人员除具备数据库设计能力外,还应具备使用数据库管理系统创建和使用数据库及数据表的能力。

　　本项目将根据学生选课系统数据库设计的数据表结构,在 MySQL 数据库管理系统中使用 SQL 语句实现数据库及数据表的创建和使用。

学习目标

知识目标	技能目标	素养目标
1. 了解 MySQL 的常用数据类型。 2. 掌握创建和使用数据库、数据表的语法。 3. 熟悉完整性约束的适用场景。	1. 会使用 SQL 语句创建和使用数据库。 2. 会使用 SQL 语句创建和使用数据表。 3. 会为表中字段设计合理的完整性约束。	1. 培养科学严谨的态度:根据需求规划设计表中的数据类型。 2. 提高法律保护意识:数据表设计中应遵守法律法规,保护用户隐私和数据安全。

任务 3.1　创建和使用数据库

任务描述

　　通过前期项目的学习,王芳已经完成学生选课系统数据库的物理结构设计,接下来进入数据库实施阶段,首要任务就是创建一个数据库。创建数据库是在数据库系统中划分一块存储数据的空间,方便数据的分配、放置和管理。

　　具体任务实施如下。

　　[实施 1]　创建名为 education 的数据库。

　　[实施 2]　查看创建好的数据库 education。

　　[实施 3]　修改数据库 education 的字符集为 gbk,排序规则名为 gbk_bin。

　　[实施 4]　删除数据库 education。

▶ **任务分析**

要完成该任务,一是要会使用 CREATE DATABASE 语句创建数据库;二是要会使用 SHOW CREATE DATABASE 语句查看指定数据库信息;三是要会使用 ALTER DATABASE 语句修改数据库的默认字符集;四是要会使用 DROP DATABSE 语句对无用的数据库进行删除。

本任务知识聚焦内容如下。

- MySQL 存储引擎 InnoDB
- 创建数据库的语法格式

▶ **任务实施**

3.1.1 创建数据库

[实施1] 创建名为 education 的数据库。

使用 CREATE DATABASE 语句创建数据库,SQL 语句如下。

```
CREATE DATABASE education;
```

其中,education 是创建的数据库的名字,在同一个数据库服务器上取名必须唯一。执行结果如图 3-1-1 所示。

```
mysql> CREATE DATABASE education;
Query OK, 1 row affected (0.01 sec)
```

图 3-1-1 创建数据库 education

SQL 语句执行后显示"Query OK",说明执行成功,数据库已经创建。

3.1.2 查看数据库

[实施2] 查看创建好的数据库 education。

使用 SHOW CREATE DATABASE 语句查看指定数据库的信息,执行结果如图 3-1-2 所示。

```
mysql> SHOW CREATE DATABASE education\G
*************************** 1. row ***************************
       Database: education
Create Database: CREATE DATABASE `education` /*!40100 DEFAULT CHARACTER SET utf8mb4
 COLLATE utf8mb4_0900_ai_ci */ /*!80016 DEFAULT ENCRYPTION='N' */
1 row in set (0.01 sec)
```

图 3-1-2 查看数据库 education 的信息

运行结果显示了数据库 education 的创建语句以及默认字符集 utf8m64。参数"\G"可以使输出结果整齐美观。

用户也可使用"SHOW DATABASES;"语句查看 MySQL 中所有数据库的名称。

3.1.3 修改数据库

数据库创建成功后,可根据需要对其字符集或排序规则进行修改。在 MySQL 中,使用

ALTER DATABASE 语句修改数据库,语法格式如下。

> ALTER DATABASE 数据库名称
> CHARACTER SET 字符集名 COLLATE 排序规则名;

其中,"字符集名"是修改后的数据库编码方式,"排序规则名"是与字符集对应的排序规则。可使用"SHOW CHARSET;"语句查看 MySQL 所支持的字符集;使用"SHOW COLLATION;"语句查看 MySQL 支持的排序规则。

[实施3] 修改数据库 education 的字符集为 gbk,排序规则名为 gbk_bin。

> ALTER DATABASE education
> CHARACTER SET gbk COLLATE gbk_bin;

执行上述语句后,使用 SHOW CREATE 语句查看修改后的数据库信息,验证数据库字符集是否修改成功,执行结果如图 3-1-3 所示。

图 3-1-3 查看 education 数据库的修改结果

3.1.4 删除数据库

[实施4] 删除数据库 education。

使用 DROP DATABASE 语句删除数据库。执行结果如图 3-1-4 所示。

图 3-1-4 删除数据库 education

使用"SHOW DATABASES;"语句查看 MySQL 数据库服务器中所有数据库名称,已没有 education,说明 education 确实已被删除。

> 知识聚焦

(1)MySQL 存储引擎 InnoDB

存储引擎就是数据的存储技术。针对不同的处理要求,存储引擎可以对数据采用不同的存储机制、索引技巧和读写锁定水平等。在当今的应用需求下,InnoDB 存储引擎在 MySQL 支持的存储引擎中有很大的优势,因此在 MySQL 5.1 之后的版本中 InnoDB 成为 MySQL 默认的存储引擎。

InnoDB 存储引擎为 MySQL 的数据表提供了具有提交、回滚和崩溃恢复能力的事务安全;InnoDB 存储引擎完全与 MySQL 整合,通过在内存中缓存数据表的索引表来维护自己的缓冲池;InnoDB 存储引擎支持外键完整性约束,外键所在的表为从表,外键所依赖的表为主表,主表被关联的字段必须为主键。在 MySQL 中,可使用"SHOW ENGINES;"语句查看MySQL 支持的存储引擎类型。

（2）创建数据库的语法格式

使用 CREATE DATABASE 语句创建数据库时可以指定字符集,完整语法格式如下。

> CREATE DATABASE［IF NOT EXISTS］数据库名
> ［［DEFAULT］CHARACTER SET 字符集名｜［DEFAULT］COLLATE 排序规则名］;

参数说明如下。

①IF NOT EXISTS:可选参数,表示创建数据库时会检查是否有同名的数据库存在。如果存在则不创建数据库,但不给出错误提示;缺少该参数时,创建同名数据库会报错。

②CHARACTER SET:可选参数,用于指定数据库使用的字符集名称。

③COLLATE:可选参数,用于指定字符集对应的排序规则名称。

▶ 任务拓展

①创建名为 mydb 的数据库,默认字符集设置为 gbk。

②查看 mydb 数据库的定义信息。

③修改 mydb 数据库的字符集为 utf8mb4。

④删除 mydb 数据库。

任务 3.2　创建和使用数据表

▶ 任务描述

在关系数据库中,数据表是存储数据的基本单位,一个数据库可以包含多个数据表。在信息管理中,学会数据表的基本操作,是实现轻松管理数据的基础。在本任务中,王芳需要根据前期设计好的数据表结构,创建数据表,并依据系统需求的变化对表结构进行修改和删除。

具体任务实施如下。

［实施 1］　在 education 数据库中创建一个用于存储学生信息的 student 表。

［实施 2］　查看创建好的 student 表信息。

［实施 3］　在 student 表中添加一个 INT 类型的 age 年龄字段。

［实施 4］　将 student 表中的 gender 字段改名为 sex,数据类型保持不变。

［实施 5］　将 student 表中的 age 字段位置调整到 birthday 字段的后面。

［实施 6］　删除 student 表中的 birthday 字段。

［实施 7］　删除 student 表。

任务分析

要完成该任务,一是要为表中字段选择合适的字段名、数据类型和数据精度等;二是要会使用 CREATE TABLE 语句创建数据表;三是要会使用 DESC 命令查看数据表的结构;四是要会使用 ALTER TABLE 语句对表结构进行修改;五是要会使用 DROP TABLE 语句对无用的数据表进行删除。

本任务知识聚焦内容如下。
- MySQL 常见数据类型
- 修改数据表的语法格式

任务实施

3.2.1 创建数据表

数据库创建之后,可使用 CREATE TABLE 语句创建数据表,基本语法格式如下。

```
CREATE TABLE 表名
(字段名 1 数据类型 1
[,字段名 2 数据类型 2][,…]);
```

其中,"表名"是创建的数据表名字,"字段名"是表中属性名称,"数据类型"大致可分为数字类型、日期和时间类型以及字符串类型。方括号"[ ]"中的内容是可选项,"[,…]"表示"等等",即表中可定义更多字段信息。

[实施 1] 在 education 数据库中创建一个用于存储学生信息的 student 表,其表结构见表 3-2-1。

表 3-2-1 学生表(student)结构

字段名	数据类型	字段描述
sno	char(10)	学号
sname	varchar(20)	姓名
gender	char(2)	性别
birthday	date	出生日期
class	varchar(20)	专业班级

创建表的 SQL 语句如下。

```
USE education;
CREATE TABLE student
(sno CHAR(10),
sname VARCHAR(20),
gender CHAR(2),
```

```
birthday DATE,
class VARCHAR(20));
```

执行结果如图3-2-1所示。

图 3-2-1　创建 student 数据表

SQL 语句执行后显示"Query OK",说明数据表 student 创建成功。

【学习提示】

在创建数据表之前,一定要使用"USE 数据库名"指明数据表所属数据库,否则系统会抛出"No database selected"错误。

3.2.2　查看数据表

MySQL 支持使用 SHOW 语句和 DESC 语句两种方式查看数据表信息。

［实施2］　查看创建的 student 表信息。

①使用 SHOW CREATE TABLE 语句查看表的定义,结果如图3-2-2所示。

图 3-2-2　查看 student 数据表的定义

②使用 DESC 语句查看表的结构,结果如图3-2-3所示。

图 3-2-3　查看 student 表的结构

其中,"Field"表示字段名,"Type"表示数据类型,"Null"表示是否为空值,"Key"表示是否有索引和其他约束,"Default"表示是否有默认值,"Extra"表示附加信息。

3.2.3 修改数据表

当系统需求变更或设计之初考虑不周全等情况发生时,需要对表结构进行修改,包括向表中新增字段、修改原有字段信息等。用户可以使用 ALTER TABLE 语句实现数据表结构的修改操作。

[实施3] 在 student 表中添加一个 INT 类型的 age 年龄字段。

分析:在 ALTER TABLE 语句中使用 ADD 命令向表中添加 age 字段。

```
ALTER TABLE student
ADD age INT;
```

执行上述语句后,使用 DESC 语句查看表结构,执行结果如图 3-2-4 所示。

图 3-2-4 查看添加字段后的表结构

[实施4] 将 student 表中的 gender 字段改名为 sex,数据类型保持不变。

分析:在 ALTER TABLE 语句中使用 CHANGE 命令修改表中 gender 字段名和数据类型,未提及数据类型修改时,可保留原数据类型不变。

```
ALTER TABLE student
CHANGE gender sex CHAR(2);
```

执行上述语句后,使用 DESC 语句查看表结构,执行结果如图 3-2-5 所示。

图 3-2-5 查看修改字段名后的表结构

[实施5] 将 student 表中的 age 字段位置调整到 birthday 字段的后面。

分析:在 ALTER TABLE 语句中使用 MODIFY 命令修改表中 age 的位置。

```
ALTER TABLE student
MODIFY age int AFTER birthday;
```

执行上述语句后,使用 DESC 语句查看表结构,执行结果如图 3-2-6 所示。

```
mysql> DESC student;
+----------+-------------+------+-----+---------+-------+
| Field    | Type        | Null | Key | Default | Extra |
+----------+-------------+------+-----+---------+-------+
| sno      | char(10)    | YES  |     | NULL    |       |
| sname    | varchar(20) | YES  |     | NULL    |       |
| sex      | char(2)     | YES  |     | NULL    |       |
| birthday | date        | YES  |     | NULL    |       |
| age      | int         | YES  |     | NULL    |       |
| class    | varchar(20) | YES  |     | NULL    |       |
+----------+-------------+------+-----+---------+-------+
6 rows in set (0.01 sec)
```

图 3-2-6　查看修改字段位置后的表结构

［实施 6］　删除 student 表中的 birthday 字段。

分析:在 ALTER TABLE 语句中使用 DROP 命令删除表中 birthday 字段。

```
ALTER TABLE student
DROP birthday;
```

执行上述语句后,使用 DESC 语句查看表结构,执行结果如图 3-2-7 所示。

```
mysql> DESC student;
+-------+-------------+------+-----+---------+-------+
| Field | Type        | Null | Key | Default | Extra |
+-------+-------------+------+-----+---------+-------+
| sno   | char(10)    | YES  |     | NULL    |       |
| sname | varchar(20) | YES  |     | NULL    |       |
| sex   | char(2)     | YES  |     | NULL    |       |
| age   | int         | YES  |     | NULL    |       |
| class | varchar(20) | YES  |     | NULL    |       |
+-------+-------------+------+-----+---------+-------+
5 rows in set (0.00 sec)
```

图 3-2-7　查看删除字段后的表结构

【思政小贴士】

数据库和数据表的定义是信息组织和管理的基础。在学习过程中,需要能够逻辑清晰地理解数据之间的关系,将复杂信息分解为易于管理的部分,并设计出合理的数据表结构。随着业务的发展和数据的增长,数据表结构可能需要进行调整和优化,这就需要设计者具备持续学习和优化改进的意识,学会如何监控数据库性能,识别瓶颈,并提出优化方案。

3.2.4　删除数据表

删除数据表是指删除已经存在的表,注意删除表的同时会删除表中的所有数据,可以使用 DROP TABLE 语句来实现。

［实施 7］　删除 student 表。

```
DROP TABLE student;
```

使用 DESC 语句查看数据表,执行结果如图 3-2-8 所示。

```
mysql> DESC student;
ERROR 1146 (42S02): Table 'mysql.student' doesn't exist
```

图 3-2-8　查看删除数据表的结果

知识聚焦

(1) MySQL 常见数据类型

确定表中每列的数据类型是设计表的重要步骤。列的数据类型就是该列所存放的数据的类型。MySQL 的数据类型非常丰富,这里仅给出部分常用数据类型。

1) 数字类型

数字类型包含整数类型和数值类型,其中数值类型包括精确数值 DECIMAL 和近似数值型 FLOAT 和 DOUBLE。

表 3-2-2 展示了各种数字类型。

表 3-2-2　数字类型列表

数据类型	占用字节	数值范围	说明
TINYINT(m)	1	有符号:$-2^7 \sim 2^7-1$ 无符号:$0 \sim 2^8-1$	
SMALLINT(m)	2	有符号:$-2^7 \sim 2^7-1$ 无符号:$0 \sim 2^8-1$	默认的显示宽度 m 为 6
MEDIUMINT(m)	3	有符号:$-2^{23} \sim 2^{23}-1$ 无符号:$0 \sim 2^{24}-1$	默认的显示宽度 m 为 9
INT(m) INTEGER(m)	4	有符号:$-2^{31} \sim 2^{31}-1$ 无符号:$0 \sim 2^{32}-1$	默认的显示宽度 m 为 11
BIGINT(m)	8	有符号:$-2^{63} \sim 2^{63}-1$ 无符号:$0 \sim 2^{64}-1$	默认的显示宽度 m 为 20
FLOAT(m,d)	4		单精度浮点数类型,若不指定精度,则默认保存实际精度
DOUBLE(m,d)	8		双精度浮点数类型,若不指定精度,则默认保存实际精度
DECIMAL(m,d)	如果 m>d,则为 m+2;否则为 d+2	依赖于 m 和 d 的值	定点数类型,默认精度为10,小数位数为0

【学习提示】

在 MySQL 中,定点数以字符串形式存储。因此,其精度比浮点数要高,而且浮点数会出现误差,这是浮点数一直存在的缺陷。对精度要求比较高时(如货币、科学数据等),使用 DECIMAL 类型会比较安全。

2) 日期和时间类型

日期和时间类型主要有 YEAR、TIME、DATE、DTAETIME 和 TIMESTAMP,当只记录年信

息时,可以只使用 YEAR 类型。每一个类型都有合法的取值范围,当指定不合法的值时,系统将"零"值插入数据库中。

表 3-2-3 列出了 MySQL 日期和时间类型对应的字节数、数值范围等。

表 3-2-3　日期和时间类型列表

数据类型	占用字节	数值范围	说明
YEAR	1	$1901 \sim 2155$	年份值,格式为 YYYY
TIME	3	$-838:59:59 \sim 838:59:59$	只存储时间,格式为 HH:MM:SS
DATE	3	$1000-01-01 \sim 9999-12-3$	只存储日期,格式为 YYYY-MM-DD
DATETIME	8	$1000-01-01\ 00:00:00 \sim$ $9999-12-31\ 23:59:59$	表示日期和时间的组合,格式为 YYYY-MM-DD HH:MM:SS
TIMESTAMP	4	$1970-01-01\ 00:00:01 \sim$ 2038 年某一时刻	时间戳,格式为 YYYY-MM-DD HH:MM:SS

其中,DATETIME 类型在存储时,按照实际输入的格式存储,和用户所在时区无关;而 TIMESTAMP 类型中值的存储是以世界标准时间格式保存的,在存储时会按照用户当前时区进行转换,转换成世界标准时间,检索时再转换回当前时区。

3)字符串类型

字符串类型用来存储字符串数据,还可存储图片和声音的二进制数据。字符串可以区分或不区分大小写的串比较,还可以进行正则表达式的匹配查找。目前,MySQL 支持两类字符型数据:文本字符串和二进制字符串。其中,文本字符串常用来存储字符串、图片和声音类型数据,而二进制字符串类型主要是为二进制类型数据服务。MySQL 中的文本字符串类型有 CHAR、VARCHAR、TINYTEXT、TEXT、MEDIUMTEXT、LONGTEXT、ENUM、SET 等。

表 3-2-4 列出了 MySQL 字符串类型对应的长度、说明等。

表 3-2-4　文本字符串类型列表

数据类型	长度	说明
CHAR(m)	$0 \sim 255$ 个字符	固定长度字符串。若输入数据的长度超过 mB,则被截断;否则,不足部分用空格填充
VARCHAR(m)	$0 \sim 65535$ 个字符	长度可变字符串,m 表示最大字符串的长度
TINYTEXT	$0 \sim 255$ 个字节	一种特殊的字符串类型,只能保存字符数据,如文章、评论、简历、新闻内容等
TEXT	$0 \sim 65535$ 个字节	
MEDIUMTEXT	$0 \sim 16777215$ 个字节	
LONGTEXT	$0 \sim 4294967295$ 个字节	
ENUM	$0 \sim 65535$ 个值	枚举类型,只允许在给定集合中取 1 个值

数据类型	长度	说明
SET	0~64 个值	SET 类型可以在给定集合中取多个值

MySQL 中的二进制字符串类型有 BIT、BINARY、VARBINARY、TINYBLOB、BLOB、MEDI-UMBLOB 和 LONGBLOB。

表 3-2-5 列出了 MySQL 二进制字符串类型对应的数值范围、说明等。

表 3-2-5　二进制字符串类型列表

数据类型	数值范围	说明
BIT(M)	1~64 个字节	位字段类型。M 是每个值的位数,默认为 1。如果分配的值的长度小于 M,就在值的左边用 0 填充
BINARY(M)	0~255 个字节	固定长度的二进制字符串。若输入数据长度超过 nB,则被截断;否则,不足部分用数字"\0"补齐
VARBINARY(M)	0~65536 个字节	可变长度二进制字符串
TINYBLOB(M)	2^8-1 个字节	主要存储图片、音频等信息
BLOB(M)	$2^{16}-1$ 个字节	
MEDIUMBLOB(M)	$2^{24}-1$ 个字节	
LONGBLOB(M)	$2^{32}-1$ 个字节	

(2)修改数据表的语法格式

修改数据表的完整语法格式如下。

```
ALTER TABLE 表名
{ADD [COLUMN] 新字段 数据类型
| CHANGE 原字段 新字段 新数据类型
| MODIFY 字段名1 新数据类型 [ FIRST | [AFTER 字段名2 ]]
| DROP [COLUMN]字段名
| RENAME [TO] 新表名
| DEFAULT CHARACTER SET 字符集名 COLLATE 排序规则名}
```

参数说明如下。

①ADD:添加新字段,如果一次添加多个字段,需要将字段定义用小括号括起来,如 ADD(age INT,city CHAR(10))。

②CHANGE:修改字段名称和数据类型,如果数据类型不变,只需把新数据类型设置为与原数据类型一致即可。

③MODIFY 字段名 1 新数据类型:可以修改字段名 1 的数据类型,还可以通过"FIRST |[AFTER 字段名 2]"子句修改字段名 1 的排列位置,放在首位或字段名 2 的后面。如果数据

类型不变,只需把新数据类型设置为与原数据类型一致即可。

④DROP:删除字段。

⑤RENAME:只修改表名,不改变数据表结构。

⑥DEFAULT CHARACTER SET 字符集名 COLLATE 排序规则名:修改数据表的默认字符集和排序规则名。

【学习提示】

　　修改数据表的语法格式中,花括号"{ }"表示必选项,竖线"|"表示选择项。在MySQL 中,允许在同一 ALTER TABLE 子句下完成多个相同的修改功能,多个修改子句之间用逗号分隔。

▶ **任务拓展**

①使用 CREATE TABLE 语句创建 course(课程表)、teacher(教师表)和 elective(选修表),各表的结构见表 3-2-6—表 3-2-8。

表 3-2-6　course 表

字段名	数据类型	字段描述
cno	char(10)	课程号
cname	varchar(20)	课程名
credit	decimal(2,1)	学分
type	char(10)	类型
tno	char(10)	工号

表 3-2-7　teacher 表

字段名	数据类型	字段描述
tno	char(10)	工号
tname	varchar(20)	姓名
professor	varchar(20)	职称
research	varchar(20)	研究方向

表 3-2-8　elective 表

字段名	数据类型	字段描述
sno	char(10)	学号
cno	char(10)	课程号
grade	int	成绩

②根据知识点,完成以下对数据表的具体修改、查看和删除操作。

a. 查看 course 表详细定义信息。

b. 给 teacher 表新增字段 sex,数据类型 char(2)。

c. 修改 teacher 表字段 sex 的位置,将其放在字段 tname 后面。

d. 将 teacher 表的字段名 research 修改为 major,数据类型为 varchar(25)。

e. 删除 teacher 表字段 sex。

f. 将 elective 表名修改为 optional。

g. 删除 optional 表。

任务3.3 创建和使用表中约束

▶ 任务描述

为了维护关系数据库中数据与现实世界之间的一致性,对数据库的数据操作必须有一定的约束条件。例如,学生选课系统数据库中学生表的学号不能为空值,课程表中课程名取值唯一,选修表中的成绩必须满足百分制等。这些完整性约束是选课系统数据库必须随时遵守的规则。王芳需要根据表 3-3-1—表 3-3-4 的数据表存储记录结构,向表中创建和使用约束。

表 3-3-1 学生表(student)结构

字段名	数据类型	完整性约束	字段描述
sno	char(10)	主键	学号
sname	varchar(20)	非空	姓名
gender	char(2)	默认,男	性别
birthday	date	非空	出生日期
class	varchar(20)	非空	专业班级

表 3-3-2 教师表(teacher)结构

字段名	数据类型	完整性约束	字段描述
tno	char(10)	主键	工号
tname	varchar(20)	非空	姓名
professor	varchar(20)	默认,助教	职称
research	varchar(20)		研究方向

表3-3-3　课程表(course)结构

字段名	数据类型	完整性约束	字段描述
cno	char(10)	主键	课程号
cname	varchar(20)	唯一值	课程名
credit	decimal(2,1)	非空	学分
type	char(10)	默认,必修	类型
tno	char(10)	外键	工号

表3-3-4　选修表(elective)结构

字段名	数据类型	完整性约束	字段描述
sno	char(10)	(sno,cno)为主键,	学号
cno	char(10)	其中 sno,cno 分别为外键	课程号
grade	int	检查,0~100	成绩

具体任务实施如下。

[实施1]　向已存在的 student 表、teacher 表和 course 表中添加非空约束。

[实施2]　向已存在的 student 表、teacher 表和 course 表中添加默认约束。

[实施3]　向已存在的 course 表中添加唯一约束。

[实施4]　向已存在的 student 表、teacher 表、course 表和 elective 表中添加主键约束。

[实施5]　向已存在的 course 表和 elective 表中添加外键约束。

[实施6]　向已存在的 elective 表中添加检查约束。

▶ 任务分析

要完成上述任务,一是要熟悉 ALTER TABLE 语句的语法格式;二是会使用 ALTER TABLE 语句添加非空、默认、唯一、主键、外键和检查约束;三是会使用 ALTER TABLE 语句对无用的约束进行删除。

本任务知识聚焦内容如下。

- 数据的完整性约束
- 定义表时创建约束

▶ 任务实施

3.3.1　创建和使用非空约束

(1)创建非空约束

非空(NOT NULL)约束指字段的值不能为空。在同一数据库表中可以定义多个非空字段。前面已经创建了 education 数据库中的 student 表,为已存在的数据表添加非空约束,语法格式如下。

```
ALTER TABLE 表名
MODIFY 字段名 新数据类型 NOT NULL;
```

此命令可以同时修改字段的数据类型和增加非空约束。如果不修改字段的数据类型，在"新数据类型"处写为字段的原数据类型即可。

[实施1] 向已存在的 student 表、teacher 表和 course 表中添加非空约束。

```
ALTER TABLE student          /*向 student 表中添加非空约束*/
MODIFY sname VARCHAR(20)NOT NULL,
MODIFY birthday DATE NOT NULL,
MODIFY class VARCHAR(20)NOT NULL;
ALTER TABLE teacher          /*向 teacher 表中添加非空约束*/
MODIFY tname VARCHAR(20)NOT NULL;
ALTER TABLE course           /*向 course 表中添加非空约束*/
MODIFY credit DECIMAL(2,1)NOT NULL;
```

这里以 student 表为例，使用 DESC 语句查看表结构，结果如图 3-3-1 所示。

```
mysql> DESC student;
| Field    | Type        | Null | Key | Default | Extra |
| sno      | char(10)    | YES  |     | NULL    |       |
| sname    | varchar(20) | NO   |     | NULL    |       |
| gender   | char(2)     | YES  |     | NULL    |       |
| birthday | date        | NO   |     | NULL    |       |
| class    | varchar(20) | NO   |     | NULL    |       |
5 rows in set (0.00 sec)
```

图 3-3-1 查看添加非空约束后的表结构

从运行结果可以看出，student 表中 sname、birthday、class 3 个字段的"Null"列值已修改为"NO"，表示这个字段不允许为空。

(2)删除非空约束

删除表中的非空约束，也可使用 ALTER TABLE 语句来完成。例如，删除 student 表中 sname 字段的非空约束，SQL 语句如下。

```
ALTER TABLE student
MODIFY sname VARCHAR(20);
```

3.3.2 创建和使用默认约束

(1)创建默认约束

若将数据表中某列定义为默认(DEFAULT)约束，在用户插入新的数据记录时，如果没有为该列指定数据，则数据库系统会自动将默认值赋给该列，默认值可以为 NULL 值。为已存在的数据表添加默认约束，语法格式如下。

> ALTER TABLE 表名
> MODIFY 字段名 新数据类型 DEFAULT 默认值;

此命令可以同时修改字段的数据类型和增加默认约束。如果不修改字段的数据类型,在"新数据类型"处写为字段的原数据类型即可。

[实施2] 向已存在的 student 表、teacher 表和 course 表中添加默认约束。

> ALTER TABLE student   /*向 student 表中添加默认约束*/
> MODIFY gender CHAR(2)DEFAULT '男';
> ALTER TABLE teacher   /*向 teacher 表中添加默认约束*/
> MODIFY professor VARCHAR(20)DEFAULT '助教';
> ALTER TABLE course   /*向 course 表中添加默认约束*/
> MODIFY type CHAR(10)DEFAULT '必修';

这里以 teacher 表为例,使用 DESC 语句查看表结构,结果如图 3-3-2 所示。

图 3-3-2　查看添加默认约束后的表结构

从运行结果可以看出,teacher 表中 professor 字段的"Default"列值修改为"助教",表示这个字段具有默认值"助教"。

(2)删除默认约束

删除表中的默认约束,也可使用 ALTER TABLE 语句来完成。例如,删除 teacher 表中的 professor 字段的默认约束,SQL 语句如下。

> ALTER TABLE teacher
> MODIFY professor VARCHAR(20);

3.3.3　创建和使用唯一约束

(1)创建唯一约束

唯一(UNIQUE)约束指所有记录中字段的值不能重复出现,用于保证数据表在某一字段或多个字段的组合上取值必须唯一。唯一约束允许取 NULL 值,但系统为保证其唯一性,最多只出现一个 NULL 值。为已存在的数据表添加唯一约束,语法格式如下。

> ALTER TABLE 表名
> MODIFY 字段名 新数据类型 UNIQUE;

此命令可以同时修改字段的数据类型和增加唯一约束。如果不修改字段的数据类型,在"新数据类型"处写为字段的原数据类型即可。

［实施3］ 向已存在的 course 表中添加唯一约束。

```
ALTER TABLE course
MODIFY cname VARCHAR(20)UNIQUE;
```

使用 DESC 语句查看表结构,执行结果如图 3-3-3 所示。

```
mysql> DESC course;
+--------+-------------+------+-----+---------+-------+
| Field  | Type        | Null | Key | Default | Extra |
+--------+-------------+------+-----+---------+-------+
| cno    | char(10)    | YES  |     | NULL    |       |
| cname  | varchar(20) | YES  | UNI | NULL    |       |
| credit | decimal(2,1)| NO   |     | NULL    |       |
| type   | char(10)    | YES  |     | 必修    |       |
| tno    | char(10)    | YES  |     | NULL    |       |
+--------+-------------+------+-----+---------+-------+
5 rows in set (0.00 sec)
```

图 3-3-3 查看添加唯一约束后的表结构

从运行结果可以看出,course 表中 cname 字段的“Key”列值修改为“UNI”,表示该字段具有唯一性。

(2)删除唯一约束

删除表中的默认约束,也可使用 ALTER TABLE 语句来完成。例如,删除 course 表中 cname 字段的唯一约束,SQL 语句如下。

```
ALTER TABLE course
DROP INDEX cname;
```

3.3.4 创建和使用主键约束

主键(PRIMARY KEY)约束用于定义基本表的主码,保证数据表中记录的唯一性。其值不能为 NULL、不能重复,以此来保证实体完整性。一张表只能有一个 PRIMARY KEY 约束。根据主键的字段组成可分为两种:单字段主键和复合主键。

(1)创建主键约束

为已存在的数据表添加单字段主键约束,语法格式如下。

```
ALTER TABLE 表名
MODIFY 字段名 新数据类型 PRIMARY KEY;
```

此命令可以同时修改字段的数据类型和添加主键约束。如果不修改字段的数据类型,在“新数据类型”处写为字段的原数据类型即可。

为已存在的数据表添加复合主键约束,语法格式如下。

```
ALTER TABLE 表名
ADD PRIMARY KEY(字段1,字段2,…);
```

此命令可将数据表中多个字段组合设置为主键。

［实施4］ 向已存在的 student 表、teacher 表、course 表和 elective 表中添加主键约束。

```
ALTER TABLE student           /*向 student 表中添加主键约束*/
MODIFY sno CHAR(10)PRIMARY KEY;
ALTER TABLE teacher           /*向 teacher 表中添加主键约束*/
MODIFY tno CHAR(10)PRIMARY KEY;
ALTER TABLE course            /*向 course 表中添加主键约束*/
MODIFY cno CHAR(10)PRIMARY KEY;
ALTER TABLE elective          /*向 elective 表中添加主键约束*/
ADD PRIMARY KEY(sno,cno);
```

这里以 elective 表为例,使用 DESC 语句查看表结构,结果如图 3-3-4 所示。

```
mysql> DESC elective;
+-------+----------+------+-----+---------+-------+
| Field | Type     | Null | Key | Default | Extra |
+-------+----------+------+-----+---------+-------+
| sno   | char(10) | NO   | PRI | NULL    |       |
| cno   | char(10) | NO   | PRI | NULL    |       |
| grade | int      | YES  |     | NULL    |       |
+-------+----------+------+-----+---------+-------+
3 rows in set (0.00 sec)
```

图 3-3-4　查看添加主键约束后的表结构

从运行结果可以看出,elective 表中 sno 字段和 cno 字段的"Key"列值修改为"PRI",表示这两个字段的组合为主键。

(2)删除主键约束

删除表中的主键约束,也可使用 ALTER TABLE 语句来完成。例如,删除 elective 表中主键约束,SQL 语句如下。

```
ALTER TABLE elective
DROP PRIMARY KEY;
```

3.3.5　创建和使用外键约束

外键(FOREIGN KEY)约束用于在两个数据表之间建立关联,一般通过相同或者相容的关联字段或字段组合来表示。外键的取值可以为空,也可以是另一个数据表中的主键值,以此来保证参照完整性。一张表可以有多个 FOREIGN KEY 约束。

对于两个具有关联关系的表而言,关联字段中主键所在的表为主表,外键所在的表为从表。在创建约束的过程中,主表的主键约束先定义,从表的外键约束后定义,且关联字段的数据类型必须匹配。一旦建立外键约束,不允许在主表中删除与从表具有关联关系的记录。

(1)创建外键约束

为已存在的数据表添加外键约束,语法格式如下。

```
ALTER TABLE 从表名
ADD [CONSTRAINT 外键名] FOREIGN KEY(外键)REFERENCES 主表名(主键);
```

其中,"外键名"指从表创建的外键约束的名字,这里是用户自定义命名,方便后期删除特定外键;"外键"和"主键"对应表中字段名称。

[实施5] 向已存在的 course 表和 elective 表中添加外键约束。

```
ALTER TABLE course          /*向 course 表中添加外键约束*/
ADD CONSTRAINT fk_tno FOREIGN KEY(tno)REFERENCES teacher(tno);
ALTER TABLE elective        /*向 elective 表中添加外键约束*/
ADD CONSTRAINT fk_sno FOREIGN KEY(sno)REFERENCES student(sno),
ADD CONSTRAINT fk_cno FOREIGN KEY(cno)REFERENCES course(cno);
```

这里以 course 表为例,使用 DESC 语句查看表结构,结果如图 3-3-5 所示。

图 3-3-5 查看添加外键约束后的表结构

从运行结果可以看出,course 表中 tno 字段的"Key"列值修改为"MUL",表示 course 表和 teacher 表成功建立主外键关联。

(2)删除外键约束

删除表中的外键约束,可使用 ALTER TABLE 语句来完成,但需要知道外键的约束名称才能执行。例如,删除 course 表中 tno 字段的外键约束,如果不清楚约束名称,可使用 SHOW CREATE TABLE 语句查看 course 表的定义信息,执行结果如图 3-3-6 所示。

图 3-3-6 查看 course 表的定义信息

再使用 ALTER TABLE 语句删除 course 表中外键约束 fk_tno,SQL 语句如下。

```
ALTER TABLE course
DROP FOREIGN KEY fk_tno;
```

为了验证 tno 字段的外键约束是否删除成功,可再次使用 SHOW CREATE TABLE 语句查看 course 表的定义,执行结果如图 3-3-7 所示。

对比图 3-3-6 和图 3-3-7,可以看出 course 表和 teacher 表的主外键关联已经被成功删除。但是仍然出现"KEY ' fk_tno '(' tno ')"的信息,是因为 MySQL 在创建外键后,会自动创建一个同名的索引。外键删除,但索引不会被删除。本书会在项目 6 详细介绍索引。

图 3-3-7　查看删除外键约束后的表定义

3.3.6　创建和使用检查约束

检查(CHECK)约束用来检查数据表中字段值所允许的范围,在更新表中数据的时候,系统会检查更新后的数据是否满足 CHECK 约束中的限定条件,从而防止非法的数据插入、更新,保证数据的完整性和一致性。

(1)创建检查约束

为已存在的数据表添加检查约束,语法格式如下。

> ALTER TABLE 表名
> ADD［CONSTRAINT 检查约束名］CHECK(条件表达式);

其中,"检查约束名"是用户自定义的约束名称,方便后期使用特定检查约束;"条件表达式"是用户定义的检查规则。

［实施6］　向已存在的 elective 表中添加检查约束。

> ALTER TABLE elective
> ADD CONSTRAINT chk_grade CHECK(grade>=0 and grade <= 100);

为了验证 grade 字段的检查约束是否添加成功,可使用 SHOW CREATE TABLE 语句查看 elective 表的定义,执行结果如图 3-3-8 所示。

图 3-3-8　查看添加检查约束后的表定义

从运行结果可以看出,elective 表的表级定义位置添加了 grade 字段的检查约束,字段值必须为 0 ~ 100。

（2）删除检查约束

删除表中的检查约束,也可使用 ALTER TABLE 语句来完成,但也需要知道检查约束的名称才能执行。例如,删除 elective 表中 grade 字段的检查约束 chk_grade,SQL 语句如下。

```
ALTER TABLE elective
DROP CHECK chk_grade;
```

知识聚焦

（1）数据的完整性约束

在关系模型中,有 3 类完整性约束,即实体完整性、参照完整性和用户自定义完整性。这些完整性约束条件实际上是现实世界的要求,是任何关系在任何时刻都要遵守的规则,目的是保证数据库中数据的完整性和一致性。在 MySQL 中,常见的表约束有 NOT NULL 约束、DEFAULT 约束、UNIQUE 约束、PRIMARY KEY 约束、FOREIGN KEY 约束和 CHECK 约束。

关系完整性与表中约束之间的关系见表 3-3-5。

表 3-3-5 关系完整性与表中约束之间的关系

完整性类型	约束类型	语法描述
实体完整性	PRIMARY KEY	PRIMARY KEY
	UNIQUE	UNIQUE
参照完整性	FOREIGN KEY	FOREIGN KEY（外键）REFERENCES 主表名（主键）
用户自定义完整性	NOT NULL	NOT NULL
	DEFAULT	DEFAULT 值
	CHECK	CHECK（条件表达式）

（2）定义表时创建约束

在定义数据表时可进一步定义与此表有关的完整性约束条件。创建数据表的完整语法格式如下。

```
CREATE TABLE 表名
（字段名 1 数据类型 1［列级完整性约束条件 1］
［,字段名 2 数据类型 2［列级完整性约束条件 2］］［,…］
［,表级完整性约束条件 1］
［,表级完整性约束条件 2］［,…］）;
```

如果完整性约束条件涉及该表的多个属性列,则必须定义在表级上,如复合主键、复合外键、复合唯一键;其他情况既可定义在列级,也可定义在表级上。

例如,在创建学生选修表（表 3-3-4）时设置表中约束,SQL 语句如下。

```
CREATE TABLE elective
( sno CHAR(10),
cno CHAR(10),
grade INT CONSTRAINT ck_grade CHECK( grade >=0 AND grade <= 100),
PRIMARY KEY(sno,cno),        /*表级约束*/
CONSTRAINT fk_sno FOREIGN KEY(sno)REFERENCES student(sno),
CONSTRAINT fk_cno FOREIGN KEY(cno)REFERENCES course(cno)
);
```

▶ 任务拓展

本节所涉及的操作均在 education 数据库中完成。

①使用 ALTER TABLE 语句实现完整性约束的创建和使用。

a. 向 course 表的 credit 字段添加检查约束为 1.0 ~ 4.0。

b. 删除 student 表 birthday 字段的非空约束。

c. 删除 course 表 tno 字段的外键。

②删除数据库 education,重新新建数据库 education。

③根据表 3-3-1 和表 3-3-4 的存储记录结构设计,使用 CREATE TABLE 语句创建 student 表、teacher 表、course 表和 elective 表并设置表中约束。

思维导图

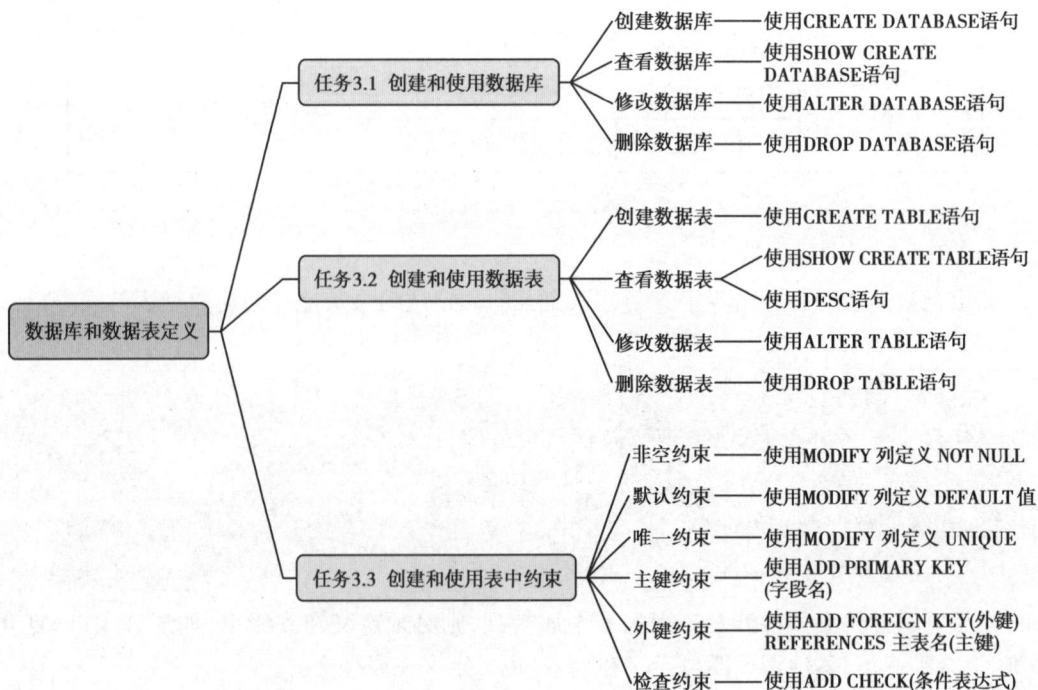

项目实训

一、实训目的

1. 掌握使用 SQL 语句创建和使用数据库的方法。

2. 掌握使用 SQL 语句创建和使用数据表的方法。

3. 掌握使用 SQL 语句创建和使用表中约束的方法。

二、实训内容

以高校图书管理系统数据库为例,要求根据前期设计的数据表存储记录结构,在 MySQL 数据库管理系统中使用 SQL 语句创建数据库 library 和相关数据表(表 3-3-6—表 3-6-9),注意表中字段的完整性约束要求,为后期数据的插入、更新奠定基础。

表 3-3-6　图书类别表(type)结构

字段名	数据类型	完整性约束	字段描述
tno	char(10)	主键	类别编号
tname	varchar(20)	唯一	类别名称

表 3-3-7　图书表(book)结构

字段名	数据类型	完整性约束	字段描述
bno	char(10)	主键	图书编号
bname	varchar(20)	非空	图书名称
author	varchar(20)	非空	作者
press	varchar(20)	非空	出版社名
num	int	默认值,5	库存数量
tno	char(10)	外键	类别编号

表 3-3-8　读者表(people)结构

字段名	数据类型	完整性约束	字段描述
pno	char(10)	主键	读者证号
pname	varchar(20)	非空	读者姓名
dept	varchar(20)	非空	部门名称

表 3-3-9　借阅表(borrow)结构

字段名	数据类型	完整性约束	字段描述
pno	char(10)	(pno,bno)为主键,	读者证号
bno	char(10)	pno,bno 分别为外键	图书编号

续表

字段名	数据类型	完整性约束	字段描述
bdate	date	非空	借书时间
rdate	date	检查,rdate>=bdate	还书时间

课后习题

一、选择题

1. 以下( )不属于 MySQL 安装后的默认数据库。

A. information_schema   B. performance_schema

C. mysql   D. database

2. 创建数据库应使用以下哪个关键字( )。

A. SHOW   B. CREATE   C. ALTER   D. DROP

3. MySQL 默认支持的存储引擎是( )。

A. CSV   B. MyISAM   C. InnoDB   D. MEMORY

4. 修改数据表应使用( )。

A. CREATE TABLE   B. DROP TABLE

C. ALTER TABLE   D. MODIFY TABLE

5. MySQL 不支持的数据类型是( )。

A. 数字类型   B. 日期和时间类型

C. 字符串类型   D. 对象类型

6. MySQL 不支持的约束是( )。

A. 外键约束   B. 默认约束   C. 完全约束   D. 非空约束

7. 不属于 MySQL 的日期和时间类型的是( )。

A. DATE   B. TIME   C. YEAR   D. MONTH

8. 给数据表添加新的字段使用( )关键字。

A. ALTER   B. ADD   C. FIRST   D. AFTER

9. 修改字段位置到某字段之前需要使用( )关键字。

A. AFTER   B. BEFOR   C. ALTER   D. FIRST

10. 添加主键约束使用( )。

A. ALTER PRIMARY KEY   B. MODIFY PRIMARY

C. ADD PRIMARY KEY   D. ADD PRIMARY

二、简答题

1. 简述创建和删除数据库的语句。

2. 简述 SHOW TABLES、SHOW CREATE TABLE 和 DESC 3 种查看语句的区别。

3. 简述主键约束和唯一约束的区别。

4. 简述创建外键约束的相关注意事项。

5. 简述检查约束的作用及其基本语法格式。

项目4
数据库数据操作

学习导读

在关系数据库中,数据表是存储数据的基本单位,对数据表进行数据的添加、修改和删除是数据库最基本的操作。在应用开发中,众多业务都需要对系统数据进行保存与更新。例如,学生选课系统中新生注册、老生选课、课程评分等操作都会使系统数据发生变化。那么如何向数据表中插入数据,怎么对数据记录进行修改和删除是王芳在学习过程中需要解决的新问题。

本项目通过学习MySQL提供的数据插入、修改和删除语句,实现学生选课系统数据的初始化及更新操作。

学习目标

知识目标	技能目标	素养目标
1. 掌握 INSERT、UPDATE 和 DELETE 语句的语法格式。 2. 理解 UPDATE 和 ALTER,DELETE 和 DROP 的区别。	1. 会使用 INSERT 语句插入所有或指定字段值。 2. 会使用 UPDATE 语句修改所有或特定数据。 3. 会使用 DELETE 语句删除所有或特定数据。	1. 提高数据责任意识:按照规范要求操作表中数据。 2. 培养谨慎细心的态度:提前备份数据,以备不时之需。 3. 培养主动学习的意识:学会阅读错误提示,提升调试技能。

任务4.1　插入数据

任务描述

王芳已经完成学生选课系统数据库和数据表的创建工作。新表创建后,表中本身不包含任何数据记录,要实现数据的存储必须先向表中添加数据。王芳要向 teacher 表和 course 表中插入数据,实现如图 4-1-1 和图 4-1-2 所示结果,应如何操作? 本任务将带领王芳一起学习数据插入操作,揭晓问题的答案。

图 4-1-1　teacher 表的查询结果

图 4-1-2　course 表的查询结果

具体任务实施如下。

［实施1］　向 teacher 表中插入一条教师记录,其中教师的工号为"t01",姓名为"陈鸿",职称为"副教授",研究方向为"大数据"。

［实施2］　向 teacher 表中插入 3 条教师记录('t02','张廷宇','助教','大数据')、('t03','黄玉婷','副教授','云计算')、('t04','徐筱梅','讲师','人工智能')。

［实施3］　向 teacher 表中插入一条教师记录,其中教师的工号为"t05",姓名为"王宇恒"。

［实施4］　向 course 表中插入 6 条记录('c01','云计算概论',2.0,'t03')、('c02','机器学习',3.0,'t01')、('c03','数据库应用',3.5,'t04')、('c04','数据结构',2.0,'选修','t02')、('c05','计算机视觉',3.5,'选修','t05')、('c06','大数据平台部署',4.0,'t01')。

任务分析

要完成上述任务,一是要会使用 DESC 命令查看数据表结构,会使用 INSERT 语句插入表中字段值;二是要灵活运用 INSERT 语句,正确处理字段的默认值和缺省情况;三是要遵守数据表中字段的完整性约束要求,正确插入表中外码的数值。

本任务知识聚焦内容如下。
- INSERT 语句的语法格式
- 多条记录的数据插入

任务实施

4.1.1　插入所有字段值

在 MySQL 中,为表中所有字段插入记录时,可以省略字段名称,但必须严格按照数据表结构插入对应的值,基本语法格式如下。

```
INSERT INTO 表名
VALUES(值1,值2,值3,…);
```

其中,"表名"是插入数据的表的名称,而"(值1,值2,值3,…)"是要插入的每个字段的值。值列表的顺序应与表结构中字段顺序相匹配,且字段个数相等,数据类型一致。

［实施1］　向 teacher 表中插入一条教师记录,其中教师的工号为"t01",姓名为"陈鸿",职称为"副教授",研究方向为"大数据"。

分析:使用 DESC 语句查看 teacher 表结构,要插入的记录与表中字段一一对应,可以省略字段名称,SQL 语句如下。

```
INSERT INTO teacher
VALUES('t01','陈鸿','副教授','大数据');
```

执行上述语句后,使用 SELECT 语句查看表中数据,结果如图 4-1-3 所示。

```
mysql> SELECT * FROM teacher;
+-----+------+-----------+----------+
| tno | tname | professor | research |
+-----+------+-----------+----------+
| t01 | 陈鸿  | 副教授     | 大数据    |
+-----+------+-----------+----------+
1 row in set (0.00 sec)
```

图 4-1-3　插入单条完整记录的结果

从运行结果可以看到"陈鸿"教师的记录已在 teacher 表中。

[实施 2]　向 teacher 表中插入 3 条教师记录('t02','张廷宇','助教','大数据')、('t03','黄玉婷','副教授','云计算')、('t04','徐筱梅','讲师','人工智能')。

```
INSERT INTO teacher
VALUES('t02','张廷宇','助教','大数据');
INSERT INTO teacher
VALUES('t03','黄玉婷','副教授','云计算');
INSERT INTO teacher
VALUES('t04','徐筱梅','讲师','人工智能');
```

如果待插入记录的结构一致,也可只使用一个 INSERT 语句插入多条数据,即插入数据时指定多个值列表,每个值列表之间用逗号分隔。SQL 语句如下。

```
INSERT INTO teacher
VALUES('t02','张廷宇','助教','大数据'),('t03','黄玉婷','副教授','云计算'),
('t04','徐筱梅','讲师','人工智能');
```

执行上述语句后,使用 SELECT 语句查看表中数据,结果如图 4-1-4 所示。

```
mysql> SELECT * FROM teacher;
+-----+--------+-----------+----------+
| tno | tname  | professor | research |
+-----+--------+-----------+----------+
| t01 | 陈鸿    | 副教授     | 大数据    |
| t02 | 张廷宇  | 助教       | 大数据    |
| t03 | 黄玉婷  | 副教授     | 云计算    |
| t04 | 徐筱梅  | 讲师       | 人工智能  |
+-----+--------+-----------+----------+
4 rows in set (0.00 sec)
```

图 4-1-4　插入多条完整记录的结果

4.1.2　插入指定字段值

为表的指定字段插入数据,可通过在 INSERT 语句中明确指定目标列及其相应的值来实现,语法结构如下。

```
INSERT INTO 表名(字段名1,字段名2,…)
VALUES(值1,值2,…);
```

其中,"(字段名1,字段名2,…)"指定了要插入数据的字段名列表,须保证值列表"(值1,值2,…)"中的数据与之对应。

[实施3] 向 teacher 表中插入一条教师记录,其中教师的工号为"t05",姓名为"王宇恒"。

分析:使用 DESC 命令查看 teacher 表结构,发现该记录缺少了字段 professor 和 research 的值。由于 professor 字段设有默认值"助教",则 professor 采用默认值补充;research 字段允许为空且无默认值,其值会被设置为 NULL。

```
INSERT INTO teacher(tno,tname)
VALUES('t05','王宇恒');
```

执行上述语句后,使用 SELECT 语句查看表中数据,结果如图 4-1-5 所示。

图 4-1-5 插入单条部分记录的结果

[实施4] 向 course 表中插入 6 条记录('c01','云计算概论',2.0,'t03')、('c02','机器学习',3.0,'t01')、('c03','数据库应用',3.5,'t04')、('c04','数据结构',2.0,'选修','t02')、('c05','计算机视觉',3.5,'选修','t05')、('c06','大数据平台部署',4.0,'t01')。

分析:在上述 6 条记录中,有 4 条记录只有 4 个字段的值,有 2 条记录有 5 个字段的值,它们在结构上不同,可以使用 2 组 INSERT 语句进行插入。

```
INSERT INTO course(cno,cname,credit,tno)
VALUES('c01','云计算概论',2.0,'t03'),('c02','机器学习',3.0,'t01'),
('c03','数据库应用',3.5,'t04'),('c06','大数据平台部署',4.0,'t01');
INSERT INTO course
VALUES('c04','数据结构',2.0,'选修','t02'),('c05','计算机视觉',3.5,'选修','t05');
```

执行上述语句后,使用 SELECT 语句查看表中数据,结果如图 4-1-6 所示。

图 4-1-6 插入多条混合记录的结果

【学习提示】

course 表中字段 tno 是外键,其值要么为 NULL,要么引用 teacher 表中主键 tno 的值。如果是引用 teacher 表中的值,那么 course 表的数据插入操作必须在 teacher 表插入数据之后完成,否则会报违反外键约束的错误。

知识聚焦

(1)INSERT 语句的语法格式

INSERT 语句完整的语法格式如下。

```
INSERT [INTO]表名 [(字段名 1[,…字段名 n ])]
VALUES({DEFAULT | NULL | 值}[,…n ]);
```

参数说明如下。

①INTO:INTO 关键字为可选项。

②(字段名 1[,…字段名 n]):用来指定要插入数据的字段名。如果省略,表示要向表中的所有字段插入数据;如果保留,表示只为指定的字段插入数据。

③{DEFAULT | NULL |值}:大括号括起来的 3 个选项,表示任选其一。

a. DEFAULT:表示为某字段插入指定的默认值,此时默认值不能省略。

b. NULL:表示为某字段插入空值,此时 NULL 不能用引号括起来。

c. 值:表示为某字段指定一个具有数据值的常量或表达式。

(2)多条记录的数据插入

当向同一数据表中插入多条结构不同的记录时,除可为不同的记录结构使用单独的 INSERT 语句外,也可通过填补 NULL 值的方式,使用一个 INSERT 语句来实现。

以[实施4]为例,有 4 条记录缺失了 type 字段的值,先使用 NULL 填补 type 字段的值,构造 course 表中的完整记录,然后使用一个 INSERT 语句插入多条数据。SQL 语句如下。

```
INSERT INTO course(cno,cname,credit,tno)
VALUES('c01','云计算概论',2.0,NULL,'t03'),
('c02','机器学习',3.0,NULL,'t01'),
('c03','数据库应用',3.5,NULL,'t04'),
('c04','数据结构',2.0,'选修','t02'),
('c05','计算机视觉',3.5,'选修','t05'),
('c06','大数据平台部署',4.0,NULL,'t01');
```

任务拓展

根据数据表之间的引用关系,向学生选课系统的学生表和选修表中插入如下数据(表 4-1-1、表 4-1-2)。

表 4-1-1　学生表（student）

sno	sname	gender	birsthday	class
202101001	赵菁	女	2003-01-01	21 大数据 1 班
202101002	李勇	男	2002-10-11	21 大数据 1 班
202202003	刘灿	女	2004-04-08	22 人工智能 1 班
202202004	王芳	女	2003-05-09	22 人工智能 1 班
202303005	王筱俊	男	2003-08-27	23 云计算 1 班
202303006	张志勇	男	2004-10-18	23 云计算 1 班

表 4-1-2　选修表（elective）

sno	cno	grade
202101001	c02	87
202101001	c03	92
202101001	c04	82
202101001	c06	85
202101002	c02	72
202101002	c03	84
202101002	c06	78
202202003	c02	58
202202003	c03	72
202202004	c02	86
202202004	c03	88
202303005	c01	75
202303006	c01	87

任务4.2　修改数据

▶ 任务描述

　　经过任务 4.1 的实践操作，王芳已经向学生选课系统数据库中插入了初始数据。当操作不仔细、考虑不周全或数据需更新处理等情况发生时，需要对表中数据进行修改。下面就跟随王芳一起学习如何使用 UPDATE 语句修改表中数据吧！具体任务实施如下。

［实施1］　将 elective 表中所有学生成绩加 5 分。

［实施2］　将 course 表中所有课程的类型改为"必修"，并将学分设置为 3.0。

［实施3］　将 course 表中课程编号为"c01"的课程名更新为"云计算基础"。

任务分析

要完成上述任务，一是要理解 UPDATE 语句的语法格式；二是要会使用 UPDATE 语句修改表中所有行的数据；三是要会使用 UPDATE 语句修改表中特定行的数据。注意修改后的数据需要满足字段的完整性约束要求，确保表中数据的准确性和逻辑一致性。

本任务知识聚焦内容如下。

- UPDATE 语句的语法格式
- UPDATE 与 ALTER 的区别

任务实施

4.2.1　修改所有数据

MySQL 提供了 UPDATE 语句修改数据，如果要更新表中某一字段的所有数据值，基本语法格式如下。

```
UPDATE 表名
SET 字段名 1 = 表达式 1［,…］;
```

其中，"表名"表示要修改记录的表名称，"字段名 1"表示要修改数据的字段名，"表达式 1"给出待修改字段的新数据。

［实施1］　将 elective 表中所有学生成绩加 5 分。

```
UPDATE elective
SET grade = grade + 5;
```

执行结果如图 4-2-1 所示。

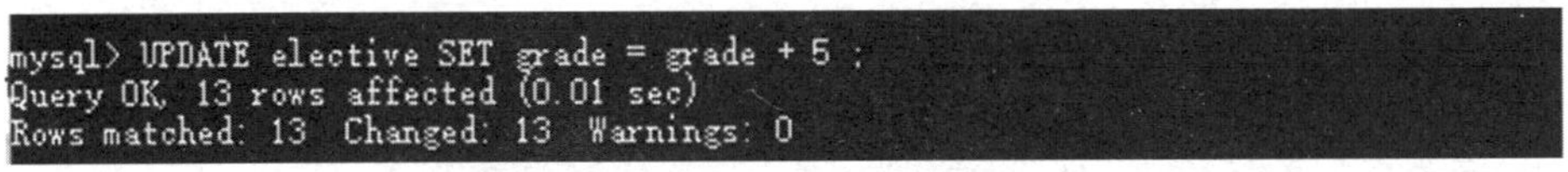

```
mysql> UPDATE elective SET grade = grade + 5 ;
Query OK, 13 rows affected (0.01 sec)
Rows matched: 13  Changed: 13  Warnings: 0
```

图 4-2-1　使用 UPDATE 修改单列数据

运行结果显示"13 row affected"，表示 elective 表中 13 行记录受影响，grade 字段值修改成功。

［实施2］　将 course 表中所有课程的类型改为"必修"，并将学分设置为 3.0。

分析：更新表中多字段的所有值时，可以在 SET 关键字后面列出多个更新表达式，以逗号分隔。SQL 语句如下。

```
UPDATE course
SET type = '必修', credit = 3.0;
```

执行上述语句后，使用 SELECT 语句查看表中数据，结果如图 4-2-2 所示。

```
mysql> SELECT * FROM course;
+-----+--------------+--------+------+-----+
| cno | cname        | credit | type | tno |
+-----+--------------+--------+------+-----+
| c01 | 云计算概论   |    3.0 | 必修 | t03 |
| c02 | 机器学习     |    3.0 | 必修 | t01 |
| c03 | 数据库应用   |    3.0 | 必修 | t04 |
| c04 | 数据结构     |    3.0 | 必修 | t02 |
| c05 | 计算机视觉   |    3.0 | 必修 | t05 |
| c06 | 大数据平台部署 |  3.0 | 必修 | t01 |
+-----+--------------+--------+------+-----+
6 rows in set (0.00 sec)
```

图 4-2-2　使用 UPDATE 同时修改多列数据

在查询结果中，type 字段的所有值被更新为“必修”，而 credit 字段的所有值被更新为 3.0。

4.2.2　修改特定数据

UPDATE 语句也可以实现符合特定条件的记录更新，需要在 SET 子句后面添加 WHERE 的条件筛选语句，基本语法格式如下。

```
UPDATE 表名
SET 字段名 1 = 表达式 1[ ,…]
WHERE 条件表达式;
```

［实施 3］　将 course 表中课程编号为“c01”的课程名更新为“云计算基础”。

分析：通过 WHERE 子句指定待修改的记录应当满足的条件，仅更新 cno 为“c01”的 cname 字段值。SQL 语句如下。

```
UPDATE course
SET cname = '云计算基础'
WHERE cno = 'c01';
```

执行上述语句后，使用 SELECT 语句查看表中数据，结果如图 4-2-3 所示。

```
mysql> SELECT * FROM course;
+-----+--------------+--------+------+-----+
| cno | cname        | credit | type | tno |
+-----+--------------+--------+------+-----+
| c01 | 云计算基础   |    3.0 | 必修 | t03 |
| c02 | 机器学习     |    3.0 | 必修 | t01 |
| c03 | 数据库应用   |    3.0 | 必修 | t04 |
| c04 | 数据结构     |    3.0 | 必修 | t02 |
| c05 | 计算机视觉   |    3.0 | 必修 | t05 |
| c06 | 大数据平台部署 |  3.0 | 必修 | t01 |
+-----+--------------+--------+------+-----+
6 rows in set (0.00 sec)
```

图 4-2-3　使用 UPDATE 修改特定数据记录

查询结果中，课程编号为“c01”的课程名已被更新为“云计算基础”。

知识聚焦

(1) UPDATE 语句的语法格式

UPDATE 语句的完整语法格式如下。

```
UPDATE 表名
SET 字段名 1 = 表达式 1[,…]
[WHERE 条件表达式];
```

参数说明如下。

①SET 子句:给出要修改的字段及其修改后的值,且允许同时修改多个字段对应的值。

②WHERE 子句:指定待修改的记录应当满足的条件。当 WHERE 子句省略时,会修改表中对应字段的所有记录。

【学习提示】

①完整性约束:更新后的数据仍需要满足表结构中的完整性约束要求,否则更新不成功。

②精确更新:执行修改操作时,推荐使用 WHERE 子句来精确地指定哪些记录需要被更新,以避免不必要或错误的数据修改。

③谨慎操作:在省略 WHERE 子句的情况下进行修改操作,需要特别小心,因为这会影响到表中的所有记录。

④数据备份:在进行可能影响大量数据的更新操作之前,备份相关数据是一个好习惯,以便在操作出现问题时能够恢复数据。

(2)UPDATE 与 ALTER 的区别

ALTER 是数据定义语言(Data Definition Language,DDL)。ALTER TABLE 用于修改基本表,是对表的结构进行操作,如对字段的增加、删除,修改数据类型等。在修改表的结构时,不需要事务的 Commit(提交)和 Rollback(回滚)。

UPDATE 是数据操作语言(Data Manipulation Language,DML)。UPDATE…SET 语句用于修改表中的数据,如修改字段的所有值、特定值。在修改数据值时,需要事务的 Commit(提交)和 Rollback(回滚),否则提交的结果无效。

这里提到的事务操作,将在项目8详细说明。

▶ 任务拓展

在 education 数据库中按要求完成以下数据修改任务。

①将“张志勇”的专业班级修改为“23 信息安全 1 班”。

②将所有课程的学分加 0.5。

③将“王宇恒”教师的研究方向修改为“人工智能”。

④将学分大于 3.0 的选修课程的课程类别修改为“必修”。

任务4.3　删除数据

▶ 任务描述

经过前期任务的学习实践,王芳已经掌握了使用 INSERT 语句和 UPDATE 语句插入和修改表中数据。当系统中出现冗余数据或要求重新插入数据时,需要对表中已存在的数据进行删除。下面就跟随王芳一起学习如何使用 DELETE 语句删除表中数据吧!

具体任务实施如下。

[实施 1]　删除 student 表中所有数据。

[实施 2]　删除所有学分小于 3.0 的课程记录。

▶ 任务分析

要完成上述任务,一是要理解 DELETE 语句的语法格式;二是要会使用 DELETE 语句删除表中所有数据;三是要会使用 DELETE 语句删除表中特定行的数据。

本任务知识聚焦内容如下。

- DELETE 语句的语法格式
- DELETE 与 DROP 的区别

▶ 任务实施

4.3.1　删除所有数据

[实施 1]　删除 student 表中所有数据。

MySQL 提供了 DELETE 语句删除表中所有数据,SQL 语句如下。

```
DELETE FROM student;
```

执行结果如图 4-3-1 所示。

```
mysql> DELETE FROM student;
ERROR 1451 (23000): Cannot delete or update a parent row: a foreign key constraint
fails (`education`.`elective`, CONSTRAINT `fk_sno` FOREIGN KEY (`sno`) REFERENCES
`student` (`sno`))
```

图 4-3-1　删除 student 表中所有数据

运行结果提示:student 表中字段 sno 的值被 elective 表中外键 sno 引用,无法直接删除 student 表中数据。处理这个问题通常有两种方案,一是使用 DELETE 语句先删除 elective 表中的选课信息,再删除 student 表中数据;二是使用 DELETE 触发器,自动删除 elective 表中信息,本书会在项目 7 详细介绍触发器。第一种方案的执行结果如图 4-3-2 所示。

```
mysql> DELETE FROM elective;
Query OK, 13 rows affected (0.00 sec)

mysql> DELETE FROM student;
Query OK, 6 rows affected (0.00 sec)
```

图 4-3-2　删除引用数据后再删除 student 表

这里不能使用删除外键约束的方法来解决问题,因为主外键关联一旦解除,student 表中信息可以随意删除,使得 elective 表中的学号无处查证,导致数据库出现数据不一致问题。

【思政小贴士】

在进行数据库数据操作时,责任感至关重要,学习者需要确保每一步操作都准确无误,避免数据错误或遗漏,同时,要遵循一定的流程和规范,以确保数据的安全和完整,养成规范操作的好习惯。即使遇到棘手的操作问题,也不要轻言放弃,学会阅读 MySQL 的错误提示,分析问题产生的原因,不断调试程序,总能找到解决问题的科学、有效方法。

4.3.2　删除特定数据

DELETE 语句也可使用 WHERE 子句来指定删除条件,从而精确地控制哪些记录应该被删除,避免了不必要的数据丢失。

[实施2]　删除所有学分小于3.0的课程记录。

```
DELETE
FROM course
WHERE credit < 3.0;
```

执行上述语句后,使用 SELECT 语句查看表中数据,结果如图 4-3-3 所示。

```
mysql> SELECT * FROM course;
+-----+----------------+--------+------+------+
| cno | cname          | credit | type | tno  |
+-----+----------------+--------+------+------+
| c02 | 机器学习       |    3.0 | 必修 | t01  |
| c03 | 数据库应用     |    3.5 | 必修 | t04  |
| c05 | 计算机视觉     |    3.5 | 选修 | t05  |
| c06 | 大数据平台部署 |    4.0 | 必修 | t01  |
+-----+----------------+--------+------+------+
4 rows in set (0.00 sec)
```

图 4-3-3　删除 course 表中特定数据

运行结果显示,course 表中学分小于3.0的课程信息均已被删除。

知识聚焦

(1) DELETE 语句的语法格式

DELETE 语句的完整语法格式如下。

```
DELETE
FROM 表名
[WHERE 条件表达式];
```

其中,WHERE 子句指定待删除记录应当满足的条件。当 WHERE 子句省略时,则删除表中的所有记录。

【学习提示】

执行 DELETE 操作时,需考虑待删除数据是否与其他表中字段的值存在被引用关系。如果存在,则应先删除引用数据(即从表中的数据),再删除被引用的数据(即主表中的数据),保证各表间的数据一致性。

(2) DELETE 与 DROP 的区别

DROP 是数据定义语言,会隐式提交,不能回滚,不会触发触发器。DROP TABLE 语句用于删除表结构及所有数据,并将表所占的空间全部释放。同时,还将删除表的结构所依赖的约束、触发器和索引,而依赖于该表的存储过程和存储函数将保留,但是变为 invalid 状态。

DELETE 是数据操作语言,DELETE…FROM 语句用于删除表中的数据。即使删除表中所有数据,该表依然在数据库中存在,只是一张空表而已。执行数据删除操作时,每次从表中删除一行,会先将该删除操作记录在日志的 redo 和 undo 表空间中,以便进行回滚和重做操作。

▶ 任务拓展

在 education 数据库中按要求完成以下数据删除任务。
①删除学号为"202202004"的所有选课记录。
②删除课程号为"c04"的课程信息。
③删除 student 表中所有数据。
④删除研究方向是"大数据"的助教老师的信息。

思维导图

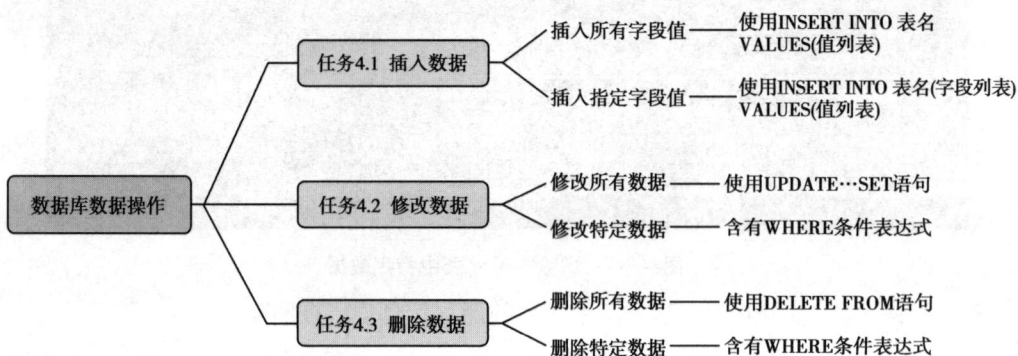

项目实训

一、实训目的

1. 掌握使用 INSERT 语句插入数据的方法。
2. 掌握使用 UPDATE 语句修改数据的方法。
3. 掌握使用 DELETE 语句删除数据的方法。

二、实训内容

library 数据库的表结构参见项目 3 中表 3-3-6—表 3-3-9,对 library 数据库完成以下的数据插入、修改和删除操作。

实训 1:数据插入

使用 INSERT 语句向 library 数据库中的图书类别表、图书表、读者表和借阅表中插入如下数据(表 4-3-1—表 4-3-4)。

表 4-3-1　图书类别表(type)

tno	tname
t01	文学
t02	计算机
t03	英语

表 4-3-2　图书表（book）

bno	bname	author	press	num	tno
b01	Python 程序设计	张磊	人民邮电出版社	8	t02
b02	MySQL 由浅入深	刘强	机械工业出版社	6	t02
b03	英语四级高频词汇	李丽	高等教育出版社	10	t03
b04	三体幻想	刘欣	重庆出版社	7	t01
b05	MySQL 数据库	孙鸿	人民邮电出版社	5	t02

表 4-3-3　读者表（people）

pno	pname	dept
p01	陈翔	电信学院
p02	王军赫	电信学院
p03	徐晓军	软件学院
p04	梅琳	工商学院
p05	刘诚锡	学工处

表 4-3-4　借阅表（borrow）

pno	bno	bdate	rdate
p01	b01	2021-10-11	2021-11-11
p01	b02	2022-02-18	2022-03-18
p02	b01	2021-09-20	2021-10-20
p02	b02	2022-02-24	2022-03-20
p02	b03	2022-04-08	2022-05-08
p02	b04	2022-05-08	2022-05-24
p03	b04	2022-10-20	2022-11-20
p04	b01	2023-02-10	2023-03-10
p04	b03	2023-04-10	2022-05-13
p04	b04	2023-06-03	2023-06-28

实训 2：数据修改和删除

（1）将所有图书的库存数量增加 5 本。

（2）将"三体幻想"的出版社名修改为"重庆大学出版社"。

（3）将读者编号为"p04"，图书编号为"b03"的借书时间修改为"2023-05-10"，还书时间修改为"2023-06-10"。

（4）删除读者编号为"p03"的借阅记录。

（5）删除图书编号为"b04"的图书信息。

（6）删除所有的借阅信息。

课后习题

一、选择题

1. 在 MySQL 语法中，用来插入数据的命令是（　　　）。

A. INSERT   B. UPDATE   C. ADD   D. DELETE

2. 向表中重复插入主键数据时，出现的情况是（　　　）。

A. 数据库会自动忽略重复数据

B. 会触发一个警告

C. 会引发一个错误

D. 插入操作会成功，但是会创建一个重复的数据项

3. 设有关系模式 sc(sname，cname，grade)，其中 sname 为学生姓名，cname 为课程名，两者均为字符型；grade 为成绩，为数值型，取值范围为 0 ~ 100。若要把"张三的化学成绩 80分"插入 sc 表中，则可用（　　　）。

A. ADD INTO sc VALUES('张三','化学','80')；

B. INSERT INTO sc VALUE('张三','化学','80')；

C. INSERT INTO sc VALUES('化学','张三',80)；

D. INSERT INTO sc VALUES('张三','化学',80)；

4. 如果表中某字段有默认值，则插入数据缺省该字段时，字段值为（　　　）。

A. NULL   B. 默认值   C. 零   D. 以上均不正确

5. 在 MySQL 中，用于修改表中数据的命令是（　　　）。

A. INSERT   B. UPDATE   C. ALTER   D. DELETE

6. 在更新数据时违反了唯一约束，会发生（　　　）。

A. 更新操作正常执行   B. 数据库自动调整数据以满足约束

C. 引发错误，更新操作失败   D. 唯一约束被自动移除

7. 在 UPDATE 语句中用于指定更新记录的子句是（　　　）。

A. SET   B. FROM   C. WHERE   D. SELECT

8. 下列 MySQL 语句中出现了语法错误的是（　　　）。

A. DELETE FROM student；   B. SELECT * FROM student；

C. CREATE DATABASE student；   D. DELETE * FROM student；

9. 使用 DELETE 语句删除数据时，如果没有指定 WHERE 子句，则（　　　）。

A. 数据库会报错   B. 只删除第一条记录

C. 删除表中所有记录   D. 操作会被忽略

10. 下面不是数据操作语言的是（　　　）。

A. INSERT   B. UPDATE   C. ALTER   D. DELETE

二、简答题

1. 简述 INSERT…INTO 语句的基本用途。

2. 简述 UPDATE 语句和 ALTER 语句的区别。

3. 简述删除数据时推荐使用 WHERE 子句的原因。

4. 简述删除记录时在什么情况下会违反外键约束,如何解决。

项目5
数据库数据查询

○

学习导读

数据查询是数据库应用中最基本也是最为重要的操作之一。为了满足用户对数据的检索、统计和组织输出等要求，应用程序需要从数据表中提取有效数据。例如，王芳在学生选课系统中经常遇到需要查询某个学生的信息、输出每门课程的平均分、对学生课程成绩进行排序等问题。那么，如何实现这些操作，使用哪些SQL语句完成查询任务是王芳在新阶段学习中需要解决的具体问题。

本项目将通过学习 MySQL 提供的 SELECT 语句，为用户提供单表和多表的查询服务，从而满足用户对系统数据的查看、分组统计和排序输出等要求。

学习目标

知识目标	技能目标	素养目标
1. 熟悉 SELECT 语句的完整语法格式。 2. 掌握条件查询的基本表示方法。 3. 理解常用集合函数的作用和使用方法。 4. 了解不相关子查询和相关子查询的区别。	1. 会灵活运用 SELECT 语句实现单表查询。 2. 会熟练运用 SELECT 语句实现分组统计查询。 3. 会运用 SELECT 语句实现多表查询和子查询。 4. 会在数据操作中使用子查询。	1. 培养数字信息意识：借助论坛 CSDN 等资源自主实践。 2. 培养多角度思维：使用不同查询方式实现同一查询任务。 3. 培养终身学习意识：学会阅读错误提示，积累处理方法，提升实操技能。

任务 5.1 查询单表数据

任务描述

单表数据查询是最基本的数据查询，其查询的数据源只涉及数据库中的一个表。例如，在学生选课系统数据库中，学生表存储着各个专业班级的学生信息，王芳想通过学生表查看所有专业班级的名称，应该如何编写 SQL 查询语句，提取有效数据呢？本任务将带领王芳一起学习单表查询，揭晓问题的答案。

具体任务实施如下。

［实施1］　查询 student 表,输出所有学生的详细信息。

［实施2］　查询 student 表,输出所有学生学号、姓名和年龄,并分别使用"学号""姓名""年龄"作为别名。

［实施3］　查询 student 表,输出 21 大数据 1 班的学生学号和姓名。

［实施4］　查询 student 表,输出 22 人工智能 1 班的王芳个人信息。

［实施5］　查询 student 表,输出 2003 年出生的学生详细信息。

［实施6］　查询 student 表,输出学号为"202101001""202101002"的学生详细信息。

［实施7］　查询 student 表,输出姓"王"的学生信息。

［实施8］　查询 teacher 表,输出研究方向为空值的教师信息。

▶ 任务分析

要完成上述任务,一是要理解 SELECT 语句的语法格式;二是要会使用 SELECT 子句实现所有列或指定列的单表查询;三是要熟悉 MySQL 常用条件表达式的运算符;四是会使用 WHERE 子句实现单条件或复合条件的单表查询。

本任务知识聚焦内容如下。
- 消除重复值的单表查询
- 不同条件查询的等价替换

▶ 任务实施

5.1.1　简单查询

简单查询是指只包含"SELECT…FROM…"的查询,基本语法格式如下。

```
SELECT 目标字段表达式
FROM 表名;
```

参数说明如下。

①目标字段表达式:指定要查询的内容,可以是一个字段、多个字段,甚至是全部字段,还可以是算术表达式或函数。

②表名:指定用于查询的数据表的名称。

(1)选择所有列

［实施1］　查询 student 表,输出所有学生的详细信息。

分析:当查询结果要输出表的特定字段时,要明确指出字段名,多个字段名之间用逗号分开。SQL 语句如下。

```
SELECT sno,sname,gender,birthday,class
FROM student;
```

执行结果如图 5-1-1 所示。

sno	sname	gender	birthday	class
202101001	赵菁	女	2003-01-01	21大数据1班
202101002	李勇	男	2002-10-11	21大数据1班
202202003	刘灿	女	2004-04-08	22人工智能1班
202202004	王芳	女	2003-05-09	22人工智能1班
202303005	王筱俊	男	2003-08-27	23云计算1班
202303006	张志勇	男	2004-10-18	23云计算1班

6 rows in set (0.00 sec)

图 5-1-1　使用字段名的执行结果

当要查询的内容是数据表中所有列的集合时,可用符号“＊”来代表所有字段名的集合。

(2)选择指定列

［实施 2］　查询 student 表,输出所有学生的学号、姓名和年龄,并分别使用“学号”“姓名”“年龄”作为别名。

分析:student 表中没有年龄字段,可以通过系统当前时间 NOW( )和 birthday 字段值的算术表达式“YEAR(NOW( ))-YEAR(birthday)”计算得到。

```
SELECT sno,sname,YEAR(NOW())-YEAR(birthday)
FROM student;
```

执行结果如图 5-1-2 所示。

sno	sname	YEAR(NOW())-YEAR(birthday)
202101001	赵菁	21
202101002	李勇	22
202202003	刘灿	20
202202004	王芳	21
202303005	王筱俊	21
202303006	张志勇	20

6 rows in set (0.01 sec)

图 5-1-2　使用表达式的执行结果

在查询结果集中,年龄字段的名称为算术表达式,不便于直观理解,可以在算术表达式之后使用 AS 子句来更改查询结果的名称,SQL 语句修改如下。

```
SELECT sno AS 学号,sname AS 姓名,YEAR(NOW())-YEAR(birthday)AS 年龄
FROM student;
```

执行结果如图 5-1-3 所示。

学号	姓名	年龄
202101001	赵菁	21
202101002	李勇	22
202202003	刘灿	20
202202004	王芳	21
202303005	王筱俊	21
202303006	张志勇	20

6 rows in set (0.00 sec)

图 5-1-3　使用 AS 子句的执行结果

【学习提示】

在 SELECT 子句中使用算术表达式、函数进行查询时，可使用 AS 子句为表达式和函数指定别名。AS 子句也可用在 FROM 子句中，为数据表设置别名，以简化表名书写。

5.1.2　条件查询

条件查询需要在“SELECT…FROM…”语句后使用 WHERE 子句指定查询条件，用以从数据表中筛选出满足条件的数据行。语法格式如下。

```
SELECT 目标字段表达式 [[AS] 别名]
FROM 表名
WHERE 条件表达式;
```

其中，“条件表达式”通过运算符将字段名、常量、函数、变量和子查询进行组合。WHERE 子句的常用运算符见表 5-1-1。

表 5-1-1　WHERE 子句的常用运算符

运算符分类	运算符	说明
比较运算符	>、>=、<、<=、<>、!=	字段值大小比较
逻辑运算符	AND、OR、NOT	多重条件的逻辑连接
范围运算符	BETWEEN…AND、NOT BETWEEN…AND	是否在指定范围内
列表运算符	IN、NOT IN	是否在指定的列表中
模式匹配符	LIKE、NOT LIKE	是否与指定模式串匹配
空值判断符	IS NULL、IS NOT NULL	字段值是否为空

(1)比较运算符的使用

[实施 3]　查询 student 表，输出 21 大数据 1 班的学生学号和姓名。

```
SELECT sno,sname
FROM student
WHERE class ='21 大数据 1 班';
```

执行结果如图 5-1-4 所示。

```
+-----------+--------+
| sno       | sname  |
+-----------+--------+
| 202101001 | 赵菁菁 |
| 202101002 | 李勇   |
+-----------+--------+
2 rows in set (0.00 sec)
```

图 5-1-4　使用比较运算符的执行结果

(2)逻辑运算符的使用

[实施 4]　查询 student 表，输出 22 人工智能 1 班的王芳个人信息。

分析:查询涉及两个条件,是同时满足的关系,使用逻辑运算符“AND”连接多个条件表达式,构成一个复合条件查询。

```
SELECT *
FROM student
WHERE sname ='王芳' AND class='22 人工智能 1 班';
```

执行结果如图 5-1-5 所示。

sno	sname	gender	birthday	class
202202004	王芳	女	2003-05-09	22人工智能1班

1 row in set (0.00 sec)

图 5-1-5 使用逻辑运算符的执行结果

(3)范围运算符的使用

[实施 5] 查询 student 表,输出 2003 年出生的学生详细信息。

```
SELECT *
FROM student
WHERE birthday BETWEEN '2003-01-01' AND '2003-12-31';
```

执行结果如图 5-1-6 所示。

sno	sname	gender	birthday	class
202101001	赵菁	女	2003-01-01	21大数据1班
202202004	王芳	女	2003-05-09	22人工智能1班
202303005	王筱俊	男	2003-08-27	23云计算1班

3 rows in set (0.00 sec)

图 5-1-6 使用范围运算符的执行结果

(4)列表运算符的使用

[实施 6] 查询 student 表,输出学号为“202101001”“202101002”的学生详细信息。

```
SELECT *
FROM student
WHERE sno IN('202101001','202101002');
```

执行结果如图 5-1-7 所示。

sno	sname	gender	birthday	class
202101001	赵菁	女	2003-01-01	21大数据1班
202101002	李勇	男	2002-10-11	21大数据1班

2 rows in set (0.01 sec)

图 5-1-7 使用列表运算符的执行结果

(5)模式匹配符的使用

在指定条件不是很明确的情况下,可使用 LIKE 运算符与模式字符串进行匹配运算。语法格式如下。

```
字段名［NOT］LIKE '模式字符串'
```

参数说明如下。

①字段名：要匹配的字段名称，其数据类型可以是字符型或日期和时间型。

②模式字符串：可以是一般的常量字符串，也可以是包含通配符的字符串。通配符的种类见表 5-1-2。

表 5-1-2　通配符种类

通配符	含义
%	匹配任意长度(0 个或多个)的字符串
_	匹配任意单个字符

［实施 7］　查询 student 表，输出姓“王”的学生信息。

```
SELECT *
FROM student
WHERE sname LIKE '王%';
```

执行结果如图 5-1-8 所示。

```
+-----------+--------+--------+------------+----------------+
| sno       | sname  | gender | birthday   | class          |
+-----------+--------+--------+------------+----------------+
| 202202004 | 王芳   | 女     | 2003-05-09 | 22人工智能1班  |
| 202303005 | 王筱俊 | 男     | 2003-08-27 | 23云计算1班    |
+-----------+--------+--------+------------+----------------+
2 rows in set (0.01 sec)
```

图 5-1-8　使用模式匹配符的执行结果

(6)空值判断符的使用

［实施 8］　查询 teacher 表，输出研究方向为空值的教师信息。

```
SELECT *
FROM teacher
WHERE research IS NULL;
```

执行结果如图 5-1-9 所示。

```
+-----+--------+-----------+----------+
| tno | tname  | professor | research |
+-----+--------+-----------+----------+
| t05 | 王宇恒 | 助教      | NULL     |
+-----+--------+-----------+----------+
1 row in set (0.00 sec)
```

图 5-1-9　使用空值判断符的执行结果

知识聚焦

(1)消除重复行的单表查询

在数据查询的操作中，经常会遇到查询结果集存在重复行的问题。例如，查询 student

表,输出学生所在的专业班级。SQL 语句如下。

```
SELECT class FROM student;
```

执行结果如图 5-1-10 所示。

图 5-1-10　存在重复行的执行结果

在查询结果集中学生的专业班级存在重复行。这是因为在 SELECT 子句后有两个可选项的关键字 ALL 和 DISTINCT,用来标识在查询结果集中对相同行的处理方式。当关键字缺省时,默认值为 ALL,即显示查询结果集中所有行,包括重复行。

消除查询结果集的重复行的问题,可使用 DISTINCT 关键字,使重复的行只显示一行。SQL 语句如下。

```
SELECT DISTINCT class FROM student;
```

执行结果如图 5-1-11 所示。

图 5-1-11　消除重复行后的执行结果

（2）不同条件查询的等价替换

在数据查询操作中,同一个条件查询任务也可使用不同的运算符来实现相同的查询结果。

例如,[实施 5]中输出 2003 年出生的学生详细信息,除可以使用范围运算符外,还可以使用模式匹配符来实现。SQL 语句如下。

```
SELECT *
FROM student
WHERE birthday LIKE '2003%';
```

[实施 6]中输出两个学号的学生详细信息,除可以使用列表运算符外,还可以使用比较运算符和逻辑运算符的组合来实现。SQL 语句如下。

```
SELECT *
FROM student
WHERE sno ='202101001' OR sno ='202101002';
```

任务拓展

在 education 数据库中按要求完成以下单表查询任务。

①查询 student 表,输出大数据专业的学生学号和姓名。

②查询 teacher 表,输出所有教师的详细信息。

③查询 teacher 表,输出所有教师的工号、姓名以及此次查询的日期和时间,并分别使用"教师工号""教师姓名""查询时间"作为别名。

④查询 teacher 表,输出研究方向不为空的教师信息。

⑤查询 course 表,输出课程类型,每种类型只输出一次。

⑥查询 course 表,输出教师工号"t01"和"t02"没有教授的课程信息。

⑦查询 elective 表,输出分数为 70 ~ 90 分的学生学号和课程号。

⑧查询 elective 表,输出学号为"202101001"且选修"c06"号课程的学生信息。

任务5.2 分组统计与排序

任务描述

对表进行数据查询时,通常需要对查询结果集进行分组统计与排序。例如,在学生选课系统的选修表中存储着所有学生的成绩信息,王芳想通过选修表查看每门课程的最高分和最低分,输出某课程成绩排名前三的学生学号,应该使用哪些 SQL 语句实现相应的数据查询功能呢?下面我们就和王芳一起进入分组统计与排序的任务学习吧!

具体任务实施如下。

[实施1] 查询 student 表,统计学生总人数。

[实施2] 查询 elective 表,统计选修了"c03"号课程的学生总分、最高分、最低分和平均分。

[实施3] 查询 elective 表,统计每个学生所选课程数目及平均分。

[实施4] 查询 elective 表,统计每个学生所选课程数目及平均分,输出平均分在 85 分以上的结果。

[实施5] 查询选课门数在 3 门以上且各门课程均及格的学生学号和平均分。

[实施6] 查询 elective 表,输出选修了"c02"号课程的学生信息,并按成绩降序排序。

[实施7] 查询 student 表,输出前 3 行学生信息。

[实施8] 查询 student 表,输出表中第 4 行至第 6 行的学生信息。

任务分析

要完成上述任务,一是要理解 SQL 提供的常用集合函数及其功能,能根据应用需求正确地选择和书写集合函数;二是要会识别分组操作,确定合适的分组字段名,选择恰当的 HAVING 条件筛选子句;三是要会根据查询结果的输出要求选择相应的排序方式和限制结果数量。

本任务知识聚焦内容如下。

- SELECT 语句的完整语法格式
- WHERE 子句和 HAVING 子句的区别

任务实施

5.2.1 统计查询

SQL 提供了许多实用的集合函数(也称聚合函数),增强了基本查询能力。SELECT 子句可以通过集合函数对查询结果集进行统计。常用的集合函数及其功能见表 5-2-1。

表 5-2-1 常用的集合函数

集合函数	功能描述
COUNT([DISTINCT|ALL] 字段名|*)	计算指定字段中值的个数
SUM([DISTINCT|ALL] 字段名)	计算指定字段中数据的总和(此列为数值型)
AVG([DISTINCT|ALL] 字段名)	计算指定字段中数据的平均值(此列为数值型)
MAX([DISTINCT|ALL] 字段名)	计算指定字段中数据的最大值
MIN([DISTINCT|ALL] 字段名)	计算指定字段中数据的最小值

其中,ALL 为默认选项,表示计算所有的值;DISTINCT 选项则表示去掉重复值后再计算。COUNT(*)返回行数,包括含有空值的行,不与 DISTINCT 一起使用;其他集合函数遇空值直接跳过。

[实施 1] 查询 student 表,统计学生总人数。

分析:统计学生总人数,即统计学生表中学生的总个数。SQL 语句如下。

```
SELECT COUNT(*)AS 学生总人数
FROM student;
```

执行结果如图 5-2-1 所示。

```
+------------+
| 学生总人数 |
+------------+
|          6 |
+------------+
1 row in set (0.00 sec)
```

图 5-2-1 COUNT 函数的执行结果

[实施 2] 查询 elective 表,统计选修了"c03"号课程的学生总分、最高分、最低分和平均分。

```
SELECT SUM(grade)总分,MAX(grade)最高分,MIN(grade)最低分,AVG(grade)
平均分
FROM elective
WHERE cno='c03';
```

执行结果如图 5-2-2 所示。

总分	最高分	最低分	平均分
336	92	72	84.0000

1 row in set (0.00 sec)

图 5-2-2　其他集合函数的执行结果

5.2.2　分组查询

GROUP BY 子句用于对查询结果集按指定字段或字段列表的值进行分组，值相同的放在一组。集合函数和 GROUP BY 子句可配合使用，对查询结果集进行分组统计。语法格式如下。

```
GROUP BY 字段列表［HAVING 条件表达式］;
```

其中，“HAVING”用于对分组的结果集进行条件筛选，“条件表达式”一般为含集合函数的表达式。

［实施 3］　查询 elective 表，统计每个学生所选课程数目及平均分。

```
SELECT sno 学号,COUNT(cno)课程数目,AVG(grade)平均分
FROM elective
GROUP BY sno;
```

执行结果如图 5-2-3 所示。

学号	课程数目	平均分
202101001	4	86.5000
202101002	3	78.0000
202202003	2	65.0000
202202004	2	87.0000
202303005	1	75.0000
202303006	1	87.0000

6 rows in set (0.01 sec)

图 5-2-3　分组查询的执行结果

【学习提示】

在分组查询时，要求将 GROUP BY 后面的字段列表写在 SELECT 子句的首位置，用于说明查询结果集的分组依据，清晰反馈统计的数据信息。

［实施 4］　查询 elective 表，统计每个学生所选课程数目及平均分，输出平均分在 85 分以上的结果。

分析：对分组后的结果进行条件筛选，需要使用 HAVING 子句。

```
SELECT sno 学号,COUNT(cno)课程数目,AVG(grade)平均分
FROM elective
GROUP BY sno
HAVING AVG(grade)>= 85;
```

执行结果如图 5-2-4 所示。

学号	课程数目	平均分
202101001	4	86.5000
202202004	2	87.0000
202303006	1	87.0000

3 rows in set (0.01 sec)

图 5-2-4　分组后筛选的执行结果

［实施 5］　查询选课门数在 3 门以上且各门课程均及格的学生学号和平均分。

分析:“3 门”对应的是每个学生的选课门数,对分组的结果做条件筛选,需要使用 HAVING 子句;“及格”对所有课程生效,使用 WHERE 子句。

```
SELECT sno,AVG(grade)平均分
FROM elective
WHERE grade >=60
GROUP BY sno
HAVING COUNT(*)>= 3;
```

执行结果如图 5-2-5 所示。

sno	平均分
202101001	86.5000
202101002	78.0000

2 rows in set (0.00 sec)

图 5-2-5　多条件分组统计的执行结果

5.2.3　数据排序

当需要对查询结果排序时,可使用 ORDER BY 子句。排序方式可以指定,DESC 为降序,ASC 为升序,默认为升序。语法格式如下。

```
ORDER BY 字段名 [ASC|DESC][,…]
```

其中,ORDER BY 子句中可指定多个字段名,查询结果首先按第一个字段进行排序,字段值相同的数据行再按照第二个字段排序,以此类推。

［实施 6］　查询 elective 表,输出选修了“c02”号课程的学生信息,并按成绩降序排序。

```
SELECT *
FROM elective
WHERE cno='c02'
ORDER BY grade DESC;
```

执行结果如图 5-2-6 所示。

sno	cno	grade
202101001	c02	87
202202004	c02	86
202101002	c02	72
202202003	c02	58

4 rows in set (0.00 sec)

图 5-2-6　排序的执行结果

5.2.4　限制输出

LIMIT 子句是 SELECT 语句的最后一个子句，主要用于限制被 SELECT 语句返回的记录行数。可以具体地指定查询结果从哪一条记录开始显示。语法格式如下。

```
LIMIT [OFFSET,]n;
```

其中，OFFSET 代表从第几条记录开始检索，默认值为 0，表示查询结果的第 1 条记录，以此类推；n 代表检索多少条记录。

［实施 7］　查询 student 表，输出前 3 行学生信息。

分析：默认从第 1 条记录开始检索，共检索 3 条记录，故 n 为 3。

```
SELECT *
FROM student
LIMIT 3;
```

执行结果如图 5-2-7 所示。

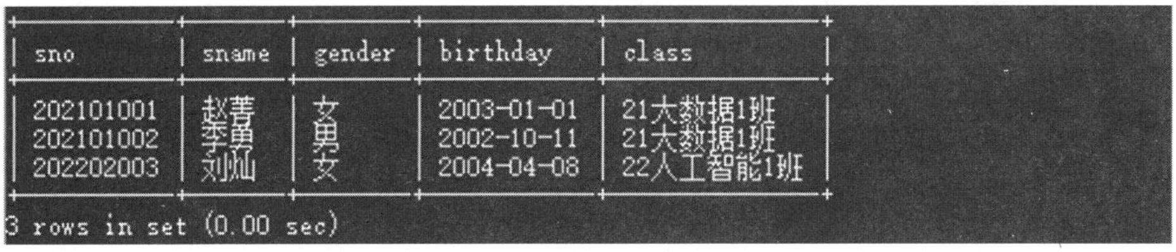

sno	sname	gender	birthday	class
202101001	赵菁	女	2003-01-01	21大数据1班
202101002	李勇	男	2002-10-11	21大数据1班
202202003	刘灿	女	2004-04-08	22人工智能1班

3 rows in set (0.00 sec)

图 5-2-7　限定输出条数的执行结果

［实施 8］　查询 student 表，输出表中第 4 行至第 6 行的学生信息。

分析：从第 4 条记录开始检索，OFFSET 值为 3；共检索 3 条，故 n 为 3。

```
SELECT *
FROM student
LIMIT 3,3;
```

运行结果如图 5-2-8 所示。

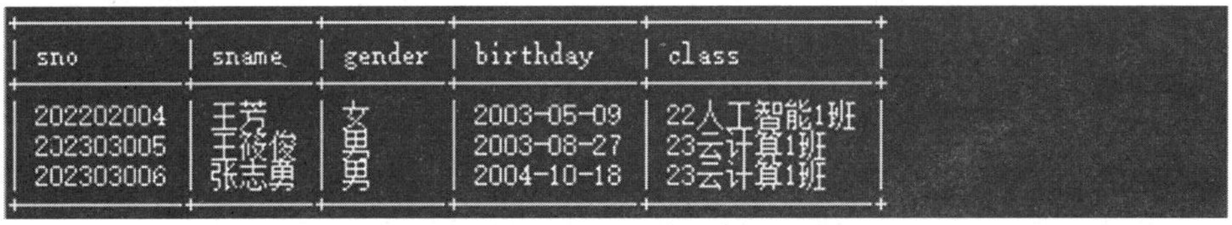

sno	sname	gender	birthday	class
202202004	王芳	女	2003-05-09	22人工智能1班
202303005	王筱俊	男	2003-08-27	23云计算1班
202303006	张志勇	男	2004-10-18	23云计算1班

图 5-2-8　限定起始位置的执行结果

> ▶ **知识聚焦**

（1）SELECT 语句的完整语法格式

SELECT 语句是数据库操作最基本的语句之一，同时也是 SQL 编程技术中最常用的语句，既可以实现数据的单表查询、分组统计与排序，也可以实现多表查询。完整语法格式如下。

```
SELECT [ALL|DISTINCT]目标字段表达式 [[AS] 别名],…|*
FROM 表名列表
[WHERE 条件表达式1]
[GROUP BY 字段列表]
[HAVING 条件表达式2]
[ORDER BY 字段名 [ASC|DESC][,…]]
[LIMIT [OFFSET,] n];
```

语法说明如下。

①SELECT 子句：若要查询部分字段，需写出字段名并用逗号分隔；用"＊"表示返回所有字段；涉及表达式或集合函数建议设置别名。

②ALL|DISTINCT：默认值 ALL 表示返回查询结果集的所有行，包括重复行；DISTINCT 表示若查询结果集中有相同的行，则只显示一行。

③FROM 子句：指定用于查询的数据表的名称。

④WHERE 子句：用于指定数据查询的条件。

⑤GROUP BY 子句：用来指定将查询结果根据什么字段分组，分组的字段名须写在 SELECT 子句的首位置，便于结果信息的查看和理解。

⑥HAVING 子句：用来指定分组的过滤条件，选择出满足查询条件的分组记录集。

⑦ORDER BY 子句：用来指定查询结果集的排序方式。ASC 表示升序排列，DESC 表示降序排列，默认为 ASC。

⑧LIMIT 子句：用于限制查询结果的数量。其中，OFFSET 表示偏移量，默认值为 0，n 表示返回的查询记录的条数。

（2）WHERE 子句和 HAVING 子句的区别

①两者在 SELECT 语句中的位置不同。WHERE 子句位于 FROM 子句之后，可以独立使用；HAVING 子句位于 GROUP BY 子句之后，必须和 GROUP BY 子句配合使用，不能单独使用。

②两者在 SELECT 语句中的作用域不同。WHERE 子句设置的查询筛选条件在 GROUP BY 子句前发生作用；HAVING 子句设置的筛选条件在 GROUP BY 子句后发生作用。

③集合函数在两者上的适用情况不同。WHERE 子句中不能使用集合函数；HAVING 子句中允许使用集合函数。

任务拓展

在 education 数据库中按要求完成以下分组查询和统计查询任务。

①查询 elective 表,统计选修了课程的学生人数。

②查询 student 表,分别统计男女生人数。

③查询 student 表,输出大数据专业和云计算专业的学生信息,按出生日期升序排序。

④查询 elective 表,统计每门课程的选修人数及最高分,按分数降序排列。

⑤查询 course 表,输出至少教授了两门课程的教师工号。

⑥查询 elective 表,输出"c02"号课程中成绩排名前 3 名的学生学号和成绩。

⑦查询 teacher 表中从第 2 位教师开始的 3 位教师的工号、姓名和职称。

任务5.3　查询多表数据

任务描述

在实际应用开发中,业务逻辑所关联的数据通常会涉及两张以上的数据表。当进行数据查询时,往往需要将这些表中的数据组合并提炼出所需要的信息。例如,在学生选课系统数据库中查询选修了"数据库应用"课程的学生成绩,需要使用课程表和选修表一起来实现,王芳该如何编写 SELECT 语句实现多表查询的功能呢? 下面我们就和王芳一起进入查询多表数据的任务学习吧!

具体任务实施如下。

[实施1]　查询学号为"202101001"的学生可能选修的所有课程,输出学号、姓名、课程号和课程名。

[实施2]　查询赵菁选修课程的成绩,输出学号、课程号和成绩。

[实施3]　查询赵菁选修课程的成绩,输出学号、课程号、课程名和成绩。

[实施4]　查询所有课程的选修情况,没有学生选修的课程也要列出。

[实施5]　查询和学号为"202101001"的学生在同一班级的学生学号和姓名。

[实施6]　联合查询"c01"号和"c02"号的课程信息,输出课程号和最高分,按分数降序排列。

任务分析

要完成上述任务,一是要理解内连接和外连接的应用场景,能根据应用需求选择合适的连接方式;二是会使用 WHERE 连接和 JOIN 连接从水平方向组合多表查询结果;三是要会使用 UNION 关键字从垂直方向组合多表查询结果。

本任务知识聚焦内容如下。

• 内连接的运算理解

• 外连接的运算理解

> **任务实施**

5.3.1　连接查询

多表查询是通过各表之间共同列的相关性来查询数据的。完成多表查询任务,首先要在这些表中建立连接,再对连接生成的结果集进行筛选。语法格式如下,连接类型及运算符见表5-3-1。

> SELECT 表名.目标字段表达式［［AS］别名］,…
>
> FROM 表名1［［AS］别名］运算符 表名2［［AS］别名］　ON 连接条件
>
> ［WHERE 条件表达式］;

表5-3-1　连接类型及其对应的运算符

连接类型	运算符
交叉连接	CROSS JOIN
内连接	INNER JOIN 或 JOIN
左外连接	LEFT JOIN
右外连接	RIGHT JOIN
完全连接	FULL JOIN

(1)交叉连接

交叉连接是指将连接的两个表的所有行进行组合,即将第一个表的所有行分别与第二个表的每个行连接形成一个新的数据行。在标准 SQL 中,交叉连接不能使用 ON 指定连接条件,其语法格式如下。

> SELECT 字段名列表
>
> FROM 表名1 CROSS JOIN 表名2
>
> ［WHERE 条件表达式］;

［实施1］　查询学号为"202101001"的学生可能选修的所有课程,输出学号、姓名、课程号和课程名。

分析:查询该学生可能选修的所有课程,即查询该学生与 course 表中的所有课程的组合,可以通过 student 表和 course 表的交叉连接来实现。

> SELECT sno,sname,cno,cname
>
> FROM student CROSS JOIN course
>
> WHERE sno='202101001';

执行结果如图5-3-1所示。

sno	sname	cno	cname
202101001	赵菁	c06	大数据平台部署
202101001	赵菁	c02	机器学习
202101001	赵菁	c05	计算机视觉
202101001	赵菁	c04	数据结构
202101001	赵菁	c03	数据库应用
202101001	赵菁	c01	云计算概论

6 rows in set (0.00 sec)

图 5-3-1　CROSS JOIN 的执行结果

可以看出,学号为“202101001”的学生确实与 course 表中每一条课程记录进行了组合。但该生真正选修的课程只是交叉连接结果集的子集。

【学习提示】

在一个规范化的数据库中使用交叉连接无太多应用价值和实际意义,但可以利用它为数据库生成测试数据,帮助理解连接查询的运算结果。

(2)内连接

内连接是多表连接查询的最常用操作,常用比较运算符比较两个表共有的列,并返回满足条件的记录。在标准 SQL 中,内连接必须使用 ON 或者 WHERE 子句指定连接条件,其语法格式如下。

```
SELECT 表名.目标字段表达式 [[AS] 别名],…          /*JOIN 内连接*/
FROM 表名 1 JOIN 表名 2 ON 表名 1.字段名 比较运算符 表名 2.字段名;
```

或者

```
SELECT 表名.目标字段表达式 [[AS] 别名],…
FROM 表名 1,表名 2
WHERE 表名 1.字段名 比较运算符 表名 2.字段名;        /*WHERE 内连接*/
```

其中,JOIN 内连接的 JOIN 运算符和 ON 关键字须一一对应。

[实施 2]　查询赵菁选修课程的成绩,输出学号、课程号和成绩。

分析:根据学生姓名,输出学号、课程号和成绩,但 education 数据库中没有一个表同时包含这 4 个字段,因此需要使用 student 表和 elective 表,通过相同的字段 sno 进行内连接,然后根据“赵菁”筛选出满足条件的记录,输出查询结果。SQL 语句如下。

```
SELECT s.sno,cno,grade                              /*JOIN 内连接*/
FROM student AS s JOIN elective AS e ON s.sno=e.sno
WHERE sname= '赵菁';
```

或者

```
SELECT s.sno,cno,grade
FROM student AS s,elective AS e
WHERE s.sno=e.sno AND sname='赵菁';                 /*WHERE 内连接*/
```

执行结果如图 5-3-2 所示。

```
+-----------+-----+-------+
| sno       | cno | grade |
+-----------+-----+-------+
| 202101001 | c02 |    87 |
| 202101001 | c03 |    92 |
| 202101001 | c04 |    82 |
| 202101001 | c06 |    85 |
+-----------+-----+-------+
4 rows in set (0.00 sec)
```

图 5-3-2　两表内连接的执行结果

【学习提示】

在连接查询的语法格式中,如果要输出的字段是表 1 和表 2 都有的字段,则必须在输出的字段名前加上表名进行区分,如“表名.字段名”。

[实施 3]　查询赵菁选修课程的成绩,输出学号、课程号、课程名和成绩。

分析:根据学生姓名,输出学号、课程号、课程名和成绩,需要用到 student、course 和 elective 3 个表,且连接查询通过表的两两连接来实现。SQL 语句如下。

```
SELECT s.sno,c.cno,cname,grade                    /*JOIN 内连接*/
FROM student s JOIN elective e ON s.sno=e.sno
JOIN course c ON e.cno=c.cno
WHERE sname='赵菁';
```

或者

```
SELECT s.sno,c.cno,cname,grade
FROM student AS s,elective AS e,course AS c
WHERE s.sno=e.sno AND e.cno=c.cno AND sname='赵菁';   /*WHERE 内连接*/
```

执行结果如图 5-3-3 所示。

```
+-----------+-----+----------------+-------+
| sno       | cno | cname          | grade |
+-----------+-----+----------------+-------+
| 202101001 | c02 | 机器学习       |    87 |
| 202101001 | c03 | 数据库应用     |    92 |
| 202101001 | c04 | 数据结构       |    82 |
| 202101001 | c06 | 大数据平台部署 |    85 |
+-----------+-----+----------------+-------+
4 rows in set (0.00 sec)
```

图 5-3-3　3 个表内连接的执行结果

(3)外连接

外连接与内连接不同,外连接查询只适用于 2 个表且有主从之分。使用外连接时,以主表中每行数据去匹配从表中的数据行,如果符合连接条件则返回到结果集中;如果没有找到匹配行,则在结果集中仍然保留主表的行,相对应地从表中的列被填上 NULL 值。语法格式如下。

```
SELECT 表名.目标字段表达式 [[AS] 别名],…
FROM 表名1 LEFT|RIGHT|FULL JOIN 表名2
ON 表名1.字段名 比较运算符 表名2.字段名;
```

[实施4] 查询所有课程的选修情况,没有学生选修的课程也要列出。

分析:要输出所有课程的选修情况,说明需要 course 表和 elective 表。没有学生选修的课程也要列出,说明 course 表是主表。SQL 语句如下。

```
SELECT *
FROM course AS c LEFT JOIN elective AS e ON c.cno = e.cno;
```

执行结果如图 5-3-4 所示。

cno	cname	credit	type	tno	sno	cno	grade
c01	云计算概论	2.0	必修	t03	202303005	c01	75
c01	云计算概论	2.0	必修	t03	202303006	c01	87
c02	机器学习	3.0	必修	t01	202101001	c02	87
c02	机器学习	3.0	必修	t01	202101002	c02	72
c02	机器学习	3.0	必修	t01	202202003	c02	58
c02	机器学习	3.0	必修	t01	202202004	c02	86
c03	数据库应用	3.5	必修	t04	202101001	c03	92
c03	数据库应用	3.5	必修	t04	202101002	c03	84
c03	数据库应用	3.5	必修	t04	202202003	c03	72
c03	数据库应用	3.5	必修	t04	202202004	c03	88
c04	数据结构	2.0	选修	t02	202101001	c04	82
c05	计算机视觉	3.5	选修	t05	NULL	NULL	NULL
c06	大数据平台部署	4.0	必修	t01	202101001	c06	85
c06	大数据平台部署	4.0	必修	t01	202101002	c06	78

14 rows in set (0.00 sec)

图 5-3-4 LEFT JOIN 的执行结果

从运行结果可以看出,计算机视觉课程尚未有学生选修,故从 elective 表的内容用 NULL 值填充。

5.3.2 自身连接

自身连接是指一个表的两个副本之间的内连接。同一个表名在 FROM 中出现两次,故为了区别,必须对表指定不同的别名,在 SELECT 语句中使用的字段名前也要加上表的别名进行限定。

[实施5] 查询和学号为“202101001”的学生在同一班级的学生学号和姓名。

分析:这里涉及的筛选条件和查询内容均来自 student 表,但是单表查询无法实现记录的跨行查找,故考虑自身连接操作,SQL 语句如下。

```
SELECT s2.sno,s2.sname
FROM student AS s1,student AS s2
WHERE s1.class = s2.class AND s1.sno = '202101001'
AND s2.sno != '202101001';
```

执行结果如图 5-3-5 所示。

sno	sname
202101002	李勇

1 row in set (0.00 sec)

图 5-3-5 自身连接的执行结果

5.3.3　联合查询

联合查询又称合并结果集,它从垂直方向,将多个 SELECT 语句的查询结果集进行合并,组合成一个结果集。语法格式如下。

```
SELECT 语句 1
UNION
SELECT 语句 2
[UNION SELECT 语句 3][…];
```

联合查询的关键字是 UNION。使用 UNION 时,需要注意以下几点。

①所有 SELECT 语句中的字段个数必须相同。

②所有 SELECT 语句中对应字段的数据类型必须相同或兼容。

③合并结果集中的字段名是第一个 SELECT 语句中的字段名。如果要为返回的字段指定别名,则必须在第一个 SELECT 语句中指定。

④当使用 ORDER BY 或 LIMIT 子句时,只能在最后一个 SELECT 语句后指定,且必须使用第一个 SELECT 语句中的字段名。

[实施 6]　联合查询"c01"号和"c02"号的课程信息,输出课程号和平均分,按分数降序排列。

```
SELECT cno 课程号,AVG(grade)平均分 FROM elective WHERE cno ='c01'
UNION
SELECT cno,AVG(grade)FROM elective WHERE cno ='c02'
ORDER BY 平均分 DESC;
```

执行结果如图 5-3-6 所示。

```
+-------+---------+
| 课程号 | 平均分  |
+-------+---------+
| c01   | 81.0000 |
| c02   | 75.7500 |
+-------+---------+
2 rows in set (0.00 sec)
```

图 5-3-6　联合查询的执行结果

▶ 知识聚焦

为了便于理解各种类型的连接运算,现假设有两个表 R 和 S,R 和 S 中存储的数据如图 5-3-7 所示。

A	B	C
1	2	3
4	5	6

A	D
1	2
3	4
5	6

图 5-3-7　示例表 R 和 S 的数据

（1）内连接的运算理解

内连接包括 3 种类型：等值连接、非等值连接和自然连接。

①等值连接：在连接条件中使用等号"＝"比较运算符来比较连接字段的值，其查询结果中包含被连接表的所有字段，包括重复字段。

②非等值连接：在连接条件中使用了除等号之外的比较运算符（>、<、>=、<=、!=）来比较连接字段的值。

③自然连接：一种特殊的等值连接，它要求两个表进行等值比较的字段必须是同名的属性组，并且在结果集中不包括重复的属性列。因此，自然连接一定是等值连接，但等值连接不一定是自然连接。

表 R 和表 S 进行等值连接、非等值连接和自然连接的结果集如图 5-3-8 所示。

R. A＝S. A（等值连接）

R. A	B	C	S. A	D
1	2	3	1	2

R. A>S. A（不等值连接）

R. A	B	C	S. A	D
4	5	6	1	2
4	5	6	3	4

R. A＝S. A（自然连接）

R. A	B	C	D
1	2	3	2

图 5-3-8　表 R 和表 S 内连接的结果集

（2）外连接的运算理解

外连接包括 3 种类型：左外连接、右外连接和全连接。

①左外连接：即左表为主表，连接关键字为 LEFT JOIN。将左表中的所有数据行与右表中的每行按连接条件进行匹配，结果集包括左表中所有的数据行。左表中与右表没有相匹配记录的行，在结果集中对应的右表字段都以 NULL 来填充。BIT 类型不允许为 NULL，故以 0 填充。

②右外连接：即右表为主表，连接关键字为 RIGHT JOIN。将右表中的所有数据行与左表中的每行按连接条件进行匹配，结果集包括右表中所有的数据行。右表中与左表没有相匹配记录的行，在结果集中对应的左表字段都以 NULL 来填充。

③全连接：连接关键字为 FULL JOIN。查询结果集包括两个连接表的所有的数据行，若左表中某一行在右表中有匹配数据，则在结果集中将对应的右表字段填入相应数据，否则填充为 NULL；若右表中某一行在左表中没有匹配数据，则结果集对应的左表字段填充为 NULL。

表 R 和表 S 进行外连接的结果集如图 5-3-9 所示。

R. A＝S. A（左外连接）

R. A	B	C	S. A	D
1	2	3	1	2
4	5	6	NULL	NULL

R. A>S. A（右外连接）

R. A	B	C	S. A	D
1	2	3	1	2
NULL	NULL	NULL	3	4
NULL	NULL	NULL	5	6

R. A>S. A（全连接）

R. A	B	C	S. A	D
1	2	3	1	2
4	5	6	NULL	NULL
NULL	NULL	NULL	3	4
NULL	NULL	NULL	5	6

图 5-3-9　表 R 和表 S 外连接的结果集

▶ **任务拓展**

在 education 数据库中按要求完成以下查询任务。

①查询每个教师可能讲授的课程,观察连接后的结果。

②将学号为"201101001"的学生"c04"号课程的成绩修改为50。

③查询考试成绩不及格的学生学号、姓名、课程号和成绩。

④查询考试成绩不及格的学生学号、姓名、课程名和成绩。

⑤向 teacher 表中插入2条新教师记录('t06','刘向蕊','助教','云计算')和('t07','赵天琪','讲师','信息安全')。

⑥查询所有教师的授课情况,没有教授课程的教师也要列出。

⑦查询和学号为"202202003"的学生选修了同一门课的学生学号和姓名。

⑧查询同时选修了"c02"号和"c03"号课程的学生学号。

⑨联合查询所有教师和学生的编号和姓名,按姓名升序排列。

任务 5.4　子查询多表数据

▶ **任务描述**

在掌握了多表连接查询之后,王芳已经可以完成大部分的查询任务。但是善于思考的王芳又提出了新的想法,有没有更加简单、高效的解决多表查询的方法呢? 实际上,子查询是多表数据查询的另一种有效方式,它可以把前面所学的复杂连接查询分解成一系列逻辑步骤,通过使用单表查询命令来解决复杂的查询问题。下面我们就和王芳一起进入子查询多表数据的学习任务吧!

具体任务实施如下。

[实施1]　查询选修了"数据库应用"这门课的所有学生学号和成绩。

[实施2]　查询"机器学习"这门课不及格的学生姓名。

[实施3]　查询所有通过"机器学习"课程考试的学生学号和姓名。

[实施4]　查询其他学生中比学号为"201101004"的学生某一成绩高的学生学号、课程号和成绩。

[实施5]　查询所有选修了"c01"号课程的学生姓名。

[实施6]　建立一个人工智能专业学生表 stu_AI,表里有学号、姓名、所在班级,将从 student 表中查询到的人工智能专业的学生信息添加到本表中。

[实施7]　将授课教师职称为"副教授"的课程学分增加2.0分。

[实施8]　将 elective 表中赵菁的选课信息删除。

▶ **任务分析**

要完成上述任务,一是要理解子查询的语法结构及其执行过程,会分解复杂的查询问题;二是要会使用带比较运算符的子查询解决返回单值的问题;三是要会使用带 ANY、ALL、

IN 运算符的子查询解决返回单列多值的问题;四是要会使用带 EXISTS 运算符的子查询解决相关子查询的问题;五是要会在数据操作语句中使用子查询解决多表数据更新的问题。

本任务知识聚焦内容如下。

- 不同子查询的等价替换
- 子查询与连接查询的等价替换

任务实施

在 SQL 中,一个 SELECT…FROM…WHERE 语句称为一个查询块。将一个查询块嵌套在另一个查询块的 WHERE 子句中称为嵌套子查询。子查询可以多层嵌套,执行时由内向外,即每一个子查询在其上一级父查询之前被处理,其查询结果回送给父查询。以下面的 SQL 语句为例。

```
SELECT sno,sname                    /*父查询*/
FROM student
WHERE class = (SELECT class          /*子查询*/
               FROM student
               WHERE sno ='202101001') AND sno != '202101001';
```

这个例子包含两个简单的查询块。从语句结构来看,下层查询块也称子查询,用一对圆括号定界,用作条件;上层查询块也称父查询,用来输出查询结果。从执行结果来看,子查询返回学号"202101001"的专业班级,父查询根据返回的专业班级输出在同一专业班级学习的学生学号和姓名,从而实现任务 5.3 中自身连接查询的相同功能。

由此可见,嵌套子查询可使用一系列简单查询构成复杂的查询,从而明显增强了 SQL 的查询能力。当数据查询的条件依赖于其他查询的结果时,使用嵌套子查询可有效解决此类问题。

5.4.1　比较子查询

比较子查询是指在父查询与子查询之间用比较运算符进行连接的查询。在这种类型的子查询中,子查询返回的值最多只能有一个。语法格式如下。

WHERE 字段表达式 比较运算符(子查询);

其中,比较运算符为表 5-1-1 中列出的运算符。

[实施1]　查询选修了"数据库应用"这门课的所有学生学号和成绩。

分析:先用子查询查找出"数据库应用"这门课的课程号,再用父查询查找出课程号与其相等的数据行,输出其学号和成绩。

```
SELECT sno,grade
FROM elective
WHERE cno = (SELECT cno
             FROM course
             WHERE cname='数据库应用');
```

执行结果如图 5-4-1 所示。

```
+-----------+-------+
| sno       | grade |
+-----------+-------+
| 202101001 |    92 |
| 202101002 |    84 |
| 202202003 |    72 |
| 202202004 |    88 |
+-----------+-------+
4 rows in set (0.00 sec)
```

图 5-4-1　两层比较子查询的执行结果

［实施 2］　查询“机器学习”这门课不及格的学生姓名。

```
SELECT sname AS 机器学习不及格的学生
FROM student
WHERE sno =(SELECT sno
            FROM elective
            WHERE grade<60 AND cno =(SELECT cno
                                     FROM course
                                     WHERE cname ='机器学习'));
```

执行结果如图 5-4-2 所示。

```
+--------------------+
| 机器学习不及格的学生 |
+--------------------+
| 刘灿                |
+--------------------+
1 row in set (0.00 sec)
```

图 5-4-2　三层比较子查询的执行结果

5.4.2　IN 子查询

IN 子查询是指父查询与子查询之间用 IN 或 NOT IN 进行连接并判断某个字段的值是否在子查询找到的集合中。语法格式如下。

```
WHERE 字段表达式［NOT］IN(子查询);
```

［实施 3］　查询所有通过“机器学习”课程考试的学生学号和姓名。

分析:先用子查询查找出成绩大于等于 60 分的学生的学号,其结果是一个集合,再使用 IN 运算符判断输出的学号是否在该集合中,进行嵌套查询。

```
SELECT sno 学号,sname AS 考试通过的学生
FROM student
WHERE sno IN(SELECT sno
             FROM elective
             WHERE grade >= 60 AND cno =(SELECT cno
                                         FROM course
                                         WHERE cname ='机器学习'));
```

执行结果如图 5-4-3 所示。

学号	考试通过的学生
202101001	赵菁
202101002	李勇
202202004	王芳

3 rows in set (0.00 sec)

图 5-4-3 IN 子查询的执行结果

5.4.3 批量比较子查询

批量比较子查询是指子查询返回的结果不止一个,父查询和子查询之间需要用比较运算符进行连接。这时就需要在子查询前面加上谓词 ANY 或 ALL,语法格式如下。

```
WHERE 字段表达式 比较运算符 ANY|ALL(子查询);
```

(1)带 ANY 的子查询

在子查询前面使用 ANY 谓词时,会使用指定的比较运算符将一个表达式的值或字段的值与每一个子查询返回值进行比较,只要有一次比较结果为 TRUE,则整个表达式的值为 TRUE,否则为 FALSE。

[实施 4] 查询其他学生中比学号为“202101004”的学生某一成绩高的学生学号、课程号和成绩。

```
SELECT sno,cno,grade
FROM elective
WHERE grade > ANY( SELECT grade
                   FROM elective
                   WHERE sno ='202202004') AND sno != '202202004';
```

执行结果如图 5-4-4 所示。

sno	cno	grade
202101001	c02	87
202101001	c03	92
202303006	c01	87

3 rows in set (0.00 sec)

图 5-4-4 带 ANY 子查询的执行结果

(2)带 ALL 的子查询

在子查询前面使用 ALL 谓词时,会使用指定的比较运算符将一个表达式的值或字段的值与每一个子查询返回值进行比较,只有当所有比较结果为 TRUE 时,整个表达式的值为 TRUE,否则为 FALSE。

如将[实施 4]的内容稍微修改一下,查询其他学生中比学号为“202101004”的学生所有成绩高的学生学号、课程号和成绩。

```
SELECT sno,cno,grade
FROM elective
WHERE sno ! ='202202004' AND grade > ALL( SELECT grade
                                          FROM elective
                                          WHERE sno ='202202004');
```

运行结果如图 5-4-5 所示。

```
+-----------+-----+-------+
| sno       | cno | grade |
+-----------+-----+-------+
| 202101001 | c03 |    92 |
+-----------+-----+-------+
1 row in set (0.00 sec)
```

图 5-4-5　带 ALL 子查询的执行结果

5.4.4　EXISTS 子查询

EXISTS 子查询是指在子查询前面加上 EXISTS 运算符或 NOT EXISTS 运算符，构成 EXISTS 表达式。语法格式如下。

```
WHERE [NOT] EXISTS(子查询);
```

EXISTS 子查询不需要返回任何实际数据，只返回一个逻辑值“TRUE”或“FALSE”，故子查询的 SELECT 子句通常写为“SELECT ＊”。也就是说，如果子查询查找到存在满足条件的数据行，那么 EXISTS 表达式返回值为 TRUE，否则为 FALSE。当 EXISTS 与 NOT 结合使用时，EXISTS 表达式返回的逻辑值与 EXISTS 刚好相反，具体见表 5-4-1。

表 5-4-1　EXISTS 和 NOT EXISTS 对应的父查询输出结果

子查询结果	运算符	EXISTS 表达式	父查询结果
存在	EXISTS	TURE	输出查询结果
不存在		FALSE	不输出结果
存在	NOT EXISTS	FALSE	不输出结果
不存在		TURE	输出查询结果

［实施 5］　查询所有选修了“c01”号课程的学生姓名。

```
SELECT sname
FROM student
WHERE EXISTS( SELECT *
              FROM elective
              WHERE sno = student.sno AND cno = 'c01');
```

执行结果如图 5-4-6 所示。

图 5-4-6 带 EXISTS 子查询的执行结果

【学习提示】

　　子查询的查询条件不涉及父查询表中的属性,这类查询称为不相关子查询;子查询的查询条件需要引用父查询表中的属性值,如"sno = student. sno",这类查询称为相关子查询。这里的 EXISTS 子查询就是相关子查询。相关子查询的执行顺序由外而内,执行次数由父查询表的行数决定。

5.4.5　数据操作子查询

　　子查询也可以嵌套在 INSERT、UPDATE 或 DELETE 语句中,用来解决"数据操作的条件依赖于其他查询的结果"的问题。

　　(1)在 INSERT 中使用子查询

　　使用 INSERT…SELECT 语句可将 SELECT 语句的查询结果添加到表中,以此可添加多行。语法格式如下。

```
INSERT [INTO]表1 [(字段名列表1)]
SELECT 字段名列表2
FROM 表2
[WHERE 条件表达式]
```

　　其中,表1在数据库中已存在,且"字段名列表1"中字段的个数、顺序及数据类型必须和"字段名列表2"中对应的字段信息一样或兼容。

　　[实施6]　建立一个人工智能专业学生表 stu_AI,表里有学号、姓名、所在班级,将从 student 表中查询到的人工智能专业的学生信息添加到本表中。

```
CREATE TABLE stu_AI          /*建立 stu_AI 表*/
(sno CHAR(10),
sname VARCHAR(20),
class VARCHAR(20));
INSERT INTO stu_AI           /*将人工智能专业的学生信息插入 stu_AI 表中*/
SELECT sno,sname,class
FROM student
WHERE class LIKE '%人工智能%';
```

　　通过 SELECT 语句查询 stu_AI 表中的数据,执行结果如图 5-4-7 所示。

```
+-----------+--------+---------------+
| sno       | sname  | class         |
+-----------+--------+---------------+
| 202202003 | 刘灿   | 22人工智能1班 |
| 202202004 | 王芳   | 22人工智能1班 |
+-----------+--------+---------------+
2 rows in set (0.00 sec)
```

图 5-4-7　查看 stu_AI 表的执行结果

(2)在 UPDATE 中使用子查询

［实施 7］　将授课教师职称为“副教授”的课程学分增加 2.0 分。

```
UPDATE course
SET credit=credit+2
WHERE tno IN(SELECT tno
             FROM teacher
             WHERE professor='副教授');
```

通过 SELECT 语句查看更新后的 course 表,执行结果如图 5-4-8 所示。

```
mysql> SELECT * FROM course;
+-----+----------------+--------+------+-----+
| cno | cname          | credit | type | tno |
+-----+----------------+--------+------+-----+
| c01 | 云计算概论     |    4.0 | 必修 | t03 |
| c02 | 机器学习       |    5.0 | 必修 | t01 |
| c03 | 数据库应用     |    3.5 | 必修 | t04 |
| c04 | 数据结构       |    2.0 | 选修 | t02 |
| c05 | 计算机视觉     |    3.5 | 选修 | t05 |
| c06 | 大数据平台部署 |    6.0 | 必修 | t01 |
+-----+----------------+--------+------+-----+
6 rows in set (0.00 sec)
```

图 5-4-8　更新操作生效的执行结果

(3)在 DELETE 中使用子查询

［实施 8］　将 elective 表中赵菁的选课信息删除。

```
DELETE FROM elective
WHERE sno=(SELECT sno
           FROM student
           WHERE sname='赵菁');
```

知识聚焦

【思政小贴士】

数据查询是数据库中最常用的操作,查询代码是否简洁、高效直接关系到应用系统的性能及用户的体验。因此,对于学习者而言,勤于反思,创新思维,尝试从不同角度、使用不同的方法去解决问题,显得尤为重要。

(1)不同子查询的等价替换

①ANY/ALL 谓词与集合函数、IN 运算符的等价替换关系。

带 ANY 或 ALL 谓词的子查询可以等价替换为 IN 子查询或与集合函数相关的比较子查

询,具体等价替换关系见表5-4-2。

表 5-4-2　ANY/ALL 谓词与集合函数、IN 运算符的等价替换关系

	=	<>或!=	<	<=	>	>=
ANY	IN	无	<MAX	<=MAX	>MIN	>=MIN
ALL	无	NOT IN	<MIN	<=MIN	>MAX	>=MAX

在表中,ANY 或 ALL 所在行和各比较运算所在列唯一确定的单元格内容,即为等价替换的内容。例如,ANY 行和>列唯一确定的单元格内容是">MIN",表示">ANY"可以用">MIN"等价替换。

例如,[实施4]中查询其他学生中比学号为"202101004"的学生某一成绩高,只要比"202101004"学生的最低分高即可,SQL 语句如下。

```
SELECT sno,cno,grade
FROM elective
WHERE grade >(SELECT MIN(grade)
             FROM elective
             WHERE sno ='202202004')AND sno != '202202004';
```

②EXISTS 子查询与其他子查询之间的等价替换关系。

部分带 EXISTS 或 NOT EXISTS 的子查询不能被其他形式的子查询等价替换,但所有带比较运算符、IN、ANY 和 ALL 的子查询都能用带 EXISTS 的子查询等价替换。

例如,[实施5]的 EXISTS 子查询还可以使用 IN 子查询来实现,SQL 语句如下。

```
SELECT sname
FROM student
WHERE sno IN(SELECT sno
            FROM elective
            WHERE cno='c01');
```

(2)子查询与连接查询的等价替换

子查询和连接查询都可以解决多表查询的复杂问题,在很多情况下可以等价替换。替换时,须指定子查询的目标字段作为关联字段,将子查询的嵌套关系转换为连接查询的连接表达式。

例如,[实施1]的子查询代码中,cno 为子查询的目标字段,也是连接查询的关联字段。根据子查询的嵌套关系,建立连接查询的关联关系"elective. cno=course. cno",SQL 语句如下。

```
SELECT sno,grade
FROM elective AS e,course AS c
WHERE e.cno=c.cno AND cname='数据库应用';
```

▶ **任务拓展**

在 education 数据库中按要求完成以下查询任务。

①查询没有选修"云计算概论"这门课的学生学号和姓名。

②查询所有选修"c03"号课程的成绩大于课程平均成绩的学生学号。

③查询学号为"202202003"的学生选修的课程号、课程名和课程类型。

④查询其他专业中比大数据专业某一学生年龄小的学生姓名和年龄。

⑤查询其他专业中比大数据专业所有学生年龄小的学生姓名和年龄。

⑥查询所有没有选修"c06"号课程的学生学号和姓名。

⑦建立一个"数据库应用"课程的成绩表 score_DB,表里有学号和成绩,将从 elective 表中查询到的"数据库应用"课程的成绩信息添加到本表中。

⑧将学生"王芳"的所有选修课成绩清零。

⑨将 elective 表中"张志勇"的选课信息删除。

思维导图

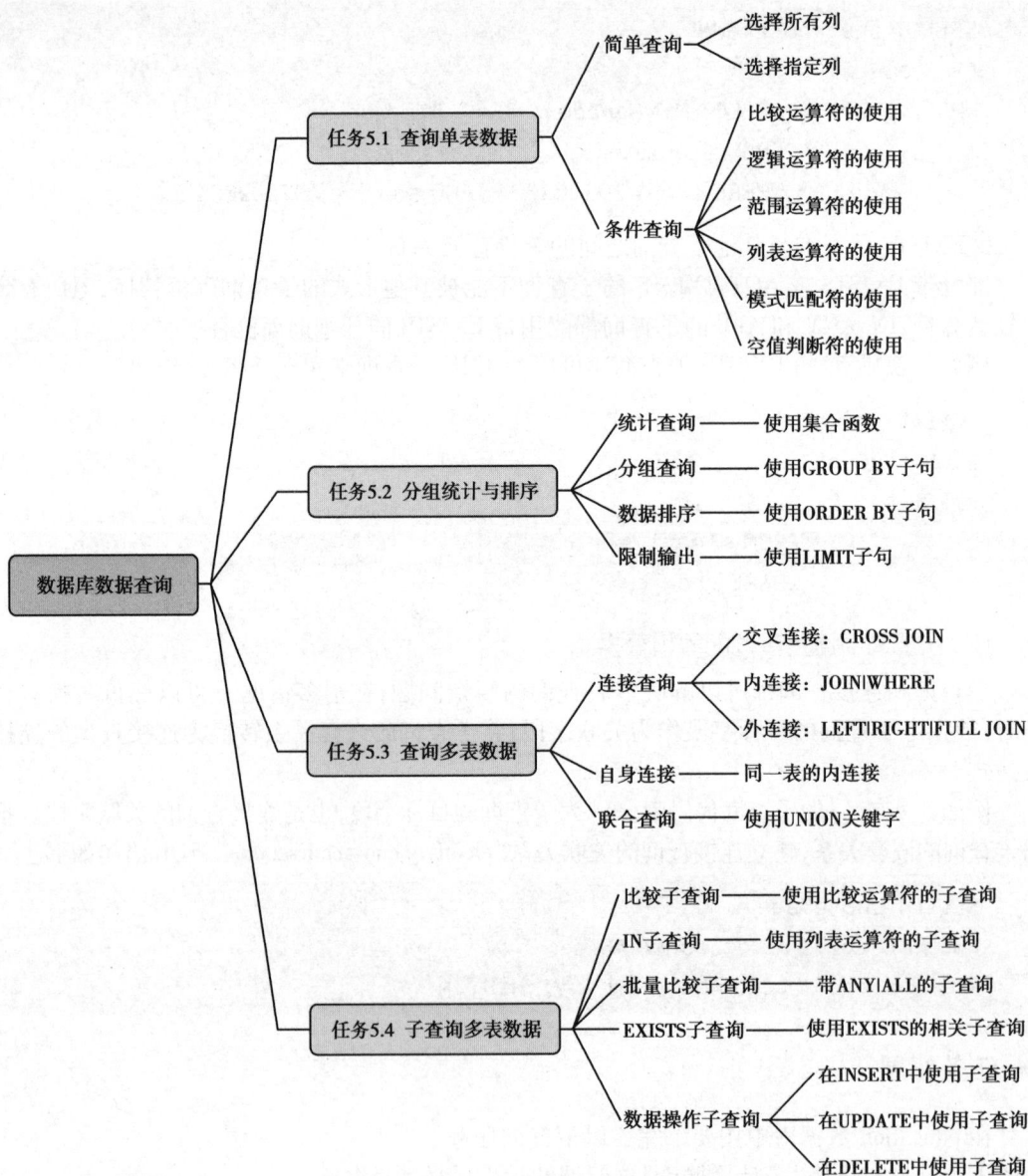

项目实训

一、实训目的

1. 掌握使用 SQL 语句实现数据的单表查询的方法。
2. 掌握使用 SQL 语句实现数据的分组统计与排序的方法。
3. 掌握使用 SQL 语句实现数据的多表查询和子查询的方法。

二、实训内容

对 library 数据库完成以下数据查询操作。

实训 1：单表查询

（1）查询图书表 book 中的所有信息。

（2）查询图书表 book 中的出版社名称。

（3）查询读者表 people 中电信学院的读者信息。

（4）查询借阅表 borrow 中 2022 年全年的借阅记录。

（5）查询借阅表 borrow 中借阅图书编号为"b01"或"b02"的读者编号。

实训 2：分组统计与排序

（1）查询借阅表 borrow 中每个读者的借阅图书数量，并按降序排序。

（2）查询借阅表 borrow 中累计借阅图书数量在 3 本以上的读者编号。

（3）查询借阅表 borrow 中借阅量最高的 3 本图书编号。

实训 3：多表查询和子查询

（1）查询属于"计算机"类别的图书名称和作者。

（2）查询借阅了与"MySQL"相关图书的读者编号。

（3）查询借阅了"三体幻想"的读者姓名和部门名称。

（4）查询与读者"梅琳"借了相同图书的读者编号。

（5）查询其他出版社比人民邮电出版社的所有图书库存量大的图书名称和库存数量。

（6）建立一个计算机类图书的信息表 book_CS，表里有图书编号、图书名称、作者和出版社名，将从 book 表中查询到的计算机类图书信息添加到本表中。

（7）将图书"三体幻想"的图书类别更新为"中国文学"。

（8）删除读者"徐晓军"的借阅记录。

课后习题

一、选择题

1. SELECT 语句的完整语法较复杂，但至少包括的部分是（　　）。

A. 仅 SELECT　　　　　　　　　　　　B. SELECT，FROM

C. SELECT，GROUP　　　　　　　　　D. SELECT，INTO

2. 以下选项中，查询 student 表中 id 值不在 2 和 5 之间的学生信息的 SQL 语句是（　　）。

A. SELECT ＊ FROM student WHERE id！＝2,3,4,5;

B. SELECT ＊ FROM student WHERE id not between 5 and 2;

C. SELECT ＊ FROM student WHERE id not between 2 and 5;

D. SELECT ＊ FROM student WHERE id not in 2,3,4,5;

3.使用 LIKE 关键字实现模式匹配查询时,常用的通配符包括(　　)。

A.% 与 *　　　　　　B. * 与?　　　　　　C.% 与 _　　　　　　D._ 与 *

4.假设 student 表中共有 9 条记录,而存在 class 值完全相同的记录有 3 条,使用"SELECT DISTINCT class FROM student;"语句查询出的记录条数是(　　)。

A.6 条　　　　　　B.7 条　　　　　　C.8 条　　　　　　D.9 条

5.在 elective 表中有学生的选课成绩 grade 为空,现查询所有成绩为空的学生选课记录,应使用(　　)。

A. SELECT * FROM elective WHERE grade IS NULL;

B. SELECT * FROM elective WHERE grade ='';

C. SELECT * FROM elective WHERE grade = NULL;

D. SELECT * FROM elective WHERE grade=0;

6.下列关于 GROUP BY 语句的描述,错误的是(　　)。

A. GROUP BY 用于分组,属性值相同的为一组

B. 可以使用 WHERE 对分组结果进行条件筛选

C. 可以使用 HAVING 对分组结果进行条件筛选

D. 在分组操作中使用集合函数,实现对分组结果的统计

7.下列选项中,用于排序的关键字是(　　)。

A. GROUP BY　　　　B. ORDER BY　　　　C. HAVING　　　　D. WHERE

8.限定输出语句"LIMIT 1,3"表示的含义是(　　)。

A. 输出查询结果集的第 1 条至第 3 条记录

B. 输出查询结果集的第 1 条和第 3 条记录

C. 输出查询结果集的第 2 条和第 4 条记录

D. 输出查询结果集的第 2 条至第 4 条记录

9.以下选项中,用于求出某个字段的最小值的函数是(　　)。

A. AVG( )　　　　　　B. MAX( )　　　　　　C. MIN( )　　　　　　D. SUM( )

10.组合多条 SQL 查询语句形成联合查询的操作符是(　　)。

A. SELECT　　　　　　B. ALL　　　　　　C. LINK　　　　　　D. UNION

二、简答题

1.简述 SELECT 查询的框架及各子句的作用。

2.简述模式匹配的条件查询中通配符的类型及其各自的作用。

3.简述 MySQL 中常用的集合函数及其功能。

4.简述 HAVING 关键字和 WHERE 关键字的区别。

5.简述不相干子查询和相关子查询的区别。

项目6
数据库优化查询

学习导读

在数据库的开发和应用过程中,高效、快速地查询所需数据是至关重要的。在默认情况下,数据的检索过程会基于给定的检索条件对全表进行扫描,并将满足条件的记录添加到结果集中。然而,在数据量庞大、记录数以千万计的数据库环境中,全表扫描效率低下,会耗费大量时间。为了解决这一问题,MySQL 提供了索引和视图机制。

本项目学习索引、视图的创建和使用方法,简化 SQL 查询语句,提高数据检索速度,确保用户能够在最短的时间内获取所需信息,享受高效的服务体验。

学习目标

知识目标	技能目标	素养目标
1. 理解索引、视图的概念及作用。 2. 掌握创建和使用索引、视图的 SQL 语句。	1. 会运用 SQL 语句创建和使用索引。 2. 会运用 SQL 语句创建和使用视图。	1. 培养工匠精神:数据库优化查询的工匠精神。 2. 加强责任担当:遵守索引设计原则和视图更新限制,勇于创新实践。

任务6.1 创建和使用索引

任务描述

索引,作为数据库快速定位数据和提升数据访问效率的关键技术,它的重要性类似于图书目录对于查找图书内容的作用。在 MySQL 中,各种数据类型都可以创建索引,但索引并非越多越好。因此,如何根据应用需求选择合适的索引类型,并正确地创建和使用索引,是王芳在本任务学习中必须掌握的关键技能。

具体任务实施如下。

[实施 1] 在 student 表的字段 sname 上创建一个升序索引 index_stu_sname。

[实施 2] 在 teacher 表的字段 tname 上创建一个唯一索引 index_teach_tname。

[实施 3] 创建 course_copy 表作为 course 表的备份,为表中(cno,cname)组合字段设置全文索引 index_multi。

［实施4］　查看 course_copy 数据表中的索引。

［实施5］　删除 teacher 表中的唯一索引 index_teach_tname。

［实施6］　删除 course_copy 表中的全文索引 index_multi。

▶ 任务分析

要完成上述任务,一是要理解索引的概念及其作用,能根据应用需求选择合适的索引类型;二是会使用 CREATE INDEX、ALTER TABLE 和 CREATE TABLE 语句创建索引;三是会使用 SHOW INDEX 语句查看索引详情;四是会使用 DROP INDEX、ALTER TABLE 语句删除不再需要的索引。

本任务知识聚焦内容如下。

- 索引的分类
- 索引的设计原则

▶ 任务实施

6.1.1　创建索引

在关系数据库中,索引是可以加快数据检索的数据库结构,主要用于提高性能。它可以从大量的数据中迅速找到所需的数据,不需要检索整个数据库,大大提高了检索的效率。在 MySQL 中,创建索引的方法有以下 3 种。

(1)使用 CREATE INDEX 语句创建索引

使用 CREATE INDEX 语句在现有表中创建索引,语法格式如下。

```
CREATE [UNIQUE|FULLTEXT|SPATIAL] INDEX 索引名
ON 表名(字段名[(长度)][ASC|DESC][,…])
```

参数说明如下。

①索引名:索引的自定义名称,同一个表中名称必须唯一。

②字段名:表示创建索引的字段名。

③长度:表示使用字段的前多少个字符创建索引。

④UNIQUE|FULLTEXT|SPATIAL:UNIQUE 表示创建唯一性索引,FULLTEXT 表示创建全文索引,SPATIAL 表示创建空间索引。默认情况下,创建普通索引。

⑤CREATE INDEX 语句不能创建主键索引。

［实施1］　在 student 表的字段 sname 上创建一个升序索引 index_stu_sname。

分析:在字段 sname 上创建一个升序索引,未说明索引类型,默认普通索引。

```
USE education;
CREATE INDEX index_stu_sname
ON student(sname ASC);
```

上述 SQL 语句执行后,查看 student 表定义,结果如图 6-1-1 所示。

```
mysql> SHOW CREATE TABLE student\G
*************************** 1. row ***************************
       Table: student
Create Table: CREATE TABLE `student` (
  `sno` char(10) NOT NULL,
  `sname` varchar(20) NOT NULL,
  `gender` char(2) DEFAULT '男',
  `birthday` date NOT NULL,
  `class` varchar(20) NOT NULL,
  PRIMARY KEY (`sno`),
  KEY `index_stu_sname` (`sname`)
) ENGINE=InnoDB DEFAULT CHARSET=gbk
1 row in set (0.00 sec)
```

图 6-1-1　查看创建索引后的 student 表定义

从运行结果可以看出，sname 字段上已经创建了一个名为“index_stu_sname”的索引。为了查看索引是否被使用，可以使用 EXPLAIN 语句，执行结果如图 6-1-2 所示。

```
mysql> EXPLAIN SELECT * FROM student WHERE sname='王芳'\G
*************************** 1. row ***************************
           id: 1
  select_type: SIMPLE
        table: student
   partitions: NULL
         type: ref
possible_keys: index_stu_sname
          key: index_stu_sname
      key_len: 42
          ref: const
         rows: 1
     filtered: 100.00
        Extra: NULL
1 row in set, 1 warning (0.00 sec)
```

图 6-1-2　查看 index_stu_sname 索引的使用情况

从图中可以看出，当使用 sname 字段查询“王芳”信息时，key 对应的值为“index_stu_sname”，表示当前发挥作用的索引正是“index_stu_sname”。

(2)使用 ALTER TABLE 语句创建索引

使用 ALTER TABLE 语句在现有表中创建索引，语法格式如下。

```
ALTER TABLE 表名
ADD [UNIQUE|FULLTEXT|SPATIAL] INDEX 索引名(字段名[(长度)][ASC|DESC][,…]);
```

[实施 2]　在 teacher 表的字段 tname 上创建一个唯一索引 index_teach_tname。

```
ALTER TABLEteacher
ADD UNIQUE INDEX index_teach_tname(tname);
```

上述 SQL 语句执行后，查看 teacher 表定义，结果如图 6-1-3 所示。

(3)使用 CREATE TABLE 语句创建索引

使用 CREATE TABLE 语句在创建表时创建索引，语法格式如下。

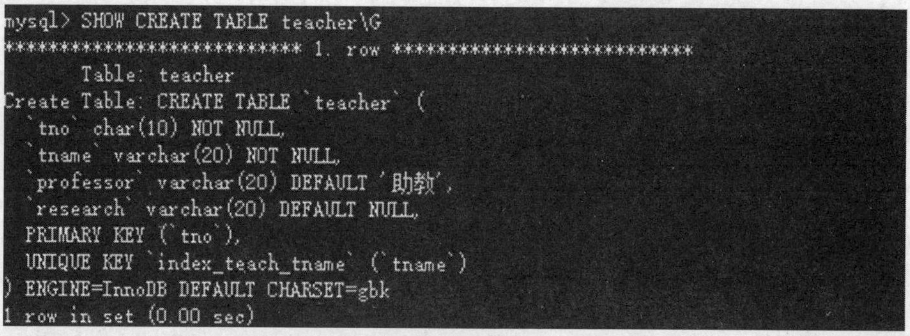

图 6-1-3　查看创建索引后的 teacher 表定义

CREATE TABLE 表名

(字段名 1 数据类型 1［列级完整性约束条件 1］

［,字段名 2 数据类型 2［列级完整性约束条件 2］］［,…］

［,表级完整性约束条件 1］

［,表级完整性约束条件 2］［,…］

［UNIQUE｜FULLTEXT｜SPATIAL］INDEX 索引名（字段名［（长度）］［ASC｜DESC］

［,…］））;

［实施 3］　创建 course_copy 表作为 course 表的备份,表结构见表 6-1-1,为表中（cno,cname）组合字段设置全文索引 index_multi。

表 6-1-1　课程备用表（course_copy）结构

字段名	数据类型	完整性约束		字段描述
cno	char(10)	主键	全文索引	课程号
cname	varchar(20)	唯一		课程名
credit	decimal(2,1)	非空		学分
type	char(10)	默认,必修		类型
tno	char(10)	外键		工号

创建 course_copy 表,SQL 语句如下。

```
CREATE TABLE course_copy(
cno CHAR(10)PRIMARY KEY,
cname VARCHAR(20)UNIQUE,
credit DECIMAL(2,1)NOT NULL,
type CHAR(10)DEFAULT '必修',
tno CHAR(10),
CONSTRAINT fk_course_tno FOREIGN KEY(tno)REFERENCES teacher(tno),
FULLTEXT INDEX index_multi(cno,cname));
```

上述 SQL 语句执行后,查看 course_copy 表定义,结果如图 6-1-4 所示。

图 6-1-4　查看创建索引后的 course_copy 表定义

6.1.2　查看索引

对于 MySQL 数据库,可以使用 SHOW INDEX 语句来查看表的索引详情。

[实施 4]　查看 course_copy 数据表中的索引。

```
SHOW INDEX FROM course_copy;
```

执行结果如图 6-1-5 所示。

图 6-1-5　使用 SHOW INDEX 语句查看索引详情

运行结果列出了 course_copy 表的所有索引。可以看到 course_copy 表上除了有新建的"index_multi"复合索引外,还存在其他索引。

【学习提示】

　当在表中定义 PRIMARY KEY、FOREIGN KEY 或者 UNIQUE 约束时,MySQL 数据库会自动创建与之对应的主键索引、普通索引或者唯一索引,因此,表中相应出现了多个索引。

6.1.3　删除索引

在实际工作中,索引虽然能够显著提升查询性能,但也会占用一定的磁盘空间,并有可能在某些情况下对数据库性能产生微小影响,特别是在存储资源有限或磁盘 I/O 成为瓶颈时。因此,合理管理索引,是数据库性能优化中的一项重要任务。

在 MySQL 中,可以使用 DROP INDEX 和 ALTER TABLE 语句对降低数据库性能或不再需要的索引进行删除，语法格式如下。

```
DROP INDEX 索引名 ON 表名;
```

或者

```
ALTER TABLE 表名 DROP INDEX 索引名;
```

［实施 5］ 删除 teacher 表中的唯一索引 index_teach_tname。

```
DROP INDEX index_teach_tname ON teacher;
```

使用 SHOW INDEX 语句查看表的索引详情，执行结果如图 6-1-6 所示。

```
mysql> SHOW INDEX FROM teacher;
+---------+------------+----------+--------------+-------------+-----------+
| Table   | Non_unique | Key_name | Seq_in_index | Column_name | Collation |
+---------+------------+----------+--------------+-------------+-----------+
| teacher |          0 | PRIMARY  |            1 | tno         | A         |
+---------+------------+----------+--------------+-------------+-----------+
1 row in set (0.00 sec)
```

图 6-1-6 删除 index_teach_tname 索引后的情况

［实施 6］ 删除 course_copy 表中的全文索引 index_multi。

```
ALTER TABLE course_copy DROP INDEX index_multi;
```

使用 SHOW INDEX 语句查看表的索引详情，执行结果如图 6-1-7 所示。

```
mysql> SHOW INDEX FROM course_copy;
+-------------+------------+--------------+--------------+-------------+-----------+
| Table       | Non_unique | Key_name     | Seq_in_index | Column_name | Collation |
+-------------+------------+--------------+--------------+-------------+-----------+
| course_copy |          0 | PRIMARY      |            1 | cno         | A         |
| course_copy |          0 | cname        |            1 | cname       | A         |
| course_copy |          1 | fk_course_tno |           1 | tno         | A         |
+-------------+------------+--------------+--------------+-------------+-----------+
3 rows in set (0.00 sec)
```

图 6-1-7 删除 index_multi 索引后的情况

【学习提示】

正确管理索引不仅可以提高数据库的性能，还可以优化存储空间。因此，数据库管理员和开发者需要时刻关注索引的状态，并根据实际需求进行相应的调整。

知识聚焦

(1)索引的分类

索引的分类有多种不同的角度，主要为以下两种。

1)按字段的数据类型及相关逻辑分类

①普通索引。普通索引是最基本的索引类型，它没有特别的限制条件。在创建普通索引时，可以使用 INDEX 或 KEY 关键字进行定义。

②唯一索引。唯一索引是由 UNIQUE 关键字定义的索引。该索引所在字段的值必须唯一，但允许为 NULL，且只能有一个 NULL。主键索引(PRIMARY KEY)是唯一索引的特例，

不能取空值。

③全文索引。全文索引是由 FULLTEXT 关键字定义的索引,主要用于在大量的文本数据中进行高效搜索,但只能在 CHAR、VARCHAR 和 TEXT 类型的字段上创建。在 MySQL 8.0 中,只有 InnoDB 和 MyISAM 存储引擎支持全文索引。

④空间索引。空间索引是由 SPATIAL 关键字定义的索引。该索引只能在空间数据类型(GEOMETRY、POINT、LINESTRING 和 POLYGON)的字段上创建,目前,只有 MyISAM 存储引擎支持空间索引且索引字段不能为空值。

2)按创建索引的字段个数分类

①单列索引。单列索引是基于数据表中单个字段创建的索引。它可以是普通索引、唯一索引或全文索引,只要保证该索引只对应表中一个字段即可。

②复合索引。复合索引是基于数据表中多个字段创建的索引。只有在复合索引的第一个字段时,该索引才会被使用。

(2)索引的设计原则

索引设计不合理或缺少索引都会影响数据库的应用性能。高效的索引对能非常重要,应遵循以下原则。

①索引并非越多越好。一个表中有大量的索引,不仅占用磁盘空间,而且会影响 INSERT、DELETE、UPDATE 等语句的性能。因为在更改表中数据的同时,索引也会进行调整和更新。

②避免对经常更新的表建立过多的索引,并且索引中的字段应尽可能少。对于经常用于查询的字段应该建立索引,但要避免添加不必要的字段。

③数据量小的表最好不要使用索引。由于数据较少,查询花费的时间可能比遍历索引的时间还要短,因此索引可能不会产生优化效果。

④在不同值少的字段上不要建立索引。要在不同值较多的字段上建立索引。例如,学生表"性别"字段上只有"男"和"女"两个不同值,无需建立索引。

⑤指定唯一索引是由某种数据本身的特征决定的。当唯一性是某种数据本身的特征时,对该种数据指定唯一索引。例如,学生表中的"学号"字段就具有唯一性,对该字段建立唯一索引可以很快确定某个学生的信息。

⑥为经常需要排序、分组和集合操作的字段建立索引。在频繁进行排序或分组的字段上建立索引,如果待排序的字段有多个,则可在这些字段上建立组合索引。

任务拓展

在 education 数据库中按要求完成以下拓展任务。

①向 student 表中添加寝室号 room 字段,数据类型 CHAR(10),不允许为空。

②将 student 表中(sname,room)组合键设置为复合唯一索引 index_stu_multi。

③查看 student 表中的所有索引。

④删除 student 表中的索引 index_stu_multi,并查看索引确认删除。

任务6.2 创建和使用视图

任务描述

在应用开发中,王芳需要多次查询大数据专业的学生成绩,每次查询都需要先从所有学生中筛选大数据专业学生,且涉及多个数据操作,王芳担心数据安全得不到保证,如何能更便捷、更安全地操作查询数据,是王芳需要解决的问题。MySQL 提供的视图机制,允许将查询的定义封装成视图,从建好的视图进行查询。下面我们就和王芳一起学习视图的创建和使用,揭晓问题的答案。

具体任务实施如下。

[实施1] 创建大数据专业的学生视图 bigdata_stu,列出学生的学号和姓名。

[实施2] 创建大数据专业的学生成绩视图 bigdata_grade,列出学生的学号、姓名、选修课程号和成绩。

[实施3] 查看视图 bigdata_grade 的相关信息。

[实施4] 修改视图 bigdata_stu,列出其学号、姓名、出生日期和专业班级,并指定 WITH CHECK OPTION 参数。

[实施5] 修改视图 bigdata_grade,按照 no、name、class 和 grade 字段来显示大数据专业学生的学号、姓名、课程号和成绩。

[实施6] 向视图 bigdata_stu 中插入数据('202101003','赵晓东','2003-04-08','21 大数据 1 班'),并查看 student 表中信息,验证数据记录是否插入成功。

[实施7] 将视图 bigdata_stu 中赵菁的出生日期修改为"2003-01-10"。

[实施8] 删除视图 bigdata_stu 中赵晓东的数据信息。

[实施9] 删除视图 bigdata_grade。

任务分析

要完成上述任务,一是要理解视图的概念及其作用,会根据应用环境的需要使用视图;二是要会使用 CREATE、ALTER 和 DROP 语句创建、修改和删除视图;三是要会使用 SELECT、INSERT、UPDATE 和 DELETE 语句实现视图的查询与数据更新。

本任务知识聚焦内容如下。

- 视图的优点
- 更新视图的限制

任务实施

6.2.1 创建视图

视图是从数据库中一个或多个表(或视图)中导出的虚表,其关联的数据由 SQL 中的 SELECT 语句定义。在定义视图时,只把其定义存放在数据库中,不存储视图中直接对应的数据。

在 MySQL 中,使用 CREATE VIEW 语句创建视图,语法格式如下。

```
CREATE [OR REPLACE] VIEW 视图名[(视图字段列表)]
AS SELECT 语句
[WITH CHECK OPTION];
```

参数说明如下。

①OR REPLACE:如果要创建的视图已存在,则替换它;如果不存在,则创建该视图。

②视图字段列表:当缺省视图字段列表时,使用 SELECT 子句的字段名称作为视图的字段名称;当给定视图字段时,将重命名查询语句中对应字段。

③WITH CHECK OPTION:强制所有通过视图修改的数据必须满足 SELECT 语句中指定的筛选条件。

[实施1]　创建大数据专业的学生视图 bigdata_stu,列出学生的学号和姓名。

```
CREATE VIEW bigdata_stu
AS
SELECT sno,sname
FROM student
WHERE class LIKE '%大数据%';
```

上述语句执行后,查看视图 bigdata_stu 的数据,结果如图 6-2-1 所示。

```
mysql> SELECT * FROM bigdata_stu;
+-----------+-------+
| sno       | sname |
+-----------+-------+
| 202101001 | 赵菁  |
| 202101002 | 李勇  |
+-----------+-------+
2 rows in set (0.01 sec)
```

图 6-2-1　查询视图 bigdata_stu 的数据

[实施2]　创建大数据专业的学生成绩视图 bigdata_grade,列出学生的学号、姓名、选修课程号和成绩。

```
CREATE VIEW bigdata_grade
AS
SELECT s.sno,sname,cno,grade
FROM bigdata_stu s,elective e
WHERE s.sno=e.sno;
```

上述语句执行后,查看视图 bigdata_grade 的数据,结果如图 6-2-2 所示。

```
mysql> SELECT * FROM bigdata_grade;
+-----------+-------+-----+-------+
| sno       | sname | cno | grade |
+-----------+-------+-----+-------+
| 202101001 | 赵菁  | c02 |    87 |
| 202101001 | 赵菁  | c03 |    92 |
| 202101001 | 赵菁  | c04 |    82 |
| 202101001 | 赵菁  | c06 |    85 |
| 202101002 | 李勇  | c02 |    72 |
| 202101002 | 李勇  | c03 |    84 |
| 202101002 | 李勇  | c06 |    78 |
+-----------+-------+-----+-------+
7 rows in set (0.00 sec)
```

图 6-2-2　查询视图 bigdata_grade 的数据

6.2.2 查看视图

在 MySQL 中,可以使用 DESC 语句和 SHOW 语句查看已创建视图的结构、状态和定义等信息。

[实施 3] 查看视图 bigdata_grade 的相关信息。

①使用 DESC 语句查看视图 bigdata_grade 的结构。

```
DESC bigdata_grade;
```

结果如图 6-2-3 所示,可查看视图各组成字段的信息。

```
mysql> DESC bigdata_grade;
+-------+-------------+------+-----+---------+-------+
| Field | Type        | Null | Key | Default | Extra |
+-------+-------------+------+-----+---------+-------+
| sno   | char(10)    | NO   |     | NULL    |       |
| sname | varchar(20) | NO   |     | NULL    |       |
| cno   | char(10)    | NO   |     | NULL    |       |
| grade | int         | YES  |     | NULL    |       |
+-------+-------------+------+-----+---------+-------+
4 rows in set (0.01 sec)
```

图 6-2-3 查看视图 bigdata_grade 的结构

②使用 SHOW TABLE STATUS 语句查看视图 bigdata_grade 的状态。

```
SHOW TABLE STATUS LIKE 'bigdata_grade'\G
```

结果如图 6-2-4 所示,查看视图的名称、创建时间、更新时间等状态信息。

```
mysql> SHOW TABLE STATUS LIKE 'bigdata_grade'\G
*************************** 1. row ***************************
           Name: bigdata_grade
         Engine: NULL
        Version: NULL
     Row_format: NULL
           Rows: NULL
 Avg_row_length: NULL
    Data_length: NULL
Max_data_length: NULL
   Index_length: NULL
      Data_free: NULL
 Auto_increment: NULL
    Create_time: 2024-03-18 20:27:14
    Update_time: NULL
     Check_time: NULL
      Collation: NULL
       Checksum: NULL
 Create_options: NULL
        Comment: VIEW
1 row in set (0.00 sec)
```

图 6-2-4 查看视图 bigdata_grade 的状态

③使用 SHOW CREATE VIEW 语句查看视图 bigdata_grade 的定义。

```
SHOW CREATE VIEW bigdata_grade\G
```

结果如图 6-2-5 所示,查看视图的名称、创建语句、字符集等信息。

6.2.3 修改视图

创建视图后,因视图相关的业务需求发生变化或视图涉及的基本表结构发生变化,需要修改视图的定义时,用户可以使用以下两种方法。

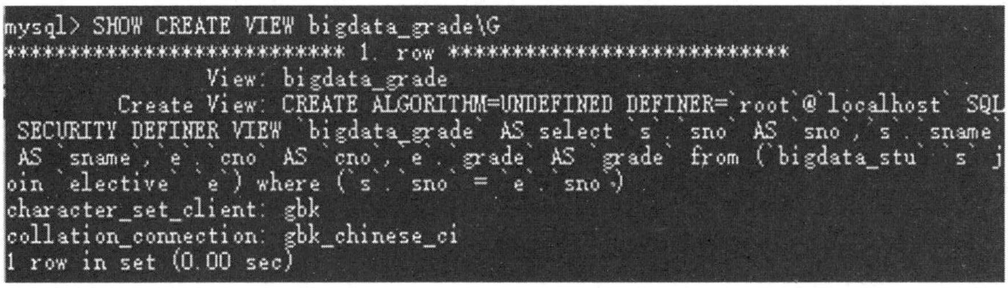

```
mysql> SHOW CREATE VIEW bigdata_grade\G
*************************** 1. row ***************************
                View: bigdata_grade
         Create View: CREATE ALGORITHM=UNDEFINED DEFINER=`root`@`localhost` SQL
 SECURITY DEFINER VIEW `bigdata_grade` AS select `s`.`sno` AS `sno`,`s`.`sname`
 AS `sname`,`e`.`cno` AS `cno`,`e`.`grade` AS `grade` from (`bigdata_stu` `s` j
oin `elective` `e`) where (`s`.`sno` = `e`.`sno`)
character_set_client: gbk
collation_connection: gbk_chinese_ci
1 row in set (0.00 sec)
```

图 6-2-5　查看视图 bigdata_grade 的定义

(1)使用 CREATE OR REPLACE VIEW 语句修改视图定义

[实施 4]　修改视图 bigdata_stu,列出其学号、姓名、出生日期和专业班级,并指定 WITH CHECK OPTION 参数。

```
CREATE OR REPLACE VIEW bigdata_stu
AS
SELECT sno,sname,birthday,class
FROM student
WHERE class LIKE '%大数据%'
WITH CHECK OPTION;
```

提交视图修改语句后,使用 SHOW CREATE VIEW 语句查看视图修改后的定义,如图 6-2-6 所示。视图定义中添加了 WITH CHECK OPTION 参数设置。

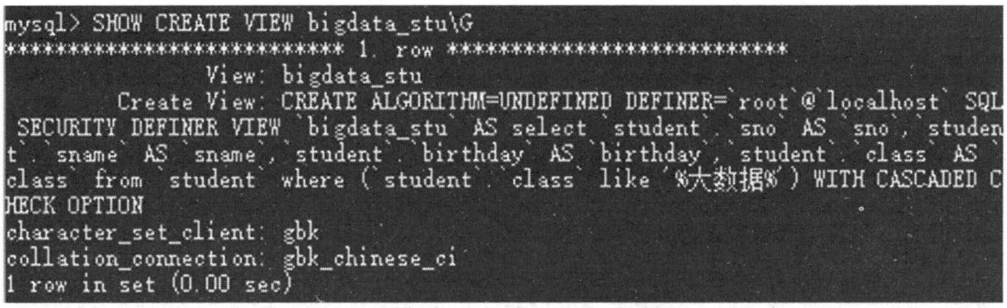

```
mysql> SHOW CREATE VIEW bigdata_stu\G
*************************** 1. row ***************************
                View: bigdata_stu
         Create View: CREATE ALGORITHM=UNDEFINED DEFINER=`root`@`localhost` SQL
 SECURITY DEFINER VIEW `bigdata_stu` AS select `student`.`sno` AS `sno`,`studen
t`.`sname` AS `sname`,`student`.`birthday` AS `birthday`,`student`.`class` AS `
class` from `student` where (`student`.`class` like '%大数据%') WITH CASCADED C
HECK OPTION
character_set_client: gbk
collation_connection: gbk_chinese_ci
1 row in set (0.00 sec)
```

图 6-2-6　查看视图 bigdata_stu 修改后的定义

【学习提示】

使用 CREATE OR REPLACE VIEW 语句修改视图时,需要检查修改视图名称的正确性,若名称错误,则不会替换原视图,且会按照错误名称新建视图。

(2)使用 ALTER VIEW 语句修改视图定义

使用 ALTER VIEW 语句可以修改已创建视图的定义,语法格式如下所示。

```
ALTER VIEW 视图名[(视图字段列表)]
AS SELECT 语句
[WITH CHECK OPTION];
```

[实施 5]　修改视图 bigdata_grade,按照 no、name、class 和 grade 字段来显示大数据专业学生的学号、姓名、课程号和成绩。

```
ALTER VIEW bigdata_grade(no,name,class,grade)
AS
SELECT s.sno,sname,cno,grade
FROM bigdata_stu s,elective e
WHERE s.sno=e.sno;
```

提交视图修改语句后，使用 DESC 语句查看视图修改后的结构，如图 6-2-7 所示。视图定义的字段名称均已更新为 no、name、class 和 grade。

```
mysql> DESC bigdata_grade;
+-------+-------------+------+-----+---------+-------+
| Field | Type        | Null | Key | Default | Extra |
+-------+-------------+------+-----+---------+-------+
| no    | char(10)    | NO   |     | NULL    |       |
| name  | varchar(20) | NO   |     | NULL    |       |
| class | char(10)    | NO   |     | NULL    |       |
| grade | int         | YES  |     | NULL    |       |
+-------+-------------+------+-----+---------+-------+
4 rows in set (0.00 sec)
```

图 6-2-7　**查看视图** bigdata_grade **修改后的结构**

6.2.4　使用视图

使用视图主要包括视图的数据查询和视图的数据更新。视图是一个虚表，查询和更新视图中数据实际上是查看和更新基本表中数据。视图的查询方法和基本表的查询方法完全一样；但是通过视图对基本表进行插入、修改和删除操作需要满足一定的限制条件，具体可参见任务 6.2 的“知识聚焦”。

［实施 6］　向视图 bigdata_stu 中插入数据('202101003','赵晓东','2003-04-08','21 大数据 1 班')，并查看 student 表中信息，验证数据记录是否插入成功。

```
INSERT INTO bigdata_stu
VALUES('202101003','赵晓东','2003-04-08','21 大数据 1 班');
```

上述语句执行后，查看视图 bigdata_stu 中的数据，结果如图 6-2-8 所示。

```
mysql> SELECT * FROM bigdata_stu;
+-----------+--------+------------+-------------+
| sno       | sname  | birthday   | class       |
+-----------+--------+------------+-------------+
| 202101001 | 赵菁   | 2003-01-01 | 21大数据1班 |
| 202101002 | 李勇   | 2002-10-11 | 21大数据1班 |
| 202101003 | 赵晓东 | 2003-04-08 | 21大数据1班 |
+-----------+--------+------------+-------------+
3 rows in set (0.01 sec)
```

图 6-2-8　**查询插入操作后的结果集**

查看基本表 student 中的数据，结果如图 6-2-9 所示。

这里插入的记录只能是与“大数据”有关的，如果插入其他专业的学生信息，如('202102003','王敏','2003-04-28','21 人工智能 1 班')，系统会提示错误信息“CHECK OPTION failed 'education. bigdata_stu '”。这是因为该记录的专业班级不符合视图 bigdata_stu 的 SQL 定义，违反了 WITH CHECK OPTION 的参数设置。

图 6-2-9　基本表插入数据后的结果集

随着数字技术日新月异,数据应用场景和参与主体变得愈发丰富多样,这无疑对数据管理和安全提出了更高的要求。为了更好地适应这一变革,我们需要深入理解查询语句的执行计划,学会分析查询的性能瓶颈,并运用索引和视图的优化策略来加快查询速度,提升数据安全。

［实施7］　将视图 bigdata_stu 中赵菁的出生日期修改为"2003-01-10"。

```
UPDATE bigdata_stu
SET birthday='2003-01-10'
WHERE sname='赵菁';
```

上述语句执行后,查看基本表 student 中的数据,结果如图 6-2-10 所示。

图 6-2-10　基本表更新数据后的结果集

［实施8］　删除视图 bigdata_stu 中赵晓东的数据信息。

```
DELETE
FROM bigdata_stu
WHERE sname ='赵晓东';
```

上述语句执行后,查看基本表中的数据,结果如图 6-2-11 所示。

图 6-2-11　基本表删除数据后的结果集

6.2.5 删除视图

当不再需要视图时,可以使用 DROP VIEW 语句将视图删除。删除视图只是将视图的定义删除,并不会影响基本表中的数据。

[实施9] 删除视图 bigdata_grade。

```
DROP VIEW bigdata_grade;
```

上述语句执行后,查看视图 bigdata_grade 的数据,结果如图 6-2-12 所示。

```
mysql> SELECT * FROM bigdata_grade;
ERROR 1146 (42S02): Table 'education.bigdata_grade' doesn't exist
```

图 6-2-12 查看视图 bigdata_grade 删除后的数据

知识聚焦

(1)视图的优点

相对于前序项目学习中直接对数据表进行的相关操作,通过视图对数据表的操作具备 3 项优点。

1)用户操作便捷性

视图可以将多个表的数据集中在一起,简化了用户对数据的查询和处理操作,同时也屏蔽了数据库中表与表之间的复杂性。比如,王芳需要查询大数据专业的学生成绩,直接操作大数据专业的学生成绩视图 bigdata_grade 即可,无需再考虑 student 表和 elective 表之间的关联关系。

2)数据操作安全性

使用视图可以更方便地进行权限控制,能够使具有视图查看和修改权限的用户只能查询和修改特定数据,而无法查看和修改其他数据。视图权限设置与其关联的基本表的权限设置互不影响。例如,只对大数据专业的学生成绩视图 bigdata_grade 具有查询权限的用户,只能查看 bigdata_grade 视图中的数据,而不能查看 student 表和 elective 表中数据。

3)逻辑数据独立性

使用视图可以屏蔽基本表的表结构变化带来的影响。若应用程序使用视图,当基本表的表结构发生更改时,只需要修改视图对应的 SQL 语句即可,无需修改应用程序。例如,student 表中字段 sname 名称更改为 sn,用户只需利用视图将 sn 字段重命名为 sname,程序调用视图就好像调用原来的基本表一样。

(2)更新视图的限制

如果视图只依赖于一个基本表,则可通过视图更新该基本表。如果视图依赖于多个基本表建立,则一次只能修改一个基本表中的数据。创建视图时,如果视图定义语句中包含以下结构,则不可更新视图数据。

①视图字段列表或查询语句中包含聚合函数。

②视图字段列表或查询语句是通过表达式或计算得到的。

③视图定义语句中包含 DISTINCT 关键字或 GROUP BY、ORDER BY、HAVING 子句。

④视图定义的查询语句中使用了联合查询 UNION。

⑤视图定义的查询语句中使用了多表操作。

⑥视图依赖于其他不可更新的视图建立。

【学习提示】

虽然可以通过更新视图操作基本表中的数据,但是限制较多。实际应用中,建议将视图仅作为查询数据的虚表,而不要通过视图更新数据。

▶ 任务拓展

在 education 数据库中按要求完成以下拓展任务。

①创建"c01"号课程的选修视图 elective_c01,其结果按照学号升序排列。

②查看视图 elective_c01 的结构、状态以及定义。

③修改视图 elective_c01,按照 sno、cno 和 score 字段来显示学生的学号、课程号和成绩,并指定 WITH CHECK OPTION 参数。

④向视图 elective_c01 中插入记录('202202004','c01',82),并查看 elective 表中信息,验证数据记录是否插入成功。

⑤将视图 elective_c01 中学号"202202004"的课程成绩修改为 87 分。

⑥删除视图 elective_c01,并检查视图是否成功删除。

思维导图

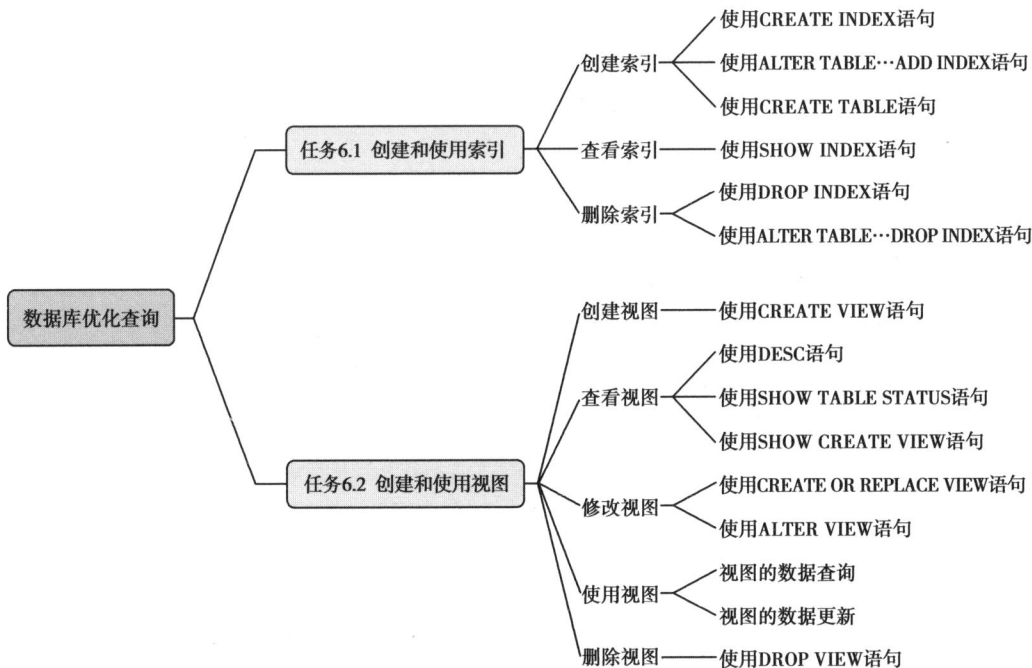

项目实训

一、实训目的

1.掌握使用 SQL 语句实现索引的创建和使用的方法。

2. 掌握使用 SQL 语句实现视图的创建和使用的方法。

二、实训内容

对 library 数据库完成以下数据库优化查询操作。

实训 1：创建和使用索引

（1）创建一个读者类别表 people_type，结构见表 6-2-1，为表中字段 ptname 设置唯一索引 index_pt_ptname。

表 6-2-1 读者类别表（people_type）结构

字段名	数据类型	完整性约束	字段描述
ptno	char(10)	主键	读者类别编号
ptname	varchar(20)	非空	读者类别名称
num	int	默认值，3	可借图书数量

（2）向 people 表中新增一个字段 ptno 作为外键，其值引用读者类别表 people_type 中的主键 ptno 值。

（3）在 people 表的字段 pname 上创建一个索引 index_p_pname。

（4）查看 people 表中的所有索引。

（5）删除 people_type 表中索引 index_pt_ptname，并查看索引确认删除。

实训 2：创建和使用视图

（1）创建人民邮电出版社的图书视图 ry_book，列出图书编号、图书名称、作者、出版社名称和库存数量。

（2）创建计算机类别的图书视图 comp_book，列出图书编号、图书名称、作者和库存数量。

（3）查看视图 ry_book 和 comp_book 的结构。

（4）修改视图 ry_book，指定 WITH CHECK OPTION 参数。

（5）向视图 ry_book 中插入记录（'b06'，'大数据平台部署'，'刘均'，'人民邮电出版社'，4），并查看 book 表中信息，验证数据记录是否插入成功。

（6）查询视图 comp_book 中的图书名称和库存量，按库存量降序排列。

（7）删除视图 comp_book，并检查视图是否成功删除。

课后习题

一、选择题

1. 创建索引是为了（　　）。

A. 提高存取速度　　　　B. 减少 I/O　　　　　C. 节约空间　　　　　D. 减少缓冲区个数

2. 为了使索引键的值在基本表中唯一，在创建索引的语句中应使用（　　）。

A. UNIQUE　　　　　　B. COUNT　　　　　　C. DISTINCT　　　　　D. UNION

3. "CREATE INDEX index_stu_name ON student(sname ASC)；"将在学生表上创建名为 index_stu_name 的（　　）。

A. 唯一索引　　　　　　B. 全文索引　　　　　C. 空间索引　　　　　D. 普通索引

4. 下列几种情况中,不适合创建索引的是( )。

A. 字段的取值范围很小   B. 用作查询条件的字段

C. 频繁搜索的字段   D. 连接中频繁使用的字段

5. 数据库中存放两个关系:教师(教师工号,姓名)和课程(课程号,课程名,教师工号),为快速查找出某位教师所讲授的课程,应( )。

A. 在教师表上按教师工号创建索引   B. 在课程表上按课程号创建索引

C. 在课程表上按教师工号创建索引   D. 在教师表上按姓名创建索引

6. 在关系数据库中,为了简化用户的查询操作,而且不增加数据的存储空间,应创建的数据对象是( )。

A. 基本表   B. 视图   C. 索引   D. 数据库

7. 视图是一种虚表,视图的构造基于( )。

A. 基本表、索引   B. 索引、视图

C. 基本表、视图   D. 基本表、索引、视图

8. 在视图上不能完成的操作是( )。

A. 更新视图   B. 查询

C. 在视图上定义新的基本表   D. 在视图上定义新的视图

9. 以下 SQL 语句中,( )语句是用于创建视图的关键词。

A. SELECT VIEW   B. CREATE VIEW

C. SHOW VIEW   D. SET VIEW

10. 以下将视图 view_student 中字段 C04 值更新为 100 的语句中,正确的是( )。

A. UPDATE view_student SET C04 = 100;

B. ALTER view_student SET C04 = 100;

C. UPDATE VIEW view_student SET C04 = 100;

D. ALTER VIEW view_student SET C04 = 100;

二、简答题

1. 简述索引的作用和设计原则。

2. 简述索引的分类。

3. 简述视图和基本表的区别。

4. 简述视图的优点。

项目7
数据库编程

学习导读

在编制学生选课系统数据库时,王芳发现如果想查询不同学生的考试成绩,需要不断修改 WHERE 子句中的学号值。王芳思考 SQL 语言能不能像其他编程语言一样,借助函数来避免重复地编写相同的 SQL 代码,实现根据给定的学号查询不同成绩信息的功能呢?

本项目通过学习 MySQL 提供的存储过程、存储函数和触发器等过程式数据库对象,将多条 SQL 语句和流程控制语句组合在一起形成一个程序一次性执行,有效解决数据库程序设计中的复杂逻辑问题,加快执行速度,提高系统性能。

学习目标

知识目标	技能目标	素养目标
1. 掌握 MySQL 编程基础知识。 2. 理解存储过程、存储函数的概念及作用。 3. 理解触发器的工作原理及触发机制。	1. 能编写简单的存储过程并掌握其使用方法。 2. 能编写简单的存储函数并掌握其使用方法。 3. 能编写简单的触发器并掌握其使用方法。	1. 提高解决问题的能力:根据 SQL 程序,制定合理的提质方案。 2. 培养创新劳动意识:立足实践,创新实现过程式数据库对象。

任务7.1 MySQL 编程基础

任务描述

在前面学习中所用到的 SQL 语句是关系数据库系统的标准语句,功能简单,不支持流程控制,很难实现满足要求的复杂功能。为此,MySQL 引入了程序设计思想、相关编程语句和游标等,用户可以利用这些语句编写 SQL 程序,从而实现更为复杂的数据库操作。下面我们就和王芳一起学习 MySQL 编程的相关基础知识吧!

具体任务实施如下。

[实施1] 定义用户变量@sno,赋值为"202101002",在 student 表中使用该变量查询学生的姓名 sname。

[实施2] 定义用户变量@sname,在 student 表中查询学号为"202202003"的学生姓名

sname,并将结果赋值给变量@sname。

　　[实施 3]　在语句块中定义一个整型变量 total_num,赋值为 0,统计 student 表中的学生人数,并将结果保存在该变量中。

　　[实施 4]　查询 elective 表中学号"202101002"的平均成绩。如果分数大于等于 85 分,则输出"良好";如果分数为 60～84 分,则输出"合格";如果分数低于 60 分,则输出"不合格"。

　　[实施 5]　编写程序,求 100 以内的整数和。

　　[实施 6]　编写程序,求 100 以内的偶数和。

　　[实施 7]　创建一个游标 t_cur,查看 teacher 表中的姓名 tname 和职称 professor。

任务分析

　　要完成上述任务,一是要会使用 DECLARE 语句声明变量,并运用 SET 语句和 SELECT…INTO 语句完成变量赋值;二是要会使用 IF 语句和 WHILE 语句实现 MySQL 程序的分支结构和循环结构;三是要熟悉游标的使用过程,运用 WHILE 语句遍历结果集的每一条记录。

　　本任务知识聚焦内容如下。

- 流程控制语句
- 游标的异常处理

任务实施

7.1.1　变量定义与赋值

　　在 MySQL 编程中可以使用变量保存数据、传递参数或参与运算。从变量的生存期和作用域范围来看,MySQL 支持的变量类型有用户变量、局部变量和系统变量 3 种。本节主要介绍前 2 种变量的使用。

　　(1)用户变量

　　用户变量即用户自定义的变量,由@字符作为变量名的前缀标识。用户变量在客户端和数据库的连接建立后被定义,直到连接断开时,用户变量才会被释放,其作用范围自定义起在当前会话中有效。

　　在 MySQL 编程过程中,用户变量无须提前定义和赋值,直接写明变量名(如@变量名)即可使用。未赋值的用户变量初值为 NULL。如果希望用户变量具有初值,可使用 SET 语句和 SELECT…INTO 语句 2 种方式赋值,值的数据类型即为用户变量的数据类型。

　　[实施 1]　定义用户变量@sno,赋值为"202101002",在 student 表中使用该变量查询学生的姓名 sname。

　　这里使用 SET 语句实现变量赋值,语法格式如下。

```
SET @变量名=表达式[,…];
```

　　其中,变量命名要符合标识符的规则要求,且不能与关键字和其他对象名重名。表达式是给变量赋值的内容,可以是常量,也可以是能够求值的运算表达式。

　　运行结果如图 7-1-1 所示。

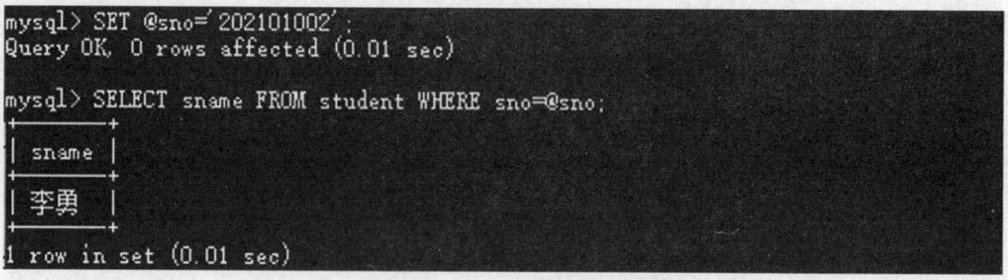

图 7-1-1　使用 SET 语句为用户变量赋值

[实施2]　定义用户变量@sname,在 student 表中查询学号为"202202003"的学生姓名 sname,并将结果赋值给变量@sname。

这里使用 SELECT…INTO 语句实现变量赋值,语法格式如下。

> SELECT 表达式[,…] INTO @ 变量名[,…];

该语句可以把表达式的值直接存储到用户变量中,但返回的结果只有 1 行。其中,表达式可以是字段名或能够求值的运算表达式。

运行结果如图 7-1-2 所示。

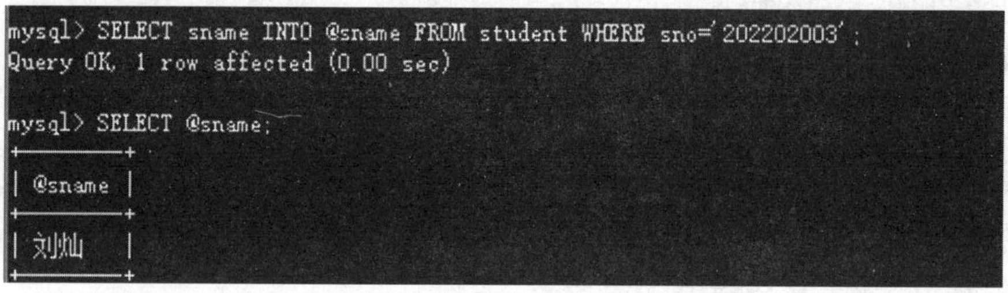

图 7-1-2　使用 SELECT 语句查看用户变量的值

(2)局部变量

局部变量是在 MySQL 程序代码的语句块(BEGIN…END)内部定义的变量,其作用范围仅限于定义该变量的语句块,超出这个范围,局部变量就失效。

MySQL 的局部变量必须先声明后使用。使用 DECLARE 语句可以定义局部变量和指定初值,语法格式如下。

> DECLARE 变量名[,…] 数据类型 [DEFAULT 默认值];

其中,DECLARE 是关键字,用来声明局部变量。DEFAULT 子句为变量指定默认值,如果不指定则默认为 NULL。

局部变量定义完毕后,用户可以使用 SET 语句或 SELECT…INTO 语句为其赋值,具体方法可参考用户变量赋值的方法。

[实施3]　在语句块中定义一个整型变量 total_num,赋值为 0,统计 student 表中的学生人数,并将结果保存在该变量。

分析:在 BEGIN…AND 语句块之间定义一个局部变量 total_num,数据类型为 INT 型,赋初值为 0。将统计的学生人数 COUNT(∗)保存到变量中,并通过 SELECT 语句查看结果。SQL 语句如下。

```
BEGIN
  DECLARE total_num INT DEFAULT 0;
  SELECT COUNT(*)INTO total_num FROM student;
  SELETC total_num;
END
```

7.1.2 IF 和 WHILE 语句

SQL 同其他语言一样有顺序结构、分支结构和循环结构等流程控制语句。IF 语句和 WHILE 语句是流程控制中最常用的语句。用户可以通过这两种语句来控制存储过程、存储函数和触发器等内部程序体的执行过程,实现数据库中较为复杂的程序逻辑。

(1)IF 语句

在 MySQL 中使用 IF 语句实现分支判断的程序结构。根据是否满足条件来执行不同的语句序列,语法格式如下。

```
IF 条件1 THEN 语句序列1
[ELSEIF 条件2 THEN 语句序列2]
...
[ELSE 语句序列n]
END IF;
```

语法说明如下。

①条件:指定逻辑判断条件。

②语句序列:表示包含一条或多条 SQL 语句。

③只有当条件为真时,才执行 THEN 后面的语句序列;如果条件为假,则执行 ELSE 后面的语句序列。

[实施4] 查询 elective 表中学号"202101002"的平均成绩。如果分数大于等于85分,则输出"良好";如果分数为 60～84 分,则输出"合格";如果分数低于60 分,则输出"不合格"。

分析:从 elective 表中计算学号"202101002"的平均成绩,利用分支语句判断其取值范围,分3种情况进行处理,并将结果作为 SELECT 语句的一个字段输出。SQL 语句如下。

```
BEGIN
    DECLARE score INT DEFAULT 0;
    DECLARE result CHAR(10);
    SELECT AVG(grade)INTO score FROM elective WHERE sno='202101002';
    IF score>=85 THEN SET result='良好';
    ELSEIF score>=60 and score<=84 THEN SET result='合格';
    ELSE SET result='不合格';
    END IF;
    SELECT result;
END
```

（2）WHILE 语句

在 MySQL 中使用 WHILE 语句实现循环结构，是有条件控制的循环语句，语法格式如下。

```
［开始标签：］WHILE 条件表达式 DO
循环体
END WHILE ［结束标签］；
```

只有当条件表达式为真时，才执行循环体中的语句，如此反复，直到条件表达式判断为假，跳出循环。"开始标签"和"结束标签"是 WHILE 语句的标注，且必须使用相同的名字，并成对出现。

［实施5］ 编写程序，求 100 以内的整数和。

```
BEGIN
    DECLARE i INT DEFAULT 1;
    DECLARE sum INT DEFAULT 0;
    WHILE i<=100 DO              #开始循环
        SET sum=sum+i;
        SET i=i+1;
    END WHILE;                   #结束循环
    SELECT sum;
END
```

上述代码中，变量 i 控制循环执行的次数，初值为 0，最大为 100；变量 sum 用于保存求和的结果，初值为 0，通过表达式 sum=sum+i 进行累加；每累加一个新值后，i 的值自增 1，如此反复，直到 i>100 跳出循环。

在循环执行过程中，用户有时需要根据实际情况提前跳出循环结构，可以在循环体内使用 LEAVE 语句和 ITERATE 语句来实现，具体用法见表 7-1-1。

表 7-1-1　提前跳出循环的语句

语句名称	语法格式	语句作用
LEAVE 语句	LEAVE 标签名；	跳出由"标签名"标识的整个循环。工作原理类似于 Java 语言中的 break 语句
ITERATE 语句	ITERATE 标签名；	跳出由"标签名"标识的本次循环，直接进入下一次循环。工作原理类似于 Java 语言中的 continue 语句

［实施6］ 编写程序，求 100 以内的偶数和。

分析：在循环体内判断变量 i 对 2 取余的结果。如果结果为 0，则 i 的值为偶数，进行累加求和，i 值更新；如果结果不为 0，则直接更新 i 值，跳出本次循环，进入下一次循环，如此反复，直到 i>100 跳出整个循环。SQL 语句如下。

```
BEGIN
    DECLARE i INT DEFAULT 1;
    DECLARE sum INT DEFAULT 0;
    label: WHILE i<=100 DO          # 开始循环
        IF i % 2 =0 THEN
            SET sum=sum+i;
            SET i=i+1;
        ELSE
            SET i=i+1;
            ITERATE label;          #进入下一次循环
        END IF;
    END WHILE label;                #结束循环
    SELECT sum;
END
```

7.1.3 游标

用 SELECT 语句从数据库中检索数据后,查询结果往往是一个含有多条记录的集合。数据库编程人员如果想对结果集中的记录逐条进行访问处理,游标机制就是解决此类问题的主要方法。

游标实际上是一种能从包含多条数据记录的结果集中每次提取一条记录的机制。对查询结果集进行遍历时,游标充当指针的作用,一次只指向一行,通过控制游标的移动,能顺序地从前向后遍历结果集的所有行,以便进行相应的处理操作。

MySQL 游标只能用于存储过程和存储函数,不能单独在查询操作中使用。游标的使用过程依次为声明游标、打开游标、提取数据和关闭游标。

(1)声明游标

使用 DECLARE 语句声明游标,语法格式如下。

DECLARE 游标名称 CURSOR FOR SELECT 语句;

其中,用户指定游标名称,通过 SELECT 语句生成游标操作的结果集。

声明游标后,游标对应的 SELECT 语句尚未执行,MySQL 服务器内存中还未生成 SELECT 语句对应的结果集。

(2)打开游标

使用 OPEN 语句打开游标,语法格式如下。

OPEN 游标名称;

打开游标后,游标对应的 SELECT 语句被执行,MySQL 服务器内存中将存放与 SELECT 语句对应的结果集,此时游标指针指向结果集的第一条记录。

(3)提取数据

使用 FETCH 语句提取数据,其功能是从结果集中取出游标当前指针指向的记录,并存放到指定的变量,语法格式如下。

```
FETCH 游标名称 INTO 变量名[,…];
```

参数说明如下。

①变量名:用于存放从结果集中取出的当前记录的各个字段值。此处的变量个数要与声明游标时 SELECT 子句中的结果字段个数保持一致。

②FETCH 语句每取出一条记录,游标指针自动向后移动一条记录,指向下一条记录。如果需要提取多条记录,使用循环语句反复执行 FETCH 语句即可。

(4)关闭游标

使用 CLOSE 语句关闭游标,语法格式如下。

```
CLOSE 游标名称;
```

关闭游标的目的在于释放游标打开时产生的结果集,节省 MySQL 服务器的内存空间。如果程序中没有使用 CLOSE 语句明确关闭游标,则系统将在到达 END 语句时自动关闭游标。

[实施7]　创建一个游标 t_cur,查看 teacher 表中的姓名 tname 和职称 professor。

```
BEGIN
    DECLARE no_record INT DEFAULT 0;          /*循环结束标志*/
    DECLARE t_name VARCHAR(20);               /*用于存放游标提取数据的变量*/
    DECLARE t_professor VARCHAR(20);          /*用于存放游标提取数据的变量*/
    /*声明游标*/
    DECLARE t_cur CURSOR FOR SELECT tname,professor FROM teacher;
    /*继续运行的异常处理程序*/
    DECLARE CONTINUE HANDLER FOR NOT FOUND SET no_record=1;
    OPEN t_cur;                               /*打开游标*/
    FETCH t_cur INTO t_name,t_professor;/*提取数据*/
    WHILE no_record != 1 DO                   /*循环提取多条记录*/
    SELECT t_name,t_professor;
    FETCH t_cur INTO t_name,t_professor;
    END WHILE;
    CLOSE t_cur;                              /*关闭游标*/
END
```

▶ 知识聚焦

(1)流程控制语句

流程控制语句采用了与程序设计语言相似的机制,能够产生控制程序执行及流程分支的作用。MySQL 中常见的流程控制语句除了 IF、WHILE 语句外,还有 CASE 语句、REPEAT 语句和 LOOP 语句。

1）CASE 语句

CASE 语句用于多分支判断的程序结构，其语法格式如下。

```
CASE
    WHEN 条件1 THEN 语句序列1
    ［WHEN 条件2 THEN 语句序列2］
    …
    ［ELSE 语句序列 n］
END CASE；
```

在 WHEN…THEN 语句块中，条件指定了一个比较表达式，当表达式为真时，执行相应的语句序列，跳出 CASE 结构，否则执行 ELSE 指定的内容。

2）REPEAT 语句

REPEAT 语句是有条件控制的循环语句，其语法格式如下。

```
［开始标签：］REPEAT
    循环体
    UNTIL 条件表达式
END EPEAT［结束标签］；
```

上述代码中，UNTIL 关键字表示直到"条件表达式"为真时才退出循环，其他参数含义同 WHILE 语句。

REPEAT 语句与 WHILE 语句的区别在于，REPEAT 语句先执行循环体中的语句，再进行条件判断，条件为真时退出循环；而 WHILE 语句先进行条件判断，条件为真时才执行循环体中的语句。

3）LOOP 语句

LOOP 语句是无条件控制的循环语句，其语法格式如下。

```
［开始标签：］LOOP
    循环体
END LOOP［结束标签］；
```

LOOP 语句构成的循环默认是无条件的无限循环，要从 LOOP 循环中跳出，应使用 LEAVE 语句。

（2）游标的异常处理

异常处理是存储过程和存储函数里对各类错误异常进行捕获和自定义操作的机制。针对游标遍历溢出时系统抛出的 NOT FOUND 错误，数据库开发人员可以自定义异常处理程序以便结束结果集的遍历。

异常处理语法格式如下。

```
DECLARE 异常处理类型 HANDLER FOR 异常触发条件 异常处理程序；
```

语法说明如下。

①异常处理类型包含 CONTINUE 和 EXIT 两种。

a. CONTINUE：表示错误发生后，MySQL 立即执行自定义异常处理程序，然后忽略该错误继续执行其他 MySQL 语句。

b. EXIT：表示错误发生后，MySQL 立即执行自定义异常处理程序，然后立刻停止其他 MySQL 语句的执行。

②异常触发条件表示满足什么条件时，自定义异常处理程序开始运行。异常触发条件取值及介绍如下。

a. MySQL 错误代码，如 1452；或 ANSI 标准错误代码，如 23000。

b. SQLWARNING，表示 01 开头的 SQLSTATE 代码。

c. NOT FOUND，表示 02 开头的 SQLSTATE 代码。

d. SQLEXCEPTION 是对除 SQLWARNING 和 NOT FOUND 以外的代码进行触发。

③异常处理程序表示错误发生后，MySQL 会立即执行的 SQL 语句。异常处理程序也可以是一个 BEGIN…END 语句块。

因此，[实施7]使用 FETCH 语句从游标中提取最后一条记录后，再次执行 FETCH 语句时，将产生"ERROR 1329(02000)：No data to FETCH"错误信息。数据库开发人员使用声明处理的方式"DECLARE CONTINUE HANDLER FOR NOT FOUND SET no_record＝1"解决游标遍历溢出的异常，即当游标遍历到结果集的尾部时，将异常标志 no_record 赋值为 1，继续执行后续的代码，在 WHILE 语句中重新判断条件，结束遍历。

▶ **任务拓展**

在 education 数据库中按要求完成以下 MySQL 编程基础操作。

①定义一个用户变量，查询 student 表中的专业班级个数，并将结果赋值给该变量，输出结果。

②查询 student 表中"赵菁"的性别 gender，如果值为"男"，则输出"M"；如果值为"女"，则输出"F"。

③查询 elective 表中学号"202101002"的平均成绩。如果分数大于等于 85 分，则输出"良好"；如果分数为 60～84 分，则输出"合格"；如果分数低于 60 分，则输出"不合格"。（使用 CASE 语句）

④编写程序，求 100 以内的奇数和。（使用 REPEAT 语句和 LOOP 语句）

⑤创建一个游标 e_cur，对应的结果集为 elective 表中的学号 sno 和平均成绩 avg_grade，利用游标遍历结果集的每一条记录，并显示各字段的值。

任务7.2 创建和使用存储过程

▶ **任务描述**

存储过程是数据库中的重要对象，它将特定的 SQL 语句集进行封装，完成数据库中复杂的数据处理逻辑，以提高程序的复用性。例如，前面提到王芳想根据给定的学号查询不同学生的成绩信息，使用存储过程应该如何实现呢？带着这个疑问，我们和王芳一起学习创建和使用存储过程的相关知识吧！

具体任务实施如下。

［实施1］　创建一个存储过程 proc_info，功能是查询 elective 表中学号"202101001"的成绩信息。

［实施2］　创建一个存储过程 proc_cursor，功能是逐条查看 elective 表中学号"202101001"对应的课程号 cno 和成绩 grade。

［实施3］　创建一个存储过程 proc_infobysno，功能是根据用户给定的学号 sno，查看 elective 表中学生的成绩信息。

［实施4］　创建一个存储过程 proc_infobycno，功能是根据给定的课程号 cno，返回 course 表中的课程名称 cname。

［实施5］　查看存储过程 proc_info。

［实施6］　删除存储过程 proc_infobysno。

任务分析

要完成上述任务，一是要会使用 CREATE PROCEDURE 语句和 CALL 语句创建和调用不带参数的存储过程；二是要会使用 IN、OUT 参数类型创建和调用带参数的存储过程；三是要会使用 SHOW 语句查看存储过程的状态和定义；四是要会使用 DROP PROCEDURE 语句删除存储过程。

本任务知识聚焦内容如下。

- 存储过程的嵌套
- 存储过程的作用

任务实施

7.2.1　创建和调用存储过程

（1）创建存储过程

存储过程是数据库服务器上一组预先编译的 SQL 语句的集合，作为一个对象存储在数据库中。在 MySQL 中可以使用 CREATE PROCEDURE 语句创建存储过程，语法格式如下。

```
CREATE PROCEDURE 存储过程名([参数[,…]])
    BEGIN
        存储过程体
    END;
```

语法说明如下。

①存储过程名：存储过程的名称，不能与 MySQL 的内置函数名称相同。

②参数：存储过程的参数，包括输入参数、输出参数和输入输出参数 3 种类型，分别用 IN、OUT 和 INOUT 标识。多个参数之间用逗号分隔。参数的取名要避免和数据表的字段名相同。

③存储过程体：存储过程的主体部分，可以使用各种 SQL 语句和流程控制语句的组合，一般以 BEGIN 和 END 来标识存储过程体的开始和结束。如果存储过程体中仅有一条 SQL

语句,可以省略 BEGIN 和 END 标记。

[实施 1] 创建一个存储过程 proc_info,功能是查询 elective 表中学生学号为"202101001"的成绩信息。

```
CREATE PROCEDURE proc_info( )
    SELECT * FROM elective WHERE sno='202101001';
```

[实施 2] 创建一个存储过程 proc_cursor,功能是逐条查看 elective 表中学号"202101001"对应的课程号 cno 和成绩 grade。

分析:创建一个游标,对应的结果集为学号"202101001"选修的课程号和成绩,然后利用游标逐一从结果集中提取每一条记录,显示各字段的值。

```
DELIMITER //
CREATE PROCEDURE proc_cursor( )
    BEGIN
        DECLARE no_record INT DEFAULT 0;
        DECLARE p_cno CHAR(10);
        DECLARE p_grade INT;
        DECLARE cur_record CURSOR FOR SELECT cno,grade FROM elective WHERE
sno='202101001';
        DECLARE CONTINUE HANDLER FOR NOT FOUND SET no_record=1;
        OPEN cur_record;
        FETCH cur_record INTO p_cno,p_grade;
        WHILE no_record != 1 DO
            SELECT p_cno,p_grade;
            FETCH cur_record INTO p_cno,p_grade;
        END WHILE;
        CLOSE cur_record;
    END //
DELIMITER ;
```

上述代码中,DELIMITER 语句用于修改 SQL 语句的结束符。

【学习提示】

MySQL 中,服务器处理 SQL 语句默认以分号为结束标志,但是在创建存储过程时,存储过程体中可能含有多条 SQL 语句,每条 SQL 语句都以分号结尾,则服务器在处理程序时会以遇到的第一个分号作为整个程序的结束符。为确保存储过程正常创建,可以使用DELIMITER 语句修改结束符。如"DELIMITER //"的作用就是把结束标志临时修改为"//",待存储过程语句输入结束后,再用"DELIMITER;"把结束标志改回";"。

(2)调用存储过程

存储过程创建完成后,可以在程序、触发器或其他存储过程中被调用,调用时必须使用CALL 语句。调用不带参数的存储过程,其语法格式如下。

```
CALL 存储过程名[()];
```

调用存储过程 proc_info，运行结果如图 7-2-1 所示。

```
mysql> CALL proc_info;
+-----------+-----+-------+
| sno       | cno | grade |
+-----------+-----+-------+
| 202101001 | c02 |    87 |
| 202101001 | c03 |    92 |
| 202101001 | c04 |    82 |
| 202101001 | c06 |    85 |
+-----------+-----+-------+
4 rows in set (0.01 sec)
```

图 7-2-1　**调用存储过程** proc_info

调用存储过程 proc_cursor，运行结果如图 7-2-2 所示。

```
mysql> CALL proc_cursor;
+-------+---------+
| p_cno | p_grade |
+-------+---------+
| c02   |      87 |
+-------+---------+
1 row in set (0.01 sec)

+-------+---------+
| p_cno | p_grade |
+-------+---------+
| c03   |      92 |
+-------+---------+
1 row in set (0.01 sec)

+-------+---------+
| p_cno | p_grade |
+-------+---------+
| c04   |      82 |
+-------+---------+
1 row in set (0.01 sec)

+-------+---------+
| p_cno | p_grade |
+-------+---------+
| c06   |      85 |
+-------+---------+
1 row in set (0.02 sec)
```

图 7-2-2　**调用存储过程** proc_cursor

7.2.2　参数化存储过程

在实际开发中，为了满足不同查询要求，数据库开发人员需要为存储过程指定参数，以实现通用的数据访问模块。存储过程在定义时可以指定一个或多个参数，参数声明由参数类型、参数名称和数据类型 3 个部分组成，语法格式如下。

```
[IN|OUT|INTOUT]参数名称 数据类型
```

其中，在没有指定参数类型的情况下，默认为输入参数，即为 IN 类型。

(1)创建和调用带输入参数的存储过程

输入参数是指由调用程序向存储过程传递的参数，在创建存储过程时定义输入参数，在调用存储过程时给出相应的参数值。

例如，存储过程 proc_info 只能对学号“202101001”进行查询。如果要让用户按任意给定的学号进行查询,则需要用到输入参数。

[实施3]　创建一个存储过程 proc_infobysno,功能是根据用户给定的学号 sno,查看 elective 表中学生的成绩信息。

分析:将 SELECT 语句中学号 sno 的值用变量 n 代替。由于使用了局部变量,需要先声明后使用,所以定义输入参数 n,此时变量声明不需要使用 DECLARE。

```
CREATE PROCEDURE proc_infobysno(IN n CHAR(10))
    SELECT * FROM elective WHERE sno=n;
```

调用带参数的存储过程时,参数传递有两种方式:一是直接传递参数值,二是通过变量名传递参数值。两种方式均要求参数值的顺序与输入参数的顺序一致。

①使用直接传递参数值的方式,运行结果如图 7-2-3 所示。

```
mysql> CALL proc_infobysno('202202003');
+-----------+-----+-------+
| sno       | cno | grade |
+-----------+-----+-------+
| 202202003 | c02 |    58 |
| 202202003 | c03 |    72 |
+-----------+-----+-------+
2 rows in set (0.01 sec)
```

图 7-2-3　使用直接传值的方式调用存储过程 proc_infobysno

②使用变量名传递参数值的方式,要先用 SET 语句赋值,再传递参数,运行结果如图 7-2-4 所示。

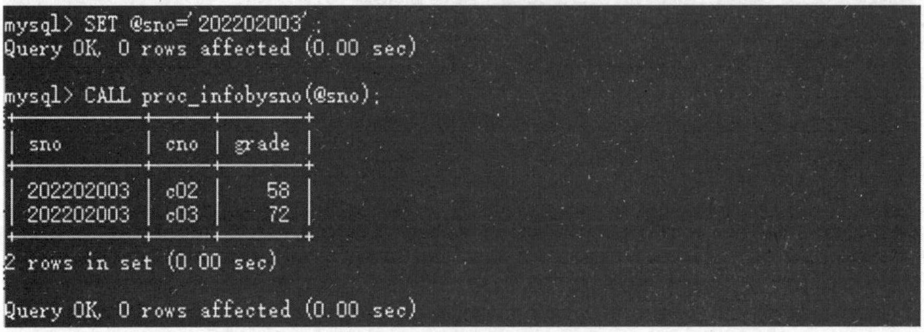

```
mysql> SET @sno='202202003';
Query OK, 0 rows affected (0.00 sec)

mysql> CALL proc_infobysno(@sno);
+-----------+-----+-------+
| sno       | cno | grade |
+-----------+-----+-------+
| 202202003 | c02 |    58 |
| 202202003 | c03 |    72 |
+-----------+-----+-------+
2 rows in set (0.00 sec)

Query OK, 0 rows affected (0.00 sec)
```

图 7-2-4　使用传变量名的方式调用存储过程 proc_infobysno

(2)创建和调用带输出参数的存储过程

如果需要从存储过程中返回一个或多个值,可以在创建存储过程的语句中定义输出参数,且参数名称前一定要指定 OUT 关键字。

[实施4]　创建一个存储过程 proc_infobycno,功能是根据给定的课程号 cno,返回 course 表中的课程名称 cname。

分析:根据“给定课程号”定义输入参数 n,根据“返回课程名称”定义输出参数 cn。将查询条件中课程号 cno 的值用变量 n 代替,课程名 cname 的值使用 SELECT…INTO 子句保存到输出变量 cn,SQL 语句如下。

```
CREATE PROCEDURE proc_infobycno(n CHAR(10),OUT cn VARCHAR(20))
    SELECT cname INTO cn FROM course WHERE cno=n;
```

由于存储过程 proc_infobycno 使用了输出参数,所以在调用存储过程时使用用户变量

@name 来接收输出参数的值。这里@cname 没有赋值,故初值为 NULL。调用存储过程的运行结果如图 7-2-5 所示。

```
mysql> CALL proc_infobycno('c01',@cname);
Query OK, 1 row affected (0.00 sec)

mysql> SELECT @cname;
+-----------+
| @cname    |
+-----------+
| 云计算概论 |
+-----------+
1 row in set (0.00 sec)
```

图 7-2-5　**调用存储过程** proc_infobycno

7.2.3　查看和删除存储过程

(1)查看存储过程

[实施 5]　查看存储过程 proc_info。

①通过 SHOW…STATUS 语句来查看存储过程的状态,语法格式如下。

```
SHOW PROCEDURE STATUS LIKE '模式字符串';
```

其中,模式字符串可以使用通配符,用来匹配存储函数名称。

查看存储过程 proc_info 的状态,运行结果如图 7-2-6 所示。

```
mysql> SHOW PROCEDURE STATUS LIKE 'proc_info'\G
*************************** 1. row ***************************
                  Db: education
                Name: proc_info
                Type: PROCEDURE
             Definer: root@localhost
            Modified: 2024-03-22 20:01:31
             Created: 2024-03-22 20:01:31
       Security_type: DEFINER
             Comment:
character_set_client: gbk
collation_connection: gbk_chinese_ci
  Database Collation: gbk_chinese_ci
1 row in set (0.02 sec)
```

图 7-2-6　**查看存储过程** proc_info **的状态**

②通过 SHOW CREATE 语句来查看存储过程的定义,语法格式如下。

```
SHOW CREATE PROCEDURE 存储过程名称;
```

查看存储过程 proc_info 的定义,运行结果如图 7-2-7 所示。

```
mysql> SHOW CREATE PROCEDURE proc_info\G
*************************** 1. row ***************************
           Procedure: proc_info
            sql_mode: ONLY_FULL_GROUP_BY,STRICT_TRANS_TABLES,NO_ZERO_IN_DATE,NO
_ZERO_DATE,ERROR_FOR_DIVISION_BY_ZERO,NO_ENGINE_SUBSTITUTION
    Create Procedure: CREATE DEFINER=`root`@`localhost` PROCEDURE `proc_info`(
)
BEGIN
       SELECT * FROM elective WHERE sno='202101001';
END
character_set_client: gbk
collation_connection: gbk_chinese_ci
  Database Collation: gbk_chinese_ci
1 row in set (0.00 sec)
```

图 7-2-7　**查看存储过程** proc_info **的定义**

（2）删除存储过程

如果要删除数据库中已存在的存储过程，可以使用 DROP PROCEDURE 语句来完成，语法格式如下。

> DROP PROCEDURE [IF EXISTS]存储过程名称;

其中，IF EXISTS 是可选项，使用该选项后，系统在删除存储过程前会先判断其是否存在，如果存在，再执行删除操作。

［实施6］ 删除存储过程 proc_infobysno。

运行结果如图 7-2-8 所示。

```
mysql> DROP PROCEDURE proc_infobysno;
Query OK, 0 rows affected (0.02 sec)
```

图 7-2-8 **删除存储过程** proc_infobysno

【学习提示】

在删除存储过程之前，必须确认该存储过程没有任何依赖关系，否则会导致其他与之关联的存储过程无法运行。

知识聚焦

（1）存储过程的嵌套

存储过程是完成特定功能的一段程序，它也能像函数一样被其他存储过程直接调用，这种情况称为存储过程的嵌套。

例如，创建一个存储过程 proc_insert，功能是向 student 表中插入一条学生记录。创建另一个存储过程 proc_count，功能是根据给定的学生性别，统计新增学生后的人数，并将结果返回。

```
CREATE PROCEDURE proc_insert()      /*创建存储过程 proc_insert */
    INSERT INTO student
    VALUES('202101003','肖瑶','女','2003-04-10','21 大数据 2 班');
/*创建存储过程 proc_count */
DELIMITER //
CREATE PROCEDURE proc_count(sex CHAR(10),OUT num INT)
    BEGIN
      CALL proc_insert();             /*调用存储过程 proc_insert */
      IF sex='男' THEN
          SELECT COUNT(*)INTO num FROM student WHERE gender='男';
      ELSE
          SELECT COUNT(*)INTO num FROM student WHERE gender='女';
      END IF;
    END //
DELIMITER ;
```

调用存储过程 proc_count，运行结果如图 7-2-9 所示。

```
mysql> SET @count=0;
Query OK, 0 rows affected (0.01 sec)

mysql> CALL proc_count('女',@count);
Query OK, 1 row affected (0.00 sec)

mysql> SELECT @count;
+--------+
| @count |
+--------+
|      4 |
+--------+
1 row in set (0.00 sec)
```

图 7-2-9　存储过程的嵌套调用

（2）存储过程的作用

MySQL 存储过程具有以下作用。

①使用存储过程有利于提高程序设计的灵活性。存储过程可以使用流程控制语句组织程序结构，方便实现结构较复杂的程序的编写，使设计过程具有很强的灵活性。

②使用存储过程有利于降低程序的维护难度。存储过程把一组功能代码作为单位组件。一旦被创建，存储过程作为一个整体，可以被其他程序多次反复调用。对存储过程进行维护，也不会对调用程序产生不必要的影响。

③使用存储过程有利于提高程序的执行速度。在数据库操作中，批处理的 SQL 语句段在每次运行之前都要进行编译，导致运行速度较慢。而存储过程在执行之前已经被预编译，大大提高了程序的执行速度。

④使用存储过程有利于减少网络访问的负荷。在访问网络数据库的过程中，如果采用存储过程的方式对 SQL 语句进行组织，当需要调用存储过程时，仅需在网络中传输调用语句即可，从而大大减少了网络的流量和负载。

⑤使用存储过程有利于强化数据库的安全机制。数据库管理员能够对存储过程进行单独的权限控制，避免非授权用户对数据的访问。此外，普通用户也可以通过权限控制存储过程间接访问数据，从而保证数据的安全性。

任务拓展

在 education 数据库中按要求完成以下存储过程的创建和使用操作。

①创建一个存储过程 proc_getinfo，功能是查询学生"刘灿"的选课信息。

②创建一个存储过程 proc_infobysex，功能是根据给定的性别，查看 student 表中的学生信息。

③创建一个存储过程 proc_curbytype，功能是根据给定的课程类型 type，逐条查看 course 表中的课程号 cno、课程名 cname 和学分 credit。

④创建一个存储过程 proc_infobytno，功能是根据给定的教师工号 tno，返回 teacher 表中的教师名 tname 和研究方向 research。

⑤创建一个存储过程 proc_del，功能是删除 elective 表中指定学号的选课记录。创建另一个存储过程 proc_ifdel，功能是根据给定的学号，判断 elective 表中是否存在该学生。如果

存在,则删除其选课记录,返回"删除成功";否则返回"没有选课记录"。

⑥查看存储过程 proc_getinfo 的定义。

⑦删除存储过程 proc_ifdel。

任务7.3 创建和使用存储函数

▶ 任务描述

存储函数与存储过程相似,其目的都是完成特定功能的逻辑封装,减少客户端和服务器的数据传输,以提高数据访问效率。但是存储过程实现的功能要更复杂一些,存储函数相当于 SQL 程序设计中的用户自定义函数,功能针对性更强。还是前面的问题:王芳想根据给定的学号查询相关课程的成绩,使用存储函数应该如何实现呢?

具体任务实施如下。

〔实施 1〕 创建一个存储函数 chkgrade,要求该函数能返回学号"202101001"选修"数据库应用"课程的成绩。

〔实施 2〕 创建一个存储函数 chkgrade_bysno,要求该函数能根据给定的学号,返回其"数据库应用"课程的成绩。如果没有选修记录,则返回"未选修该课程"。

〔实施 3〕 查看存储函数 chkgrade。

〔实施 4〕 删除存储函数 chkgrade_bysno。

〔实施 5〕 查询 student 表中的学生姓名和入学年份。

〔实施 6〕 查询 elective 表中的学生成绩评定结果。要求若分数大于等于 60 分,评定为合格;分数低于 60 分,评定为不合格。

▶ 任务分析

要完成上述任务,一是要会使用 CREATE FUNCTION 语句和 SELECT 语句创建和调用不带参数的存储函数;二是要会为存储函数指定参数,创建和调用带参数的存储函数;三是要会使用 SHOW 语句查看存储函数的状态和定义;四是要会使用 DROP FUNCTION 语句删除存储函数;五是要熟悉 MySQL 常用内置函数的功能,会使用内置函数解决复杂的逻辑问题。

本任务知识聚焦内容如下。

- 存储函数与存储过程的比较
- MySQL 常用内置函数

▶ 任务实施

7.3.1 创建和调用存储函数

(1)创建存储函数

存储函数是在数据库中定义的能完成特定功能的 SQL 语句集。根据业务需求,用户可以在 MySQL 中通过自定义存储函数来完成特定的功能。

创建存储函数的语法格式如下。

```
CREATE FUNCTION 函数名([参数[,…]])
RETURNS 数据类型
DETERMINISTIC
    BEGIN
        函数体
    END;
```

参数说明如下。

①函数名:存储函数的名称,不能与数据库中其他对象名相同。

②参数:存储函数的输入参数,每个参数由参数名称和数据类型组成,多个参数之间用逗号分隔。

③RETURNS 数据类型:指定函数返回值的数据类型。

④DETERMINISTIC:一个用于标识存储函数是否具有确定性行为的特性,即一个函数在相同的输入条件下总是返回相同的结果。

⑤函数体:存储函数的主体部分,可以使用各种 SQL 语句和流程控制语句的组合,一般以 BEGIN 和 END 来标识函数体的开始和结束。函数体中必须包含"RETURN 值"语句,将结果返回给调用者,且结果值必须为标量值。

[实施1] 创建一个存储函数 chkgrade,要求该函数能返回学号"202101001"选修"数据库应用"课程的成绩。

分析:根据 elective 表和 course 表的等值连接操作,查询得到学号"202101001"选修"数据库应用"课程的成绩,并将结果保存到 output 变量中,使用 RETURN 语句返回结果。output在 BEGIN…AND 内部使用,是局部变量,需要先声明。

```
DELIMITER //
CREATE FUNCTION chkgrade()
RETURNS INT
DETERMINISTIC
    BEGIN
      DECLARE output INT DEFAULT -1;
      SELECT grade INTO output FROM elective e,course c
      WHERE cname='数据库应用' AND sno='202101001' AND e.cno=c.cno;
        RETURN output;
    END //
DELIMITER ;
```

(2)调用存储函数

存储函数创建完成后,可以使用 SELECT 语句调用函数,输出返回值,语法格式如下。

```
SELECT 函数名([参数[,…]]);
```

调用存储函数时,参数传递方式可参照调用存储过程时的处理方法。如果存储函数没有参数,调用时也要使用“()”。

调用存储函数 chkgrade,运行结果如图 7-3-1 所示。

```
mysql> SELECT chkgrade( );
+------------+
| chkgrade( ) |
+------------+
|         92 |
+------------+
1 row in set (0.01 sec)
```

图 7-3-1 调用存储函数 chkgrade

数据库开发人员也可以将函数调用放在 SET 语句中,使用一个用户变量来保存函数的返回值,并通过 SELECT 语句查看其值,SQL 命令如下。

```
SET @grade = chkgrade( ); SELECT @grade;
```

该方法的优势在于获得返回值的用户变量@grade 可以直接使用在当前会话的其他 SQL 语句中。

7.3.2 参数化存储函数

在实际开发中,为了满足不同查询要求,数据库开发人员同样需要为存储函数指定参数,以实现通用的数据访问模块。

[实施 2] 创建一个存储函数 chkgrade_bysno,要求该函数能根据给定的学号,返回其“数据库应用”课程的成绩。如果没有选修记录,则返回“未选修该课程”。

分析:将“给定学号”作为存储函数的参数,查找该学生选修“数据库应用”课程的成绩,并将结果保存到 output 变量中。根据 output 的值进行条件判断,如果 output 初值未变,则返回“未选修该课程”,否则直接返回 output 的值。

```
DELIMITER //
CREATE FUNCTION chkgrade_bysno( no CHAR(10))
RETURNS CHAR(10)
DETERMINISTIC
    BEGIN
        DECLARE output INT DEFAULT -1;
        SELECT grade INTO output FROM elective e,course c
        WHERE cname = '数据库应用' AND sno = no AND e.cno = c.cno;
        IF output = -1 THEN RETURN('未选修该课程');
        ELSE RETURN output;
        END IF;
    END //
DELIMITER ;
```

使用直接传递参数值的方式调用此存储函数,运行结果如图 7-3-2 所示。

图 7-3-2　调用存储函数 chkgrade_bysno

【思政小贴士】

在数据库应用开发中,SQL 也可以像 Java、Python 等高级程序语言一样,利用存储过程、存储函数等过程式数据库对象,将复杂的问题简单化,对现有的 SQL 程序进行改进与优化,从而达到提质增效的可持续发展目标。因此,要设计一个成熟、高效的过程式数据库对象,就需要我们立足实践,勇于发现问题,不断优化创新。

7.3.3　查看和删除存储函数

(1)查看存储函数

[实施3]　查看存储函数 chkgrade。

①通过 SHOW…STATUS 语句来查看存储函数的状态,其方法与查看存储过程类似,运行结果如图 7-3-3 所示。

图 7-3-3　查看存储函数 chkgrade 的状态

②通过 SHOW CREATE 语句来查看存储函数的定义,其方法与查看存储过程类似,运行结果如图 7-3-4 所示。

图 7-3-4　查看存储函数 chkgrade 的定义

（2）删除存储函数

MySQL 使用 DROP FUNCTION 语句来删除存储函数，其语法格式如下。

> DROP FUNCTION［IF EXISTS］存储函数名称；

在删除存储函数之前，必须确认该存储函数没有任何依赖关系，否则会导致其他与之关联的存储函数无法运行。

［实施4］　删除存储函数 chkgrade_bysno。

运行结果如图 7-3-5 所示。

```
mysql> DROP FUNCTION chkgrade_bysno;
Query OK, 0 rows affected (0.01 sec)
```

图 7-3-5　删除存储函数 chkgrade

SQL 语句执行后显示"Query OK"，说明执行成功，存储函数已经删除。

7.3.4　MySQL 函数应用

MySQL 函数是 MySQL 数据库提供的内置函数，不仅可以在 SELECT 语句中使用，也可以应用在 INSERT、UPDATE 和 DELETE 等语句中。使用这些函数，可以极大地提高用户对数据库的管理效率，更加灵活地满足不同用户的需求。

［实施5］　查询 student 表中的学生姓名和入学年份。

分析：在 select 表中没有入学年份字段，可以使用字符串函数中的 LEFT（s,n）方法，截取学生学号的前四位作为入学年份。SQL 语句如下。

> SELECT sname,LEFT（sno,4）AS year FROM student；

运行结果如图 7-3-6 所示。

```
| sname | year |
| 赵菁    | 2021 |
| 黄勇    | 2021 |
| 李子琪  | 2021 |
| 肖璨    | 2022 |
| 刘灿    | 2022 |
| 王芳    | 2023 |
| 王俊    | 2023 |
| 张志勇  | 2023 |
7 rows in set (0.01 sec)
```

图 7-3-6　字符串函数 LEFT（s,n）的应用

［实施6］　查询 elective 表中的学生成绩评定结果。要求若分数大于等于 60 分，评定为合格；分数低于 60 分，评定为不合格。

分析：在 elective 表中没有成绩评定结果的字段，可以使用控制流函数中的 IF（expr,v1,v2）方法，根据查找的分数分两种情况处理。SQL 语句如下。

> SELECT sno,cno,IF（grade>=60,'合格','不合格'）AS result FROM elective；

运行结果如图 7-3-7 所示。

```
mysql> SELECT sno,cno,IF(grade>=60,'合格','不合格') AS result FROM elective;
+-----------+-----+--------+
| sno       | cno | result |
+-----------+-----+--------+
| 202101001 | c02 | 合格   |
| 202101001 | c03 | 合格   |
| 202101001 | c04 | 合格   |
| 202101001 | c06 | 合格   |
| 202101002 | c02 | 合格   |
| 202101002 | c03 | 合格   |
| 202101002 | c06 | 合格   |
| 202202003 | c02 | 不合格 |
| 202202003 | c03 | 合格   |
| 202202004 | c02 | 合格   |
| 202202004 | c03 | 合格   |
| 202303005 | c01 | 合格   |
| 202303006 | c01 | 合格   |
+-----------+-----+--------+
13 rows in set (0.00 sec)
```

图 7-3-7　控制流函数 IF(expr,v1,v2)的应用

【学习提示】

MySQL 内置 IF 函数与 IF 分支语句不同，IF 函数只能判断两种情况，而 IF 语句可以嵌套使用，且嵌套层数没有限制。

知识聚焦

(1)存储函数与存储过程的比较

存储函数和存储过程在结构上很相似，都是由 SQL 语句和流程控制语句组成的代码段，都可以被其他应用程序或 SQL 语句调用。但是它们之间也是有区别的，主要表现在以下方面。

①存储函数的参数只有 IN 类型；而存储过程的参数可以有 IN、OUT 和 INOUT 3 种类型。

②存储函数不需要 CALL 语句，可以直接调用，也可以作为查询语句的一个部分来调用；存储过程必须使用 CALL 语句调用，即作为一个独立的部分来执行。

③存储函数必须包含一条有效的 RETURN 语句返回结果，有且只有一个返回值；存储过程不允许包含 RETURN 语句，不能有返回值，但可以通过 OUT 参数输出多个值。

④存储函数的返回值必须是一个标量值；存储过程的显示结果既可以是标量值，也可以是查询的结果集。

⑤存储函数不能调用存储过程；存储过程可以调用存储函数。

⑥存储函数主要用于计算并返回一个函数值；存储过程主要用于执行并完成某个功能操作。

(2)MySQL 常用内置函数

在编写 MySQL 数据库程序时，通常可直接调用系统提供的内置函数来对数据库表进行相关操作。MySQL 中包含了 100 多个函数，从功能上大致可分为数学函数、聚合函数、字符串函数、日期和时间函数、控制流程函数和系统信息函数等。表 7-3-1 为全国计算机等级考试二级教程中所涉及的 MySQL 内置函数。

表 7-3-1　MySQL 常用的部分内置函数

函数类型	函数名称	功能描述	示例
数学函数	ABS(x)	返回 x 的绝对值	ABS(-3.4)的值为 3
	FLOOR(x)	返回小于或等于 x 的最大整数	FLOOR(-3.4)的值为-4
	RAND()	返回(0,1)之间的随机数	
	SQRT(x)	返回 x 的平方根	SQRT(4)的值为 2
	TRUNCATE(x,y)	返回 x 保留 y 位小数的值	TRUNCATE(3.15,1)的值为 3.1
字符串函数	LEFT(s,n)	返回字符串 s 的前 n 个字符	LEFT('湖北武汉',2)的值为'湖北'
	UCASE(s)	将字符串 s 转换为大写	UCASE('hello')的值为'HELLO'
	UPPER(s)		
	SUBSTRING(s,n,len)	从字符串 s 的第 n 个位置开始截取长度为 len 的字符串	SUBSTRING('hello',1,2)的值为'he'
日期时间函数	CURDATE()	返回当前日期	CURDATE()的值为'2024-01-26'
	CURRENT_DATE()		
	CURTIME()	返回当前时间	CURTIME()的值为'18:51:15'
	CURRENT_TIME()		
	NOW()	返回当前日期和时间	NOW()的值为'2024-01-26 18:52:13'
控制流函数	IF(expr,v1,v2)	如果表达式 expr 成立,则执行 v1,否则执行 v2	IF(grade>=60,'合格','不合格')
	IFNULL(v1,v2)	如果表达式 v1 不为空,则显示 v1 的值,否则显示 v2 的值	IFNULL(1/0,'空')的值为'空'
系统信息函数	VERSION()	返回当前数据库的版本号	VERSION()的值为 8.0.36

▶ **任务拓展**

在 education 数据库中按要求完成以下存储函数的创建和使用操作。

①创建一个存储函数 num,要求该函数能返回男生的人数。

②创建一个存储函数 chkgender,要求该函数能根据给定的学号,返回学生的性别,如果没有这个学生,则返回"查无此人"。

③创建一个存储函数 chkrank,要求该函数能根据给定的学号和课程号,返回该学生的成绩等级。如果有成绩,则分数在 85~100 分,等级为优;分数在 75~84 分,等级为良;分数

在60~74分,等级为合格;分数低于60分,等级为不合格。如果没有成绩,则返回"查无结果"。

④查看与chk相关的存储函数状态。

⑤删除存储函数num。

⑥查询student表中每个学生的学号和年龄。

⑦向course表中插入一条记录('c07','C语言设计',3.52,'选修'),要求将学分3.52保留为1位小数。

任务7.4　创建和使用触发器

▶ 任务描述

触发器是数据库中的独立对象,为了确保数据的完整性,设计人员可以用触发器实现复杂的业务逻辑。例如,王芳在录入(更新)学生某门课成绩时,发现成绩不满足百分制要求,希望系统能自动对成绩进行规范处理后再存入到选修表中。王芳应该如何编写触发器程序实现复杂的数据库操作呢?

具体任务实施如下。

[实施1]　创建一个触发器tr_elective_insert,在向elective表中插入记录时,grade字段值或者为空,或者取值0~100。如果grade字段值不满足要求,值小于0则填入0,值大于100则填入100。

[实施2]　创建一个触发器tr_student_update,在修改student表中学生的专业班级时,将学生学号、姓名、修改前后的专业班级、修改时间一并存入update_log日志表中。

[实施3]　创建一个触发器tr_teacher_delete,当一位教师退休或调离时,将course表中该教师工号tno字段值修改为NULL。

[实施4]　查看education数据库中创建的触发器。

[实施5]　查询触发器tr_elective_insert的信息。

[实施6]　删除elective表上的tr_elective_insert触发器。

▶ 任务分析

要完成上述任务,一是要会使用CREATE TRIGGER语句创建INSERT、UPDATE和DELETE触发器;二是会根据INSERT、UPDATE和DELETE事件激活不同类型的触发器;三是要会使用SHOW语句和SELECT语句查看触发器的信息;四是要会使用DROP TRIGGER语句对不再需要的触发器进行删除。

本任务知识聚焦内容如下。

- 触发器的工作原理
- 触发器的应用场景

> **任务实施**

7.4.1 创建和激活触发器

触发器是一种与表操作(INSERT、UPDATE、DELETE)有关的数据库对象。它通过预定义一系列操作,对数据表实施复杂的完整性约束,以保持数据的一致性。当触发器所关联的表上出现 INSERT、UPDATE 或 DELETE 操作时,触发器会自动被激活,并执行触发器中所定义的相关操作,以确保关联数据的完整性。

在 MySQL 中,创建触发器的语法格式如下。

```
CREATE TRIGGER 触发器名称
AFTER|BEFORE INSERT|UPDATE|DELETE ON 表名
FOR EACH ROW
    BEGIN
        触发程序
    END;
```

参数说明如下。

①AFTER|BEFORE:触发器的触发时间。AFTER 表示在触发事件之后执行触发程序;BEFORE 表示在触发事件之前执行触发程序。

②INSERT|UPDATE|DELETE:触发器的触发事件。INSERT 表示将新记录插入表时激活触发器;UPDATE 表示在更新表中记录时激活触发器;DELETE 表示从表中删除记录时激活触发器。

③表名:触发器的关联表,即将触发器定义在该表上。

④FOR EACH ROW:触发器的执行间隔。触发事件影响的每一行都要激活触发器的动作。

⑤触发程序:触发器的主体部分,可以使用各种 SQL 语句和流程控制语句的组合,一般以 BEGIN 和 END 来标识触发程序的开始和结束。

⑥在触发器程序执行过程中,可以使用"NEW. 字段名"访问新插入或更新后的记录的某个字段,使用"OLD. 字段名"访问更新前或被删除的记录的某个字段。

(1)创建和激活 INSERT 触发器

[实施1] 创建一个触发器 tr_elective_insert,在向 elective 表中插入记录时,grade 字段值或者为空,或者取值 0~100。如果 grade 字段值不满足要求,值小于 0 则填入 0,值大于 100 则填入 100。

```
DELIMITER //
CREATE TRIGGER tr_elective_insert
BEFORE INSERT ON elective
FOR EACH ROW
    BEGIN
      IF(NEW.grade IS NOT NULL && NEW.grade < 0)THEN
```

```
            SET NEW.grade=0;
        ELSEIF(NEW.grade IS NOT NULL && NEW.grade > 100)THEN
            SET NEW.grade=100;
        END IF;
    END //
DELIMITER ;
```

该触发器的触发时间是BEFORE，触发事件是INSERT，即将选课记录插入elective表之前，先执行触发程序。判断新插入的记录中grade字段值是否小于0或大于100，若是，则将grade字段值设置为0或100，再插入表中。

下面使用INSERT语句激活触发器tr_elective_insert，查看elective表中记录，运行结果如图7-4-1所示。

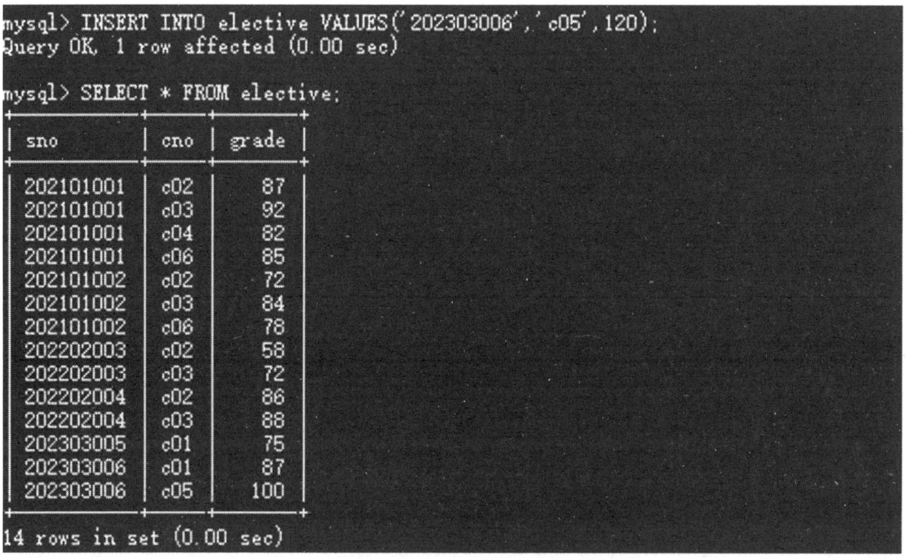

```
mysql> INSERT INTO elective VALUES('202303006','c05',120);
Query OK, 1 row affected (0.00 sec)

mysql> SELECT * FROM elective;
+-----------+-----+-------+
| sno       | cno | grade |
+-----------+-----+-------+
| 202101001 | c02 |    87 |
| 202101001 | c03 |    92 |
| 202101001 | c04 |    82 |
| 202101001 | c06 |    85 |
| 202101002 | c02 |    72 |
| 202101002 | c03 |    84 |
| 202101002 | c06 |    78 |
| 202202003 | c02 |    58 |
| 202202003 | c03 |    72 |
| 202202004 | c02 |    86 |
| 202202004 | c03 |    88 |
| 202303005 | c01 |    75 |
| 202303006 | c01 |    87 |
| 202303006 | c05 |   100 |
+-----------+-----+-------+
14 rows in set (0.00 sec)
```

图7-4-1　使用INSERT语句激活触发器tr_elective_insert

(2)创建和激活UPDATE触发器

[实施2]　创建一个触发器tr_student_update，在修改student表中学生的专业班级时，将学生学号、姓名、修改前后的专业班级、修改时间一并存入update_log日志表中。update_log表的结构见表7-4-1。

表7-4-1　update_log表的结构

列名	数据类型	约束	备注
sno	char(10)	主键	工号
sname	varchar(20)	非空	姓名
oldclass	varchar(20)	非空	原专业班级
newclass	varchar(20)	非空	现专业班级
updatetime	datetime	非空	修改时间

SQL 语句如下。

```
CREATE TABLE update_log                    /*创建数据表*/
(sno CHAR(10)PRIMARY KEY,
sname VARCHAR(20)NOT NULL,
oldclass VARCHAR(20)NOT NULL,
newclass VARCHAR(20)NOT NULL,
Updatetime datetime NOT NULL);
/*创建触发器*/
DELIMITER //
CREATE TRIGGER tr_student_update
AFTER UPDATE ON student
FOR EACH ROW
    BEGIN
      INSERT INTO update_log
      VALUES(OLD.sno,OLD.sname,OLD.class,NEW.class,NOW());
    END //
DELIMITER ;
```

该触发器的触发时间是 AFTER，触发事件是 UPDATE，即在学生记录的更新操作执行之后，再执行触发程序，将该学生学号、姓名、修改前后的专业班级、修改时间存入 update_log 日志表中。

下面使用 UPDATE 语句激活触发器 tr_student_update，查看 update_log 表中记录，运行结果如图 7-4-2 所示。

```
mysql> UPDATE student SET class='22大数据1班' WHERE sno='202202003';
Query OK, 1 row affected (0.01 sec)
Rows matched: 1  Changed: 1  Warnings: 0

mysql> SELECT * FROM update_log;
+-----------+-------+---------------+-------------+---------------------+
| sno       | sname | oldclass      | newclass    | Updatetime          |
+-----------+-------+---------------+-------------+---------------------+
| 202202003 | 刘灿  | 22人工智能1班 | 22大数据1班 | 2024-03-22 22:23:18 |
+-----------+-------+---------------+-------------+---------------------+
1 row in set (0.00 sec)
```

图 7-4-2　使用 UPDATE 语句激活触发器 tr_student_update

(3)创建和激活 DELETE 触发器

[实施 3]　创建一个触发器 tr_teacher_delete，当一位教师退休或调离时，将 course 表中该教师工号 tno 字段值修改为 NULL。

```
DELIMITER //
CREATE TRIGGER tr_teacher_delete
BEFORE DELETE ON teacher
FOR EACH ROW
    BEGIN
      IF(EXISTS(SELECT * FROM course WHERE tno=OLD.tno))THEN
```

```
                UPDATE course SET tno= NULL WHERE tno=OLD.tno;
    END IF;
  END //
DELIMITER ;
```

该触发器的触发时间是 BEFORE,触发事件是 DELETE,即在删除 teacher 表中记录之前,先执行触发程序。判断该教师是否有承担课程教学工作,若有承担,则将 course 表中该教师工号 tno 值修改为 NULL。

下面使用 DELETE 语句激活触发器 tr_teacher_delete,查看更新后的 course 表,运行结果如图 7-4-3 所示。

图 7-4-3　使用 DELETE 语句激活触发器 tr_teacher_delete

7.4.2　查看和删除触发器

(1)查看触发器

查看触发器是指查看数据库中已存在的触发器的定义、状态和语法信息等。

［实施 4］　查看 education 数据库中创建的触发器。

分析:使用 SHOW TRIGGERS 命令查看当前数据库中所有触发器的信息,运行结果如图 7-4-4 所示。

图 7-4-4　使用 SHOW TRIGGERS 语句查看触发器

[实施5] 查询触发器 tr_elective_insert 的信息。

分析：在 MySQL 中，所有触发器的定义都保存在 information_schema 数据库下的 triggers 表中。查询指定触发器的详细信息，SQL 语句如下。

```
SELECT *
FROM information_schema.triggers
WHERE trigger_name='tr_elective_insert' \G
```

（2）删除触发器

当不再使用触发器时，建议将触发器删除以免影响数据操作。MySQL 使用 DROP TRIGGER 语句删除当前数据库的触发器。

[实施6] 删除 elective 表上的 tr_elective_insert 触发器。

运行结果如图 7-4-5 所示。

```
mysql> DROP TRIGGER tr_elective_insert;
Query OK, 0 rows affected (0.01 sec)
```

图 7-4-5　使用 DROP TRIGGER 语句删除指定触发器

▶ **知识聚焦**

（1）触发器的工作原理

触发器根据触发时间可分为 BEFORE 和 AFTER 两类，每类触发器根据触发事件又可分为 INSERT、UPDATE 和 DELETE 3 种类型。通常，BEFORE 触发器用于一些数据的校验工作（数据类型、格式、范围等），AFTER 触发器则用于一些后续的统计工作（计算行数、记载日志等）。

【学习提示】

同一个表不能拥有两个具有相同触发时间和事件的触发器。例如，elective 表中有一个 BEFORE INSERT 触发器，则不能在该表上再创建一个 BEFORE INSERT 触发器，但可以创建一个 AFTER INSERT 触发器。

单一触发器不能与多个事件或多个表关联。例如，INSERT 和 UPDATE 操作执行的触发器需要定义两个不同的触发器。

在触发器程序执行过程中，MySQL 分别使用 NEW 和 OLD 关键字来创建与原表属性完全一样的两个临时表 NEW 和 OLD。其中，NEW 表用来存放新插入的记录或更新后的记录；OLD 表用来存放被删除的记录或更新前的记录。

触发器的工作过程如图 7-4-6 所示。

当向表中插入新记录时，INSERT 触发器被激活，新记录被存入 NEW 表中，触发程序可以使用"NEW. 字段名"访问新记录的某个字段。

当修改表的某条记录时，UPDATE 触发器被激活，更新前的记录被存入 OLD 表中，更新后的记录被存入 NEW 表中。触发程序分别使用"OLD. 字段名""NEW. 字段名"访问旧记录和新记录的某个字段。由于 UPDATE 操作相当于先删除旧记录，然后插入新记录，所以 UPDATE 操作同时支持 OLD 和 NEW 关键字。

当从表中删除旧记录时，DELETE 触发器被激活，将被删除的记录存入 OLD 表中，触发程序可以使用"OLD.字段名"访问旧记录的某个字段。

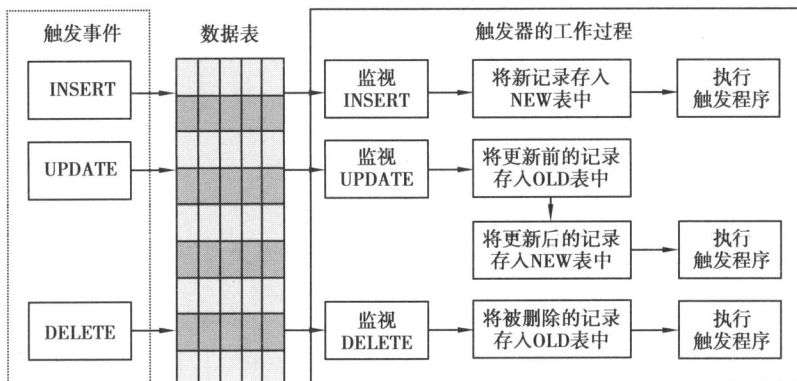

图 7-4-6 触发器的工作过程

OLD 表中的记录是只读的,只能引用,不能修改。而 NEW 表可以在触发器中使用 SET 关键字赋值。例如,在 INSERT 触发器中,可以使用"SET NEW.字段名=值"的语句设置表中记录的值。

（2）触发器的应用场景

在 MySQL 实际应用中,触发器主要可应用于以下场景。

①数据库的安全性检查。例如,禁止在非工作日时间插入学生信息。

②数据库的数据校验。触发器可以防止恶意的或错误的数据操作。例如,向表中新插入一条学生选课记录,触发器会自动检查其成绩是否满足百分制。

③数据库的审计。例如,跟踪表上操作的记录,查看什么时间什么人操作了数据库。

④数据库的备份和同步。例如,从表中删除一名教师信息,触发器会在某个备份表中保留一个副本。

⑤数据库的复杂完整性实现。例如,教师在更新选修表中成绩时,出现超过满分限制的分数,触发器会返回默认值。

⑥数据库的自动数值计算。当数据的值达到一定要求时进行特定的处理。例如,每当一届学生毕业时,触发器就从学生数量中减去毕业的学生数量。

▶ 任务拓展

在 education 数据库中按要求完成以下触发器的创建和使用操作。

①创建一个触发器 tr_student_insert,在向 student 表中插入学生记录时,判断 student 表中是否已存在该学生。如果存在,则自定义错误提示,输出"该学生已存在"。

提示:可以使用自定义错误提示,语法格式如下。

```
SIGNAL SQLSTATE '45000'
SET message_text='错误提示信息';
```

②创建一个触发器 tr_elective_update,在修改 elective 表中 grade 字段的值时,该字段值或者为空,或者取值 0~100。如果不满足要求,值小于 0 则填入 0,值大于 100 则填入 100。

③创建一个触发器 tr_student_delete,在删除 student 表中某个学生记录时,选修表

elective 中对应的学生选课记录也一起删除。

④查看触发器 tr_elective_update 的定义信息。

⑤删除触发器 tr_student_delete。

思维导图

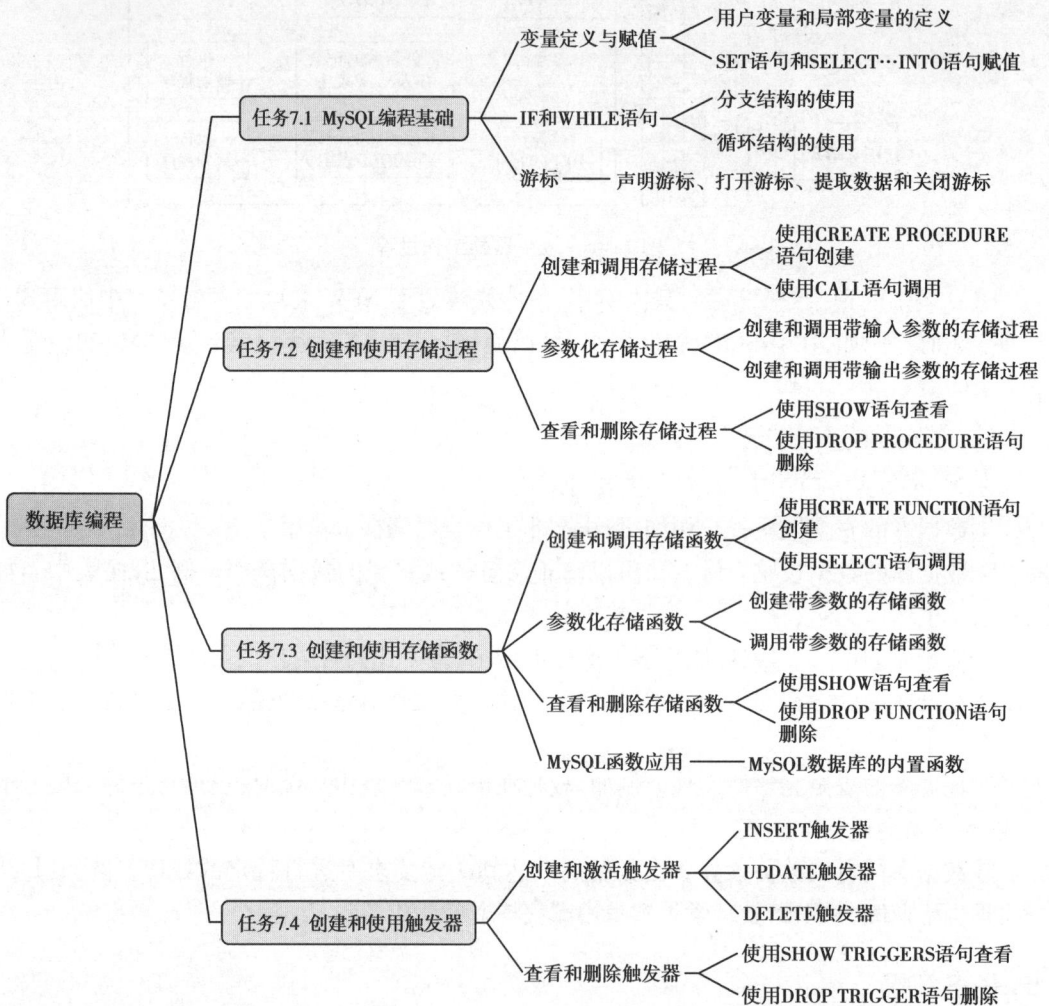

项目实训

一、实训目的

1. 掌握 MySQL 编程基础知识,并灵活运用到过程式数据库对象中。

2. 掌握存储过程的功能及作用,并学会其使用方法。

3. 掌握存储函数的功能及作用,并学会其使用方法。

4. 掌握触发器的功能及作用,并学会其使用方法。

二、实训内容及要求

library 数据库中的数据表参见项目 4 中表 4-3-1—表 4-3-4,对 library 数据库完成以下 MySQL 编程操作。

实训1:创建和使用存储过程

(1)创建一个存储过程 proc_booktop,功能是查看图书借阅次数排名前3的图书名称及其作者和出版社。调用该存储过程,查看最受欢迎的图书信息。

(2)创建一个存储过程 proc_infobypno,功能是根据给定的读者证号,判断其是否有借阅图书。如果有借阅记录,则显示其借阅的图书编号和图书名称;否则显示"无借阅记录"。调用该存储过程,分别查看读者"p01"和"p05"的借阅信息。

(3)创建一个存储过程 proc_curbybno,功能是根据给定的图书编号,逐条查看借阅该图书的读者证号和借阅天数。要求查看结果按借阅天数降序排列。调用该存储过程,查看"b01"的借阅信息。

提示:图书的借阅天数可以使用 DATEDIFF(date1,date2) 函数来计算,其中 date1 和 date2 需要是合法的日期。

(4)创建一个存储过程 proc_infobytname,功能是根据给定的图书类别编号,返回相应的类别名称。调用该存储过程,查看图书类别"t01"的名称。

(5)查看存储过程 proc_booktop 的状态。

实训2:创建和使用存储函数

(1)创建一个存储函数 booknum,要求该函数返回 book 表中的图书总数。调用该存储函数,查看当前图书库存量。

(2)创建一个存储函数 infobybname,要求该函数根据给定的图书名称返回作者姓名。调用该存储函数,查看"MySQL 由浅入深"的作者。

(3)创建一个存储函数 rankbypno,要求该函数根据给定的读者证号,查看其借阅图书的数量,如果数量等于读者借阅数量的最大值,则返回"阅读明星";如果数量大于0但小于最大值,则返回"阅读能手";否则返回"阅读小白"。调用该存储函数,分别查看读者"p02"和"p05"的阅读级别。

(4)查看存储函数 booknum 的定义。

实训3:创建和使用触发器

(1)创建一个触发器 tr_borrow_insert,在向 borrow 表中插入某条借阅记录时,要求还书日期大于等于借书日期。如果不满足,则将还书日期设置为借书日期加上最长借期1个月。使用 INSERT 语句插入两条记录('p05','b02','2023-12-01')和('p05','b01','2023-10-21','2023-10-11'),激活触发器,测试其功能。

(2)创建一个触发器 tr_book_update,当更改 type 表中某个图书的类别编号 tno 时,将 book 表中相应的 tno 全部更新。使用 UPDATE 语句将"t01"类别修改为"w01",激活触发器,测试其功能。

(3)创建一个触发器 tr_people_delete,在删除 people 表中某个读者记录时,借阅表 borrow 中对应的借阅记录也一并删除。使用 DELETE 语句删除读者"p01"的记录,激活触发器,测试其功能。

(4)查看触发器 tr_people_delete 的定义。

(5)删除触发器 tr_borrow_insert。

课后习题

一、选择题

1. MySQL 支持的变量类型有用户变量、系统变量和(　　　)。

A. 成员变量　　　　　B. 局部变量　　　　　C. 全局变量　　　　　D. 时间变量

2. 在 WHILE 循环语句中,如果循环体语句条数多于1条,必须使用(　　　)。

A. BEGIN⋯END　　　B. CASE⋯END　　　C. IF⋯THEN　　　D. LOOP⋯END

3. 使用游标的一般流程是(　　　)。

A. 打开→读取→关闭

B. 声明→填充内容→读取→关闭

C. 声明→打开→读取→关闭

D. 声明→填充内容→打开→读取→关闭

4. 为了使用输出参数,需要在 CREATE PROCEDURE 语句中指定(　　　)。

A. IN　　　　　　B. OUT　　　　　C. CHECK　　　　　D. DEFAULT

5. MySQL 调用存储过程时,需要(　　　)调用该存储过程。

A. 直接使用存储过程的名称　　　　　B. 在存储过程前加 CALL 关键字

C. 在存储过程前加 EXEC 关键字　　　D. 在存储过程前加 USE 关键字

6. 创建存储函数的关键语句是(　　　)。

A. CREATE PROCEDURE

B. CREATE FUNCTION

C. ALTER FUNCTION

D. CREATE TRIGGER

7. MySQL 中用于求系统当前日期的函数是(　　　)。

A. YEAR　　　　　B. CURDATE　　　　　C. COUNT　　　　　D. SUM

8. 以下关于触发器的叙述错误的是(　　　)。

A. 触发器的执行是自动的

B. 触发器多用来保证数据的完整性

C. 触发器可以创建在表或视图上

D. 一个表上最多只能定义 3 个触发器

9. MySQL 数据库所支持的触发器不包括(　　　)。

A. INSERT 触发器

B. UPDATE 触发器

C. DELETE 触发器

D. ALTER 触发器

10. 当删除(　　　)时,与它关联的触发器也同时删除。

A. 视图　　　　　B. 临时表　　　　　C. 过程　　　　　D. 表

二、简答题

1. 简述什么是游标及游标的作用。

2. 简述存储过程与存储函数的区别。

3. 简述触发器的分类及其工作原理。

项目8
数据库安全管理 .... ◎

学习导读

数据安全管理是数据库管理系统一个非常重要的组成部分,是数据库中数据被合理访问和修改的基本保证。例如,王芳在学生选课系统数据库的应用开发中一直以系统管理员的角色操作数据,一不小心的误操作可能对系统数据带来不可逆的影响。如何为不同用户分配相应的访问数据库对象及数据的权限,从而防止数据意外丢失或者越权访问是王芳需要解决的新问题。

本项目将通过学习 MySQL 提供的事务和锁机制、用户和权限管理以及数据备份与恢复,适应和满足数据服务与共享过程中的安全性需要。

学习目标

知识目标	技能目标	素养目标
1. 了解事务处理和锁机制。 2. 掌握用户管理与权限管理的方法。 3. 掌握数据库备份与恢复的常用方法。	1. 会使用事务处理语句手动提交和回滚事务。 2. 会创建和使用新用户,并对用户权限进行管理。 3. 会备份与恢复数据库。	1. 培养数据安全意识:定期备份数据库,防患于未然。 2. 培养安全责任意识:学习用户权限管理相关知识,体会遵守职业道德规范的重要性。

任务8.1 事务管理

▶ 任务描述

在实际应用中,较为复杂的业务逻辑通常都需要执行一组 SQL 语句,且这一组 SQL 语句执行的数据结果存在一定的关联。例如,学生在线选课过程中,存在多名学生争抢最后一个选课名额的问题,如何保证并发操作的正确性,确保表中数据的一致性呢? 下面我们就和王芳一起认识 MySQL 提供的事务机制,通过行锁保证并发事务的安全执行。

具体任务实施如下。

[实施1] 启动一个事务,向 course 表中插入两条课程记录('c07','数据分析',3.0,'必修','t02')和('c08','数据可视化',3.0,'必修','t04'),最后提交事务。

[实施2] 启动一个事务,向 course 表中插入一条课程记录('c09','软件工程',3.0,'必

修','t03'），然后执行事务回滚。

［实施3］ 启动一个事务，在 student 表中录入学生记录（'202303007','何雯','女','2004-05-28','23 云计算 1 班'），加入事务保存点 saveinfo；再录入一条学生记录（'20230308','黄铭亮','男','2004-08-25','23 云计算 1 班'），执行回滚至保存点，最后提交事务。

［实施4］ 在学生选课系统中，使用共享锁和排他锁来控制多名学生的并发选课操作，确保数据的一致性。

任务分析

要完成上述任务，一是要理解事务的 ACID 特征，会使用事务处理语句手动提交和回滚事务；二是要了解并发操作可能存在的问题，会针对实际应用场景使用共享锁和排他锁对并发操作进行控制。

本任务知识聚焦内容如下。
- 事务的特性
- 并发操作的问题

任务实施

8.1.1 事务的处理操作

事务是由一组操作数据库的 SQL 语句组成的工作单元，该工作单元中所有操作要么全部执行，要么都不执行，不存在部分执行的情况。"成功"即所有步骤都完成，"失败"即回到事务之前的初始状态，这就有效地保证了数据库中数据的一致性和并发性。

（1）事务处理语句

事务的开始与结束可以由用户显式控制。如果用户没有显式地处理事务，则由 DBMS 按照默认规则划分事务。在 MySQL 中，处理事务的语法格式如下。

```
START TRANSACTION;        /*启动事务*/
SQL 语句                  /*用户自定义事务*/
COMMIT|ROLLBACK;          /*提交事务|回滚事务*/
```

参数说明如下。

①START TRANSACTION：标识一个用户自定义事务的开始。MySQL 不允许嵌套事务。在第 1 个事务中使用 START TRANSACTION 语句后，当第 2 个事务开始时，系统会自动提交第 1 个事务。

②SQL 语句：标识用户自定义事务，可以是一条 SQL 语句、一组 SQL 语句或整个程序。

③COMMIT：用于结束一个用户自定义事务，保证事务中的所有数据操作永久生效，此时事务正常结束。

④ROLLBACK：当事务在执行过程中遇到错误时，用于撤销事务所做的修改，并回滚到事务执行前的状态。

（2）事务的提交

在默认情况下，SQL 语句是自动提交的，即每条 SQL 语句在执行完毕后会自动提交事务，由系统变量 @@AUTOCOMMIT 进行管理，默认值为 1。如果想要多条 SQL 语句在全部执行完毕后统一提交事务，则需要事先使用“SET @@AUTOCOMMIT=0;”语句关闭自动提交功能。自动提交功能关闭后，SQL 语句需要使用 COMMIT 语句手动进行事务提交。

[实施1]　启动一个事务，向 course 表中插入两条课程记录('c07','数据分析',3.0,'必修','t02')和('c08','数据可视化',3.0,'必修','t04')，最后提交事务。

```
SET @@AUTOCOMMIT=0;          /*关闭自动提交功能*/
START TRANSACTION;           /*启动事务*/
INSERT INTO course VALUES('c07','数据分析',3.0,'必修','t02');
INSERT INTO course VALUES('c08','数据可视化',3.0,'必修','t04');
COMMIT;                      /*提交事务*/
```

提交事务后，查询 course 表中记录，执行结果如图 8-1-1 所示，数据已插入。

```
mysql> SELECT * FROM course;
+-----+--------------+--------+------+------+
| cno | cname        | credit | type | tno  |
+-----+--------------+--------+------+------+
| c01 | 云计算概论   |    2.0 | 必修 | t03  |
| c02 | 机器学习     |    3.0 | 必修 | t01  |
| c03 | 数据库应用   |    3.5 | 必修 | t04  |
| c04 | 数据结构     |    2.0 | 选修 | t02  |
| c05 | 计算机视觉   |    3.5 | 选修 | NULL |
| c06 | 大数据平台部署 |  4.0 | 必修 | t01  |
| c07 | 数据分析     |    3.0 | 必修 | t02  |
| c08 | 数据可视化   |    3.0 | 必修 | t04  |
+-----+--------------+--------+------+------+
8 rows in set (0.00 sec)
```

图 8-1-1　事务提交后的 course 表结果

(3)事务的回滚

[实施2]　启动一个事务，向 course 表中插入一条课程记录('c09','软件工程',3.0,'必修','t03')，然后执行事务回滚。

```
START TRANSACTION;
INSERT INTO course VALUES('c09','软件工程',3.0,'必修','t03');
ROLLBACK;
```

事务回滚后，查询 course 表中记录，执行结果如图 8-1-2 所示。事务回滚后，插入操作已经被撤销，course 表回滚到事务处理之前的状态。

```
mysql> SELECT * FROM course;
+-----+--------------+--------+------+------+
| cno | cname        | credit | type | tno  |
+-----+--------------+--------+------+------+
| c01 | 云计算概论   |    2.0 | 必修 | t03  |
| c02 | 机器学习     |    3.0 | 必修 | t01  |
| c03 | 数据库应用   |    3.5 | 必修 | t04  |
| c04 | 数据结构     |    2.0 | 选修 | t02  |
| c05 | 计算机视觉   |    3.5 | 选修 | NULL |
| c06 | 大数据平台部署 |  4.0 | 必修 | t01  |
| c07 | 数据分析     |    3.0 | 必修 | t02  |
| c08 | 数据可视化   |    3.0 | 必修 | t04  |
+-----+--------------+--------+------+------+
8 rows in set (0.00 sec)
```

图 8-1-2　事务回滚后的 course 表结果

可以使用 ROLLBACK TO 语句使事务回滚到某个点，在这之前需要使用 SAVEPOINT 语句来设置一个保存点,语法格式如下。

```
SAVEPOINT 保存点名称;                        /*设置保存点*/
ROLLBACK TO SAVEPOINT 保存点名称;            /*回滚到保存点*/
```

如果在设置保存点后当前事务对数据进行了更改,则这些更改会在回滚中被撤销。

[实施3] 启动一个事务,在 student 表中录入学生记录('202303007','何雯','女','2004-05-28','23 云计算 1 班'),加入事务保存点 saveinfo;再录入一条学生记录('20230308','黄铭亮','男','2004-08-25','23 云计算 1 班'),执行回滚至保存点,最后提交事务。

```
START TRANSACTION;
INSERT INTO student
VALUES('202303007','何雯','女','2004-05-28','23 云计算 1 班');
SAVEPOINT saveinfo;
INSERT INTO student
VALUES('20230308','黄铭亮','男','2004-08-25','23 云计算 1 班');
ROLLBACK TO saveinfo;
COMMIT;
```

事务提交后,查询 student 表中记录,执行结果如图 8-1-3 所示。

```
mysql> SELECT * FROM student;
+-----------+--------+--------+------------+----------------+
| sno       | sname  | gender | birthday   | class          |
+-----------+--------+--------+------------+----------------+
| 202101001 | 赵菁   | 女     | 2003-01-01 | 21大数据1班    |
| 202101002 | 李勇   | 男     | 2002-10-11 | 21大数据1班    |
| 202202003 | 刘灿   | 女     | 2004-04-08 | 22人工智能1班  |
| 202202004 | 王芳   | 女     | 2003-05-09 | 22人工智能1班  |
| 202303005 | 王筱俊 | 男     | 2003-08-27 | 23云计算1班    |
| 202303006 | 张志勇 | 男     | 2004-10-18 | 23云计算1班    |
| 202303007 | 何雯   | 女     | 2004-05-28 | 23云计算1班    |
+-----------+--------+--------+------------+----------------+
7 rows in set (0.00 sec)
```

图 8-1-3 回滚运行结果

运行结果可知,当事务回滚至保存点 saveinfo 时,在保存点之前插入的"何雯"记录被成功存入表中,在保存点之后插入的"黄铭亮"记录未能成功插入。

8.1.2 MySQL 的锁机制

当同一数据库系统中有多个事务并发运行时,如果不适当控制,就可能产生数据不一致的问题。锁是计算机中用于协调多个线程并发访问共享资源的机制。假若在同一时刻,多个用户对同一个表执行更新或查询操作,有可能因为资源拥堵造成数据不一致。为保证多用户在进行读写操作时数据一致,需要使用锁对并发现象进行控制。

根据加锁数据的粒度范围,MySQL 中的锁可大致分为全局锁、表级锁和行锁。其中,全局锁就是对整个数据库实例加锁,只有当对数据库做全库逻辑备份时,才会使用全局锁;表级锁是对整个数据表加锁,能很好地避免死锁问题,但由于其锁定数据的粒度大,因此争用被锁定资源的概率高,实际中应用较少;行锁是对表中的一行或多行加锁,其争用被锁定资源的概率低,MySQL 的行锁是由 InnoDB 存储引擎实现,根据数据读写操作,行锁可分为共享锁和排他锁。

(1)共享锁

共享锁又称为读锁。一个事务获取了共享锁之后,允许对锁定范围内的数据执行读操作(SELECT),阻止其他事务获得相同数据集的排他锁。

(2)排他锁

排他锁又称为写锁。一个事务获取了排他锁之后,允许对锁定范围内的数据执行写操作(INSERT、UPDATE),阻止其他事务获得相同数据集的共享锁和排他锁。

[实施4] 在学生选课系统中,使用共享锁和排他锁来控制多名学生的并发选课操作,确保数据的一致性。

分析:本任务实施根据课程限选人数来控制学生的并发选课操作,因此需要向 course 表中新增一个限选人数字段 seats,整型数据,默认值为20。并发选课操作通过存储过程来实现,SQL 语句如下。

```
ALTER TABLE course        /*向 course 表中添加限选人数字段*/
ADD seats INT DEFAULT 20;


DELIMITER //
CREATE PROCEDURE uselock( )
BEGIN
DECLARE n INT;
START TRANSACTION;
/*查询课程的剩余名额,并加上共享锁*/
SELECT seats INTO n FROM course WHERE cno='c03' FOR SHARE;
/*判断剩余名额是否足够*/
IF n > 0 THEN
    /*更新课程的剩余名额,并加上排他锁*/
    UPDATE course SET seats = seats - 1 WHERE cno='c03';
    INSERT INTO elective( sno,cno,grade)VALUES('202303005','c03',0);
    SELECT '选课成功,提交事务! ';
    COMMIT;
ELSE
    SELECT '选课失败,回滚事务! ';
    ROLLBACK;
END IF;
END //
DELIMITER ;
```

执行上述代码后,使用 CALL 语句调用存储过程,提示"选课成功,提交事务!"。使用 SELECT 语句分别查看 course 表中"c03"课程的限选人数和 elective 表中的选课记录,相关信息均已更新。执行结果如图 8-1-4 和图 8-1-5 所示。

```
mysql> SELECT * FROM course WHERE cno='c03';
+-----+------------+--------+------+-----+-------+
| cno | cname      | credit | type | tno | seats |
+-----+------------+--------+------+-----+-------+
| c03 | 数据库应用 |    3.5 | 必修 | t04 |    19 |
+-----+------------+--------+------+-----+-------+
1 row in set (0.00 sec)
```

图 8-1-4　选课后的 course 表结果集

```
mysql> SELECT * FROM elective
    -> WHERE sno='202303005';
+-----------+-----+-------+
| sno       | cno | grade |
+-----------+-----+-------+
| 202303005 | c01 |    75 |
| 202303005 | c03 |     0 |
+-----------+-----+-------+
2 rows in set (0.00 sec)
```

图 8-1-5　选课后的 elective 表结果集

通过使用共享锁和排他锁,可以在并发操作中保证数据的一致性和避免冲突。共享锁允许多个事务同时读取课程信息,而排他锁确保只有一个事务能够修改课程信息。这样可以避免并发操作导致的问题,如超出课程容量或选课冲突。

【学习提示】

对于 UPDATE、DELETE 和 INSERT 语句,InnoDB 存储引擎会自动给数据集加排他锁;对于 SELECT 语句,InnoDB 存储引擎不会加任何锁,但可以通过以下语句显式地给结果集加共享锁或排他锁。

共享锁:SELECT * FROM 表名 WHERE 条件 FOR SHARE;

排他锁:SELECT * FROM 表名 WHERE 条件 FOR UPDATE;

知识聚焦

(1)事务的特性

事务的四大特性"ACID"是一个简称,即原子性(A)、一致性(C)、隔离性(I)和持久性(D)。每个事务的处理必须满足 ACID 原则。

①原子性。原子性意味着每个事务都必须被认为是一个不可分割的单元。假设一个事务由两个或者多个任务组成,其中的语句必须同时成功才能认为事务是成功的。如果事务失败,系统将会返回到事务以前的状态。

②一致性。一致性意味着,事务内所有的 DML 语句操作的时候必须保证同时成功或同时失败,只要有一条不成功,前面执行的所有语句都必须回滚。

③隔离性。隔离性是指每个事务在它自己的空间发生,和其他发生在系统中的事务相隔离,而且事务的结果只有在它完全被执行时才能看到。即使在这样的一个系统中同时发生了多个事务,隔离性原则保证某个特定事务在完全完成之前其结果也是看不见的。

④持久性。持久性是指即使系统崩溃,一个已提交的事务仍然存在。当一个事务完成、数据库的日志已经被更新后,持久性就开始发挥作用。数据库通过保存行为的日志来保证数据的持久性,即事务终结后内存的数据保存到硬盘文件中。

(2)并发操作的问题

在学生选课系统中,多个学生同时尝试选修同一门课程,会导致并发操作的问题,包括脏读、不可重复读和幻读。

1)脏读(Dirty Reads)

脏读是指一个事务读取到了另一个事务尚未提交的数据。在学生选课系统中,当一个学生 A(事务 1)正在尝试选修一门课程,但尚未提交其选课请求时,另一个学生 B(事务 2)

可能在此时查询已选课程列表,会读取到这个未提交的选课信息。如果事务1最终回滚(如因为课程名额已满),事务2可能会基于这个不准确的信息做出错误的决策。

2)不可重复读(Non-repeatable Reads)

不可重复读是指在一个事务内,多次读取同一数据时,由于其他事务对该数据进行了修改,导致读取结果不一致。在学生选课系统中,假设一个学生在进行选课操作时,另一个学生同时查询某门课程的剩余名额。如果第一个学生成功选课并提交了事务,那么第二个学生再次查询该课程的剩余名额时,可能会得到不同的结果,因为第一个学生已经占用了一个名额。

3)幻读(Phantom Reads)

幻读是指在一个事务内,由于其他事务插入或删除数据,导致结果集发生了变化。在学生选课系统中,假设一个学生在进行选课操作时,另一个学生同时查询某个课程的所有选课学生列表。如果此时有其他学生进行选课或取消选课操作,导致选课学生列表发生变化,第二个学生再次查询时,可能会发现结果集中出现了新的学生记录(幻读)。

▶ 任务拓展

在 education 数据库中按要求完成以下事务处理及封锁操作。

①启动一个事务,在 teacher 表中插入一条记录('t06','王霞'),最后提交事务,查看记录是否写入数据表中。

②启动一个事务,在 teacher 表中插入一条记录('t07','李鸿辉','讲师','人工智能'),在事务处理过程中出现了问题,执行事务回滚,查看记录是否写入数据表中。

③启动一个事务,修改 teacher 表中张廷宇的职称为"讲师",删除王霞的教师信息,加入事务保存点 save;修改王宇恒的研究方向为"云计算",将事务回滚到保存点,最后提交事务,并查看记录是否已更新。

④启动一个事务,查询 teacher 表中陈鸿的教师信息,并加上共享锁。再启动一个事务,查询 teacher 表中陈鸿的教师信息后,更新陈鸿的职称为"教授"。(不同的事务,使用不同的命令行窗口。)

⑤启动一个事务,查询 teacher 表中陈鸿的教师信息,并加上排他锁。再启动一个事务,查询 teacher 表中陈鸿的教师信息后,再查询 teacher 表中陈鸿的教师信息,并加上共享锁。(不同的事务,使用不同的命令行窗口。)

任务8.2　用户管理

▶ 任务描述

MySQL 是一个多用户数据库管理系统,具有功能强大的访问控制体系。MySQL 用户包括 root 用户和普通用户。当学生选课系统的数据库开发进入到安全管理阶段,如何为系统创建和使用不同角色的用户,需要使用哪些 SQL 语句来实现用户管理是出现在王芳面前的新问题。

具体任务实施如下。

［实施1］　创建新用户 user1，密码为 123456。

［实施2］　将用户名 user1 修改为 customer1。

［实施3］　将用户 customer1 的密码修改为 654321。

［实施4］　删除用户 customer1。

▶ **任务分析**

要完成上述任务，一是要会使用 CREATE USER 语句创建新用户；二是会使用 RENAME USER 语句修改用户名称；三是要会使用 ALTER USER 语句修改用户密码；四是要会使用 DROP USER 语句删除不再需要的用户。

本任务知识聚焦内容如下。

- MySQL 的权限表
- user 表的相关信息

▶ **任务实施**

8.2.1　创建用户

在 MySQL 数据库中，只有一个 root 用户是无法管理众多数据的，因此需要创建多个普通用户来管理不同类型的数据。在实际开发过程中，为了保证数据的安全性，推荐使用 CREATE USER 语句创建新用户。

使用 CREATE USER 语句创建新用户时，MySQL 会自动修改相应的权限表，新用户可以登录 MySQL 数据库，但不具有任何操作权限。语法格式如下。

> CREATE USER '用户名'[@'主机名']［IDENTIFIED BY '密码'][，'用户名'[@'主机名']
> ［IDENTIFIED BY '密码']]…;

参数说明如下。

①用户名：用于登录 MySQL 的名称。

②主机名：如果是本地用户，主机名可以使用 localhost；如果省略，则默认为"％"，即对所有主机开放权限(包括远程主机)。

③IDENTIFIED BY：用于指定用户的密码，如果省略，默认密码为空。从安全的角度来看，不推荐设置空密码。

［实施1］　创建新用户 user1，密码为 123456。

> CREATE USER 'user1' IDENTIFIED BY '123456';

想要验证用户是否创建成功，可以通过 SELECT 语句进行查询，执行结果如图 8-2-1 所示。

```
mysql> SELECT user,host,authentication_string FROM user\G
*************************** 1. row ***************************
            user: user1
            host: %
authentication_string: *6BB4837EB74329105EE4568DDA7DC67ED2CA2AD9
```

图 8-2-1　用户 user1 创建验证

从运行结果来看,用户 user1 已成功创建,但密码显示的是一串字符,这是因为在创建用户时,MySQL 会对用户的密码自动加密,以提高数据库的安全性。

为了验证用户 user1 是否能登录到 MySQL,可以使用"\q"命令退出 MySQL,重新使用用户 user1 的密码登录 MySQL 数据库。执行结果如图 8-2-2 所示。

图 8-2-2　用户 user1 登录验证

8.2.2　修改用户

当管理员在 MySQL 中创建好用户后,因为各种原因,可能需要更改用户名、修改密码来实现对用户的管理。

（1）修改用户名称

修改用户名的语法格式如下。

```
RENAME USER '原用户名'@'主机名' TO '新用户名'@'主机名';
```

该语句的使用者必须拥有"RENAME USER"权限,可以同时修改多个已存在的用户名,各用户名之间用逗号隔开即可。

［实施2］　将用户名 user1 修改为 customer1。

```
RENAME USER 'user1'@'%' TO 'customer1'@'%';
```

通过 SELECT 语句查看修改后的用户名,执行结果如图 8-2-3 所示。

图 8-2-3　修改用户名并验证

（2）修改用户密码

用户密码是正确登录 MySQL 服务器的凭据,为保证数据库的安全性,用户需要经常修改密码,以防止密码泄露。使用 ALTER USER 命令修改用户密码,语法格式如下。

```
ALTER USER '用户名'@'主机名' IDENTIFIED BY '新密码';
```

［实施3］　将用户 customer1 的密码修改为 654321。

```
ALTER USER 'customer1'@'%' IDENTIFIED BY '654321';
```

通过 SELECT 语句查看修改后的密码,对比图 8-2-4 和图 8-2-3 中 authentication_string 的取值,验证修改。

图 8-2-4　修改密码并验证

8.2.3 删除用户

当用户不再需要时,可以使用 DROP USER 语句删除用户。语法格式如下。

```
DROP USER[IF EXISTS]'用户名'@'主机名';
```

该语句的使用者必须拥有全局 DROP USER 权限或 DELETE 权限,可以一次删除多个用户,各用户名之间用逗号隔开即可。

[实施4] 删除用户 customer1。

```
DROP USERIF EXISTS 'customer1'@'%';
```

通过 SELECT 语句查看删除后的用户名,执行结果如图 8-2-5 所示。

```
mysql> SELECT user,host FROM user;
+------------------+-----------+
| user             | host      |
+------------------+-----------+
| mysql.infoschema | localhost |
| mysql.session    | localhost |
| mysql.sys        | localhost |
| root             | localhost |
+------------------+-----------+
4 rows in set (0.00 sec)
```

图 8-2-5 删除用户并验证是否成功删除

使用 DROP USER 语句删除用户的方式实际上就是在 mysql. user 表中删除相应的用户记录。因此可以使用 DELETE 语句直接删除用户信息。例如,删除用户 customer1,SQL 语句如下。

```
DELETE FROM user
WHERE host ='%' AND user='customer1';
```

其中,host 和 user 是 mysql. user 表中字段,用来确定唯一的一条用户记录。

知识聚焦

(1)MySQL 的权限表

通过网络连接服务器的客户对 MySQL 数据库的访问由权限表内容来控制。这些表位于系统数据库 mysql 中,并在第 1 次安装 MySQL 的过程中初始化,权限表共有 5 个:user、db、tables_priv、columns_priv 和 procs_priv。

user 表是 MySQL 数据库中最重要的权限表之一,列出了可以连接服务器的用户及其口令,并且指定它们有哪种全局(超级)权限。在 user 表中启用的任何权限均是全局权限,并适用于所有数据库。

db 表也是 MySQL 数据库中非常重要的权限表,它存储了用户对某个数据库的操作权限。其字段大致可以分为两类:用户列(Host、Db、User)和权限列。

tables_priv 表用来对表设置操作权限;columns_priv 表用来对表的某一列设置操作权限;procs_priv 表用来对存储过程和存储函数设置操作权限。

当 MySQL 服务器启动时,首先读取 mysql 数据库中的权限表,并将表中的数据装入内存。当用户进行存取操作时,MySQL 会根据这些表中的数据进行相应的权限控制。

（2）user 表的相关信息

使用 DESC 语句查看 user 表结构，MySQL 8.0 中 user 表有 51 个字段，共分为 4 类，分别是用户列、权限列、安全列和资源控制列，各类字段的作用如下。

1）用户列

user 表的用户列包括 Host、User 字段，分别表示主机名、用户名。Host 和 User 字段为 user 表的联合主键。当用户和服务器之间建立连接时，输入的账户信息中的用户名、主机名必须匹配 user 表中对应的字段。只有两个值都匹配时，才会检测该表安全列中 authentication_string 字段的值是否与用户输入的密码相匹配；只有这些都匹配，才允许建立连接。这 3 个字段的值是在创建账户时保存的账户信息。修改用户密码时，实际上是修改 user 表的 authentication_string 字段的值。

2）权限列

user 表的权限列包括 Select_priv、Insert_priv 等以"_priv"结尾的字段。这些字段决定了用户的权限，描述了在全局范围内允许对数据和数据库进行的操作，包括查询权限、修改权限等普通权限，还包括关闭服务器、超级权限和加载用户等高级权限。普通权限用于操作数据库，高级权限用于管理数据库。

3）安全列

user 表的安全列共有 15 个字段，ssl 开头的字段用于加密，x509 开头的字段用于标识用户，plugin 字段用于验证用户身份，authentication_string 字段用于保存用户的密码，password _ expired 字段用于标识账号的密码过期时间，password_last_changed 字段用于标识密码最近一次的修改时间，password_lifetime 字段用于标识密码的有效时间，account_locked 字段用于标识账号是否锁定，Create_role_priv 和 Drop_role_priv 字段用于标识是否有创建和删除角色的权限，Password_reuse_history 和 Password_reuse_time 字段用于标识密码重复使用的历史和时间，Password_require_current 字段用于标识修改密码是否需要提供当前密码。

4）资源控制列

资源控制列的字段用来限制用户使用的资源。max_questions 字段规定每小时允许执行查询数据库的次数，max _ updates 字段规定每小时允许执行更新数据库的次数，max _ connections 字段规定每小时允许执行连接数据库的次数，max_user_connections 字段规定单个用户同时建立的连接次数。这些字段表示最大允许次数，默认值为 0，表示没有限制。

任务拓展

在学生选课系统中有多个数据表，为了更好地管理数据，请按要求完成以下用户管理操作。

①创建一个学生用户 role1。

②创建一个教师用户 role2，主机名为 localhost，密码为 123123。

③将 role1 和 role2 的用户名分别修改为 stu_role 和 teach_role。

④将 stu_role 用户的密码修改为 stu123。

⑤删除用户 stu_role。

任务8.3 权限管理

▶ 任务描述

在实际应用开发中,为了保证数据的安全性,数据库管理员要根据用户的不同层级进行权限分配,以限制各用户只能在所拥有的权限范围内进行数据访问。在学生选课系统中,如何为教务人员、教师和学生等用户授予不同的操作权限是王芳需要解决的新问题。

具体任务实施如下。

[实施1] 给本地用户名为 stu_user,密码为 stu123 的学生用户授予对 education.course 表的查询权限。

[实施2] 给本地用户名为 teach_user,密码为 teach123 的教师用户授予对 education. elective 表中 grade 字段的修改权限。

[实施3] 给本地用户名为 admin_user,密码为 admin123 的管理员用户授予对 education 中所有表进行操作的所有权限,并使用 WITH GRANT OPTION 子句授予该用户可将其权限授予给其他用户的权限。

[实施4] 查看用户 stu_user 的权限信息。

[实施5] 收回用户 teach_user 对本地 education.elective 表中 grade 字段的修改权限。

▶ 任务分析

要完成上述任务,一是要会使用 GRANT 语句分配不同层级的权限;二是会使用 SHOW GRANTS 语句查看用户权限;三是要会使用 REVOKE 语句收回权限。

本任务知识聚焦内容如下。

- MySQL 的权限体系
- 用户权限分配的原则

▶ 任务实施

8.3.1 授予权限

新创建的用户还没有任何权限,不能访问数据库,不能做任何事情。针对不同用户对数据库的实际操作要求,分别授予用户对特定表的特定字段、特定表、数据库的特定权限。语法格式如下。

```
GRANT 权限[(字段列表)][,权限[(字段列表)]]…
ON 对象名 TO '用户名'@'主机名'[,'用户名'@'主机名']…
[WITH GRANT OPTION];
```

参数说明如下。

①权限:表示要授予用户的权限名称,如 SELECT、INSERT、UPDATE 等,如果涉及特定字段的权限,还需在权限后加上(字段列表),如 SELECT(sno);如果要授予用户所有权限,

则使用 ALL。

②对象名:指定要授予用户哪个数据库中的哪个表的权限,可以用"*.* | 数据库名.* | 数据库名. 数据表名"来表示。

③WITH GRANT OPTION:表示允许用户将获得的权限授予其他用户。WITH 关键字后面还可以使用资源控制列的字段(如 max_questions、max_updates、max_connection、max_user_connections)用来限制用户使用的资源。

[实施1] 给本地用户名为 stu_user,密码为 stu123 的学生用户授予对 education.course 表的查询权限。

分析:从 MySQL 8.0 开始已经不支持授权的同时创建用户,需要先使用 CREATE USER 语句创建用户,再使用 GRANT 语句进行授权。

```
/*创建用户*/
CREATE USER 'stu_user'@'localhost' IDENTIFIED BY 'stu123';
/*授予权限*/
GRANT SELECT ON education.course TO 'stu_user'@'localhost';
```

上述语句执行成功后,通过 SELECT 语句验证结果如图 8-3-1 所示。

```
mysql> SELECT user,host,select_priv FROM user WHERE user='stu_user';
+----------+-----------+-------------+
| user     | host      | select_priv |
+----------+-----------+-------------+
| stu_user | localhost | N           |
+----------+-----------+-------------+
1 row in set (0.00 sec)
```

图 8-3-1 查看用户 stu_user 权限

运行结果中 select_priv 字段显示为"N",因为 stu_user 用户的查询权限不是全局权限,仅对 education.course 表起作用。为了进一步验证 stu_user 用户权限,可以使用"\q"退出 MySQL,使用 stu_user 用户的密码登录 MySQL,查询 course 表中信息。信息可以被检索到,说明 stu_user 用户具备 course 表的查询权限。

[实施2] 给本地用户名为 teach_user,密码为 teach123 的教师用户授予对 education.elective 表中 grade 字段的修改权限。

分析:使用 root 用户重新登录 MySQL,创建 teach_user 用户,再进行授权。teach_user 用户仅对 education.elective 表中 grade 字段具有修改权限,需要在 UPDATE 后面加上字段信息,SQL 语句如下。

```
CREATE USER 'teach_user'@'localhost' IDENTIFIED BY 'teach123';
GRANT UPDATE(grade)ON education.elective TO 'teach_user'@'localhost';
```

上述语句执行成功后,可以进一步验证 teach_user 用户权限,使用 teach_user 用户的密码登录 MySQL,将 education.elective 表中 grade 字段值清零。

[实施3] 给本地用户名为 admin_user,密码为 admin123 的管理员用户授予对 education 数据库中所有表进行操作的所有权限,并使用 WITH GRANT OPTION 子句授予该用户可将其权限授予给其他用户的权限。

```
CREATE USER 'admin_user'@'localhost' IDENTIFIED BY 'admin123';
GRANT ALL ON education.*  TO 'admin_user'@'localhost' WITH GRANT OPTION;
```

上述语句执行成功后,可以进一步验证 admin_user 用户权限,使用 admin_user 用户的密码登录 MySQL,对 education 数据库中的各表数据进行增加、修改、删除及查询操作。

如果想将用户 admin_user 查询 elective 表的权限授予给用户 stu_user,可以使用如下语句。

```
GRANT SELECT ON education.student TO 'stu_user'@'localhost';
```

使用 stu_user 用户的密码登录 MySQL,查询 student 表中信息,验证权限授予是否成功。

【思政小贴士】

《中华人民共和国数据安全法》自 2021 年 9 月 1 日起实施,为提升人民群众的数据安全意识和素养,提供了规范化、法治化的依据,切实提升了人民群众的数据安全风险防范意识。在此背景下,学习和掌握数据库安全管理技术,强化创新实践能力,不仅是维护国家安全的必要举措,也是培养新时代有为青年的重要内容。

8.3.2　查看权限

前面已经创建的用户权限,由于不是全局权限,在 user 表中看不到相关信息。可以使用 SHOW GRANTS 语句查看指定用户的权限信息,其语法格式如下。

```
SHOW GRANTS FOR '用户名'@'主机名';
```

[实施 4]　查看用户 stu_user 的权限信息。

使用 SHOW GRANTS 语句查看 stu_user 用户的权限,结果如图 8-3-2 所示。

```
mysql> SHOW GRANTS FOR 'stu_user'@ localhost';

| Grants for stu_user@localhost                                      |

| GRANT USAGE ON *.* TO 'stu_user'@ localhost'                       |
| GRANT SELECT ON `education`.`course` TO 'stu_user'@ localhost'     |
| GRANT SELECT ON `education`.`student` TO 'stu_user'@ localhost'    |

3 rows in set (0.00 sec)
```

图 8-3-2　查看用户 stu_user 权限

从运行结果可以看到,除了给用户授予的 SELECT 权限外,用户 stu_user 还多了一个 USAGE 权限。它是登录 MySQL 的权限,该权限只能用于 MySQL 登录,不能执行任何操作。MySQL 中每添加一个用户,就会自动授予该用户 USAGE 权限。

8.3.3　收回权限

在 MySQL 中,为了保证数据的安全,有时需要取消已经授予用户的某些权限。收回权限的方法与授予权限的方法类似,其语法格式如下。

```
REVOKE 权限[(字段列表)][,权限[(字段列表)]]…
ON 对象名 FROM '用户名'@'主机名' [,'用户名'@'主机名']…;
```

与授予用户权限的语法相比,收回用户权限的语法只有两处发生了改变,一处是将

GRANT 改为 REVOKE,另一处是将 TO 改为 FROM。

[实施 5] 收回用户 teach_user 对本地 education.elective 表中 grade 字段的修改权限。

```
REVOKE UPDATE(grade)ON education.elective FROM 'teach_user'@'localhost';
```

上述语句执行成功后,可以使用 SHOW GRANTS 语句查看用户 teach_user 的权限,执行结果如图 8-3-3 所示。

```
mysql> SHOW GRANTS FOR 'teach_user'@'localhost';
+---------------------------------------------------+
| Grants for teach_user@localhost                   |
+---------------------------------------------------+
| GRANT USAGE ON *.* TO `teach_user`@`localhost`    |
+---------------------------------------------------+
1 row in set (0.00 sec)
```

图 8-3-3 查看用户 teach_user 权限

从运行结果可以看到,用户 teach_user 只剩下一个 USAGE 权限,说明 UPDATE 权限回收成功。

知识聚焦

(1) MySQL 的权限体系

新添加的用户拥有的权限很少,只被允许进行不需要权限的操作。例如,可以登录 MySQL,使用 SHOW CHARACTER SET 语句查看 MySQL 支持的所有字符集;但不能使用 USE 语句把已经创建好的任何数据库切换成为当前数据库,因此也不能访问这些数据库中的表。MySQL 的权限体系大致分为 4 个层级。

①全局层级:全局权限适用于一个给定服务器中的所有数据库,这些权限存储在 mysql.user 表中。在 GRANT 语句中使用“ON *.* ”语法赋予权限。

②数据库层级:数据库权限适用于一个给定数据库中的所有目标,这些权限存储在 mysql.db 表中。使用“ON 数据库名.* ”语法赋予权限。

③表层级:表权限适用于一个给定表中的所有列,这些权限存储在 mysql.tables_priv 表中。使用“ON 数据库名. 数据表名”语法赋予权限。

④列层级:列权限适用于一个给定表中的单一列,这些权限存储在 mysql.columns_priv 表中。使用“ON 数据库名. 数据表名”语法赋予权限,但要求在权限后面加上字段列表,采用 SELECT(字段 1,字段 2,…)、INSERT(字段 1,字段 2,…)和 UPDATE(字段 1,字段 2,…)。

(2) 用户权限分配的原则

为满足 MySQL 服务器的安全,需要考虑以下内容来进行用户权限分配。

①多数用户只需要对数据库表进行读写操作,只有少数用户需要创建和删除数据表。

②某些用户需要读写数据,而不需要修改数据。

③某些用户允许添加数据,而不允许删除数据。

④管理员用户需要有管理用户的权限,而其他用户则不需要。

⑤某些用户运行通过存储过程来访问数据,而不允许直接访问数据表。

▶ 任务拓展

为了更好地安全管理数据库,请按要求完成以下权限管理操作。

①使用 CREATE USER 语句创建一个本地用户 root_user,密码为 root123。

②使用 GRANT 语句授予用户 root_user 所有全局权限,并使用 WITH GRANT OPTION 子句授予该用户可将其权限授予给其他用户的权限。

③使用 SELECT 语句查看此用户的 select_priv、insert_priv、update_priv 和 delete_priv 权限字段。

④使用本地用户 root_user 的密码登录 MySQL,查询 education.elective 表中信息,并将其查询和修改 elective 表的权限授予给本地用户 teach_user。

⑤使用 SHOW GRANTS 语句查看本地用户 teach_user 权限。

⑥使用 REVOKE 语句收回用户 teach_user 对 education.elective 表的修改权限。

⑦删除本地用户 teach_user 的账户。

任务8.4 数据库备份与恢复

▶ 任务描述

在操作数据库时,难免会发生一些意外(如突然停电、管理员操作失误等),造成数据丢失。为了提高数据的安全性,需要定期对数据库进行备份,这样当遇到数据库中数据丢失或出错的情况,就可以利用备份的数据进行恢复,从而最大限度地降低损失。下面我们就和王芳一起学习数据库的备份与恢复吧!

具体任务有:

[实施1] 备份 elective 表,将 elective.sql 文件保存在 D:/BACKUP 文件夹中。

[实施2] 备份 education 数据库,将 education.sql 文件保存在 D:/BACKUP 文件夹中。

[实施3] 假设不小心删除了 elective 表,利用 elective.sql 备份文件恢复 elective 表的数据和结构。

[实施4] 假设不小心删除了 education 数据库,利用 education.sql 备份文件恢复 education 数据库。

▶ 任务分析

要完成上述任务,一是要会使用 mysqldump 命令备份数据库和数据表;二是会使用 mysql 命令恢复数据。

本任务知识聚焦内容如下。

- 数据备份的分类
- 数据恢复的手段

> **任务实施**

8.4.1　数据库备份

为了保证数据的安全,数据库管理员应定期对数据库进行备份。备份需要遵循两个简单原则:一是要尽早且经常备份;二是不要只备份到同一磁盘的同一文件中,要在不同位置保存多个副本,以确保备份安全。

mysqldump 命令是 MySQL 提供的一个非常有用的数据备份工具。执行 mysqldump 命令时,可以将数据库备份成一个文本文件。此文件中包含多个 CREATE 语句和 INSERT 语句,使用这些语句可以重新创建表和插入数据。mysqldump 命令的基本语法格式如下。

```
mysqldump -u 用户名 [-h 主机名] -p[密码] 数据库名 [数据表名] > [路径/]文
件名.sql
```

参数说明如下。

①用户名:数据库的用户名称。

②主机名:登录用户的主机名称,如果是本地主机登录,此项可省略。

③密码:用户登录的密码,-p 选项与密码之间不能有空格。建议可以先不输入密码,执行命令后根据提示输入密码,此时密码以"＊"显示,有利于保证密码的安全。

④数据库名:需要备份的数据库名称,可以指定多个需要备份的数据库,多个数据库之间用空格分隔。

⑤数据表名:需要备份的数据表名称,可以指定多个需要备份的数据表,多个表之间用空格分隔;若省略该参数,则表示备份整个数据库。

⑥路径:备份文件的路径,若省略此项,则默认路径为 C:\Program Files\MySQL\MySQL Server 8.0\bin。

⑦文件名称:最终备份得到的文件名称。

【学习提示】
　　使用 mysqldump 命令备份数据库时,直接在 DOS 命令行窗口中切换路径至 MySQL 安装路径的 bin 文件夹下,再执行 mysqldump 命令,无须登录 MySQL。若前面已配置 bin 文件夹为 Windows 环境变量 path 的值,可跳过路径切换,直接执行 mysqldump 命令。

[实施1]　备份 elective 表,将文件 elective.sql 保存在 D:/BACKUP 文件夹中。

分析:备份文件的路径为 D:/BACKUP,需事先在 D 盘中新建 BACKUP 文件夹,再执行mysqldump 备份命令。命令提示符窗口的执行步骤如下。

```
cd C:\Program Files\MySQL\MySQL Server 8.0\bin        /*切换路径*/
mysqldump -u root -p education elective > D:/BACKUP/elective.sql
```

执行结果如图 8-4-1 所示。

```
C:\Program Files\MySQL\MySQL Server 8.0\bin>mysqldump -u root -p education elec
tive > D:/BACKUP/elective.sql
Enter password: ****
```

图 8-4-1　备份单个表 student

执行命令后,D 盘的 BACKUP 文件夹中会出现"elective.sql"文件。使用记事本打开 elective.sql 文件可以查看备份文件信息。

mysqldump 命令除能备份生成.sql 文件外,还能够生成可移植到其他机器的文本文件(如.txt),甚至可移植到有不同硬件结构的机器上。mysqldump 产生的输出可在以后用作 MySQL 的输入来重建数据库。

```
mysqldump -u root -p education student > D:/BACKUP/student.txt
```

[实施2] 备份 education 数据库,将 education.sql 文件保存在 D:/BACKUP 文件夹中。

```
mysqldump -u root -p education > D:/BACKUP/education.sql
```

执行命令后,D 盘的 BACKUP 文件夹中会出现"education.sql"文件,其中包含 education 数据库中 student 表、course 表、teacher 表和 elective 表的结构和数据。

如果要备份多个数据库,mysqldump 命令需要使用--databases 参数。例如,备份 education 数据库和 mysql 数据库,将 db.sql 文件保存在 D:/BACKUP 文件夹中。mysqldump 命令如下。

```
mysqldump -u root -p --databases education mysql > D:/BACKUP/db.sql
```

如果要备份所有数据库,mysqldump 命令需要使用--all-databases 参数。

```
mysqldump -u root -p --all-databases > D:/BACKUP/alldb.sql
```

如果使用--all-databases 参数备份了所有数据库,那么恢复数据库时,不需要创建数据库并指定要操作的数据库,因为对应的备份文件中包含 CREATE DATABASE 语句和 USE 语句。

【学习提示】
　　备份一个或多个庞大的数据库,输出文件也很庞大,难以管理。建议把数据表进行单独备份或者多个数据表一起备份,将备份文件分成较小、更易于管理的文件。

8.4.2　数据库恢复

恢复数据库,就是当数据库中的数据遭到破坏时,让数据库根据备份的数据回到备份时的状态。这里恢复的是数据库中的数据,而数据库是不能被恢复的。

对于使用 mysqldump 命令备份生成的.sql 文件,可以使用 mysql 命令导入到数据库中。语法格式如下。

```
mysql -u root -p[密码][数据库名] < [路径/]文件名.sql;
```

参数说明如下。
①密码:可以先不输入,执行命令后根据提示再输入。
②数据库名:当备份文件.sql 中包含创建数据库的语句时,不需要指定数据库名。
③路径:当省略路径时,文件默认路径为 C:\Program Files\MySQL\MySQL Server 8.0\bin。

[实施3] 假设不小心删除了 elective 表,利用 elective.sql 备份文件恢复 elective 表的数据和结构。

```
USE education;
DROP TABLE elective;        /*删除数据表*/
```

在命令提示符窗口执行恢复命令。

```
mysql -u root -p education < D:/BACKUP/elective.sql
```

重新登录 MySQL,查看 education 中所有数据表名称,结果如图 8-4-2 所示。

```
mysql> USE education;
Database changed
mysql> SHOW TABLES;
+----------------------+
| Tables_in_education  |
+----------------------+
| course               |
| elective             |
| student              |
| teacher              |
+----------------------+
4 rows in set (0.00 sec)
```

图 8-4-2 单表恢复后结果

[实施 4] 假设不小心删除了 education 数据库,利用 education.sql 备份文件恢复 education 数据库。

分析:备份文件 education. sql 只包含创建数据表和插入数据的语句,不包含创建数据库和指定数据库的语句,需先创建数据库 education 并使用 USE 语句指定数据库,再执行恢复操作。

```
DROP DATABASE education;          /*删除数据库*/
CREATE DATABASE education         /*创建数据库*/
DEFAULT CHARACTER SET gbk COLLATE gbk_bin;
USE education;                    /*指定数据库*/
```

在命令提示符窗口执行恢复命令。

```
mysql -u root -p education < D:/BACKUP/education.sql
```

重新登录 MySQL,查看 education 中 teacher 表信息,结果如图 8-4-3 所示。

```
mysql> SELECT * FROM teacher;
+-----+--------+-----------+----------+
| tno | tname  | professor | research |
+-----+--------+-----------+----------+
| t01 | 陈鸿   | 副教授    | 大数据   |
| t02 | 张廷宇 | 副教授    | 大数据   |
| t03 | 黄玉婷 | 副教授    | 云计算   |
| t04 | 徐筱梅 | 副教授    | 人工智能 |
| t05 | 王宇恒 | 副教授    | NULL     |
+-----+--------+-----------+----------+
5 rows in set (0.00 sec)
```

图 8-4-3 单个数据库恢复后结果

知识聚焦

(1)数据备份的分类

针对不同的应用场景,数据备份有不同的分类。

1)按备份时服务器是否在线划分

①热备份。热备份是指在数据库在线,数据库服务正常运行的情况下进行数据备份。

②温备份。温备份是指进行数据备份时,数据库服务正常运行,但数据只能读不能写。

③冷备份。冷备份是指在数据库已经正常关闭的情况下进行的数据备份。当正常关闭时会提供1个完整的数据库。

2)按备份的内容划分

①逻辑备份。逻辑备份是指使用软件技术从数据库中导出数据并写入一个输出文件,该文件格式一般与原数据库的文件格式不同,该文件只是原数据库中数据内容的一个映像。

逻辑备份支持跨平台,备份的是 SQL 语句(DDL 和 INSERT 语句),以文本形式存储。在恢复时执行备份的 SQL 语句以实现数据库数据的重现。

②物理备份。物理备份是指直接复制数据库文件进行的备份。与逻辑备份相比,其速度较快但占用空间较大。

3)按备份涉及的数据范围来划分

①完整备份。完整备份是指备份整个数据库。这是任何备份策略中都要求完成的第一种备份类型,因为其他所有备份类型都依赖于完整备份。

②增量备份。增量备份是指备份数据库从上一次完整备份或最近一次的增量备份以来改变的内容。

③差异备份。差异备份是指备份从最近一次完整备份后发生改变的数据。

(2)数据恢复的手段

MySQL 除可以使用恢复数据库的方法来保证数据库数据的安全外,还可以使用以下两种数据恢复方法。

1)使用二进制日志文件

日志是 MySQL 数据库的重要组成部分,数据库运行期间的所有操作均记录在日志文件中。当数据库发生意外时,通过二进制日志文件可以查看一定时间段内用户所做的操作,结合数据库备份技术即可实现数据库还原。

2)复制数据库

MySQL 内部复制功能建立在两个或两个以上服务器之间,通过设定它们的主从关系实现。其中一个作为主服务器,负责处理写操作;其他的作为从服务器,负责复制主数据库的数据并处理读操作。

任务拓展

为了更好地安全管理数据库,请按要求完成以下数据库备份和恢复操作。

①将数据库 education 中的 teacher 表和 course 表备份到 D 盘 BACKUP 文件夹下,备份文件名为 teach.sql。

②新建一个数据库 teach,利用备份文件 teach.sql 将 teacher 表和 course 表恢复到 teach

数据库中。

③查看 teach 数据库中 course 表的数据,验证备份和恢复操作是否成功。

思维导图

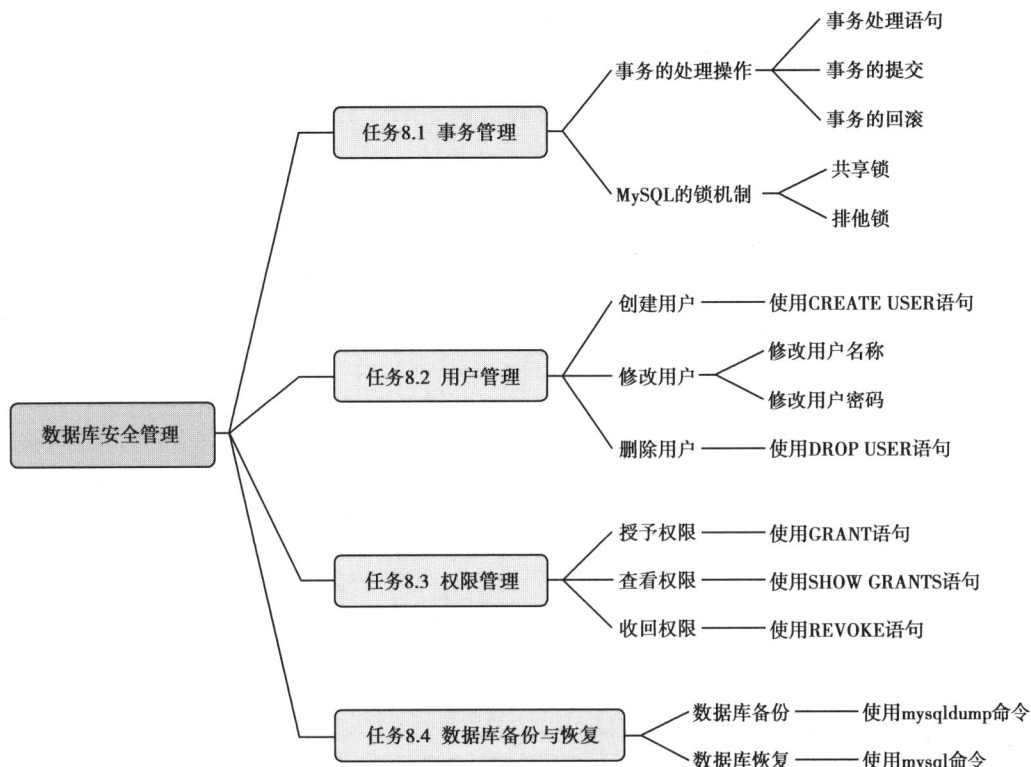

项目实训

一、实训目的

1.掌握事务的处理操作,并会提交和回滚事务。

2.掌握创建和管理数据库用户的方法。

3.掌握授予与收回权限的方法。

4.掌握备份与恢复数据库的方法。

二、实训内容及要求

对 library 数据库完成以下数据库安全管理操作。

实训 1:用户管理

(1)关闭事务的自动提交功能。

(2)启动一个事务,在 borrow 表中删除读者"p03"的借阅记录,最后提交事务,查看记录是否从数据表中删除。

(3)启动一个事务,修改 book 表中图书"三体幻想"的库存量为 10,加入事务保存点 save;向 book 表中插入一条新记录('b06','程序员宝典','黑马','机械工业出版社',5,'t02'),将事务回滚到保存点,最后提交事务,并查看记录是否已更新。

（4）开启事务的自动提交功能。

实训2：用户管理

（1）创建一个普通读者 normal，主机名为 localhost。

（2）创建一个图书管理员 admin，主机名为 localhost，密码为 admin321。

（3）将 normal 用户的密码修改为 123456。

实训3：权限管理

（1）授予用户 admin 对 library 数据库中所有表进行操作的所有权限，并使用 WITH GRANT OPTION 子句授予该用户可将其权限授予给其他用户的权限。

（2）使用 admin 的密码登录 MySQL，并将其查询 book 表的权限授予给普通用户 normal。

（3）使用 normal 的密码登录 MySQL，查询 library.book 表中信息。

（4）使用 SHOW GRANTS 语句查看用户 normal 权限。

（5）使用 REVOKE 语句收回用户 normal 对 library.book 表的查询权限。

实训4：数据库备份与恢复

（1）将数据库 library 备份到 D 盘 BAK 文件夹下，备份文件名为 library.sql。

（2）删除 library 数据库。

（3）利用备份文件 library.sql 恢复 library 数据库。

（4）查看 library 数据库中 people 表的数据，验证备份和恢复操作是否成功。

📖 课后习题

一、选择题

1. 事务中的所有数据库操作命令语句，要么全部执行，要么全部不执行，这是事务的（　　）特性。

A. 原子性　　　　　B. 隔离性　　　　　C. 一致性　　　　　D. 共享性

2. 下列选项中，（　　）语句用于提交事务。

A. COMMIT　　　　B. ROLLBACK　　　C. START　　　　D. SAVEPOINT

3. 以下不属于并发操作带来的问题是（　　）。

A. 脏读　　　　　B. 不可重复读　　　C. 幻读　　　　　D. 运算溢出

4. 如果一个事务获得了对某个数据行的排他锁，则该事务对此数据行（　　）。

A. 只能读不能写　B. 只能写不能读　C. 既可读又可写　D. 既不能读也不能写

5. 在 MySQL 中，存储用户全局权限的表是（　　）。

A. user　　　　　B. db　　　　　　C. procs_priv　　　D. tables_priv

6. 在 MySQL 中，可以使用（　　）语句来为指定的数据库添加用户。

A. CREATE USER　B. ADDUSER　　　C. INSERT USER　D. ALTER USER

7. 下列选项不属于表的操作权限的是（　　）。

A. EXECUTE　　　B. UPDATE　　　　C. SELECT　　　　D. DELETE

8. 授予用户权限时，ON 关键字后使用（　　）表示所有数据库的所有表。

A. ALL.ALL　　　B. %.%　　　　　C. *.*　　　　　　D. ALL.%

9. 如果要收回用户 Jack 的 DELETE 权限，正确的语句是（　　）。

A. REVOKE DELETE ON *.* FROM 'Jack'@'localhost';

B. DELETE ON *.* FROM 'Jack'@'localhost';

C. DROP DELETE ON *,* FROM 'Jack'@'localhost';

D. CHANGE DELETE ON *,* FROM 'Jack'@'localhost';

10. 备份数据库的命令是(　　)。

A. mysql   B. mysqldump   C. mysqlimport   D. backup

二、简答题

1. 简述事务的定义与特性。

2. 简述删除用户的两种方法。

3. 简述 root 用户密码泄露的解决方案。

4. 简述数据库备份与恢复的意义。

5. 简述二进制日志文件的用途。

项目 9

达梦数据库适配迁移 ··· ○

学习导读

随着基础软件国产化的潮流,王芳接到本项目使用国产数据库的任务,经过多方面分析对比,基于自主原创原则,王芳选择了达梦数据库(DM)软件来存储数据,现需要将 MySQL 中的数据迁移至达梦数据库中。

本项目通过学习达梦数据库管理系统(简称"达梦数据库")的安装部署、日常维护、数据迁移等,了解达梦数据库实例的管理、客户端工具的使用、日常维护及 DTS 数据迁移的使用,掌握使用 DTS 将 MySQL 数据库中的数据迁移至达梦数据库中。

学习目标

知识目标	技能目标	素养目标
1. 掌握安装和部署达梦数据库的方法。 2. 掌握达梦常用的客户端工具。 3. 掌握使用 DTS 工具实现 MySQL 数据迁移至达梦数据库的方法。	1. 能够正确安装达梦软件和创建数据库实例。 2. 能够使用达梦管理工具、DM 服务查看器等。 3. 能够在达梦数据库中创建表空间和用户。 4. 能够使用 DTS 将 MySQL 数据迁移至达梦数据库。	1. 培养安全管理意识:规划用户权限和保护密码安全。 2. 培养规划管理意识:合理规划数据库资源,如表空间规划。 3. 培养自主学习能力:借助官方文档和论坛等资源自主实践,提高解决问题的能力。

任务 9.1 达梦数据库的安装与部署

任务描述

经过前期项目的操作实践,王芳已经学会使用 MySQL 实现学生选课系统的数据库操作。如果想将 MySQL 中的数据迁移到达梦数据库,首先需要安装和配置达梦数据库环境。下面就跟随王芳一起学习如何实现达梦数据库的搭建和操作吧。

具体任务实施如下。

[实施 1] DM 8 企业版安装。

[实施 2] 创建数据库。

［实施3］　启动和关闭数据库。

［实施4］　连接达梦数据库。

任务分析

要完成上述任务,一是要会根据安装向导安装达梦数据库;二是会使用配置助手创建和管理数据库实例,成功启动和关闭数据库;三是会使用 DM 管理工具连接数据库。

本任务知识聚焦内容如下。

- DM 8 的主要特点
- DM 8 的安装前准备

任务实施

9.1.1　安装 DM 数据库

步骤1:运行安装程序。

用户直接双击"setup.exe",安装程序将检测当前计算机是否已经安装其他版本 DM。如果存在,将弹出提示对话框,如图 9-1-1 所示。单击"确定"继续安装。

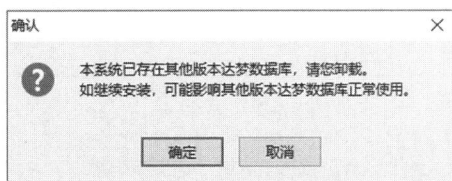

图 9-1-1　确认界面

步骤2:语言与时区选择。

根据系统配置选择"简体中文"语言与"中国标准时间"时区,单击"确定"继续安装。

步骤3:欢迎页面。

单击"开始"继续安装。进入"达梦数据库 V8 安装向导"欢迎界面,单击"下一步"。

步骤4:许可证协议。

在安装和使用 DM 之前,该安装程序需要用户阅读许可协议条款,用户选中"接受",并单击"下一步"继续安装。

步骤5:验证 Key 文件。

单击"浏览"按钮,选取 Key 文件,安装程序将自动验证 Key 文件信息。如果是合法的 Key 文件且在有效期内,用户可以单击"下一步"继续安装。如果没有 Key 文件,则直接选择下一步,默认没有 Key 可以试用一年(从安装包发布时间开始),如图 9-1-2 所示。

步骤6:选择安装组件。

DM 安装程序提供 4 种安装方式:"典型安装""服务器安装""客户端安装"和"自定义安装"。用户可根据实际情况灵活地选择,如图 9-1-3 所示。

①典型安装:包括服务器、客户端、驱动、用户手册、数据库服务。

②服务器安装:包括服务器、驱动、用户手册、数据库服务。

③客户端安装:包括客户端、驱动、用户手册。

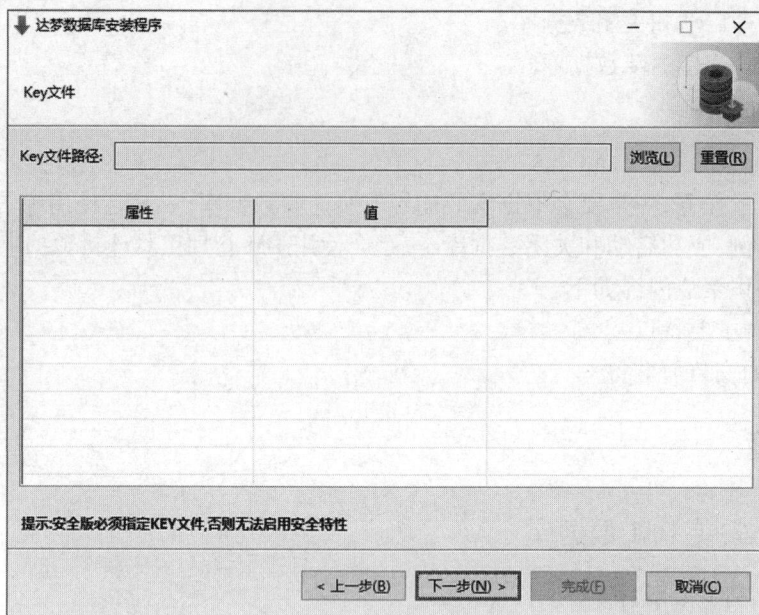

图 9-1-2　Key 文件

④自定义安装:用户根据需求勾选组件,可以是服务器、客户端、驱动、用户手册、数据库服务中的任意组合。

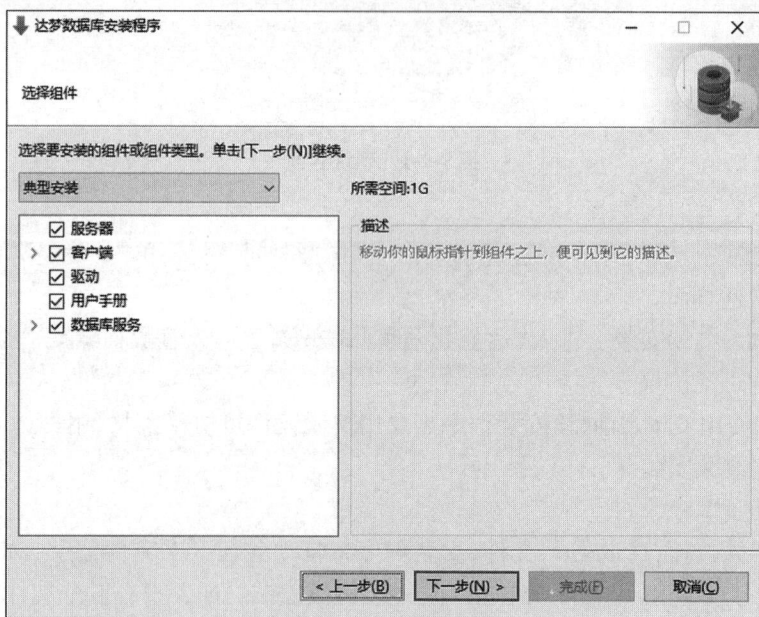

图 9-1-3　选择组件

一般地,作为服务器端的机器只需选择"服务器安装"选项,在特殊情况下,服务器端的机器也可以作为客户机使用,这时,机器必须安装相应的客户端软件。

步骤 7:选择安装目录。

DM 默认安装在% HOMEDRIVE% \dmdbms 目录下,用户可以通过单击"浏览"按钮自定义安装目录,如图 9-1-4 所示。

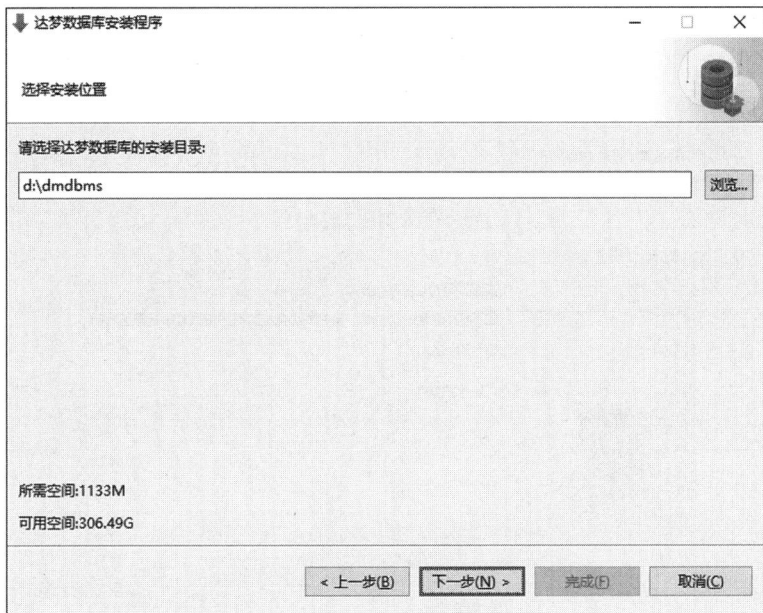

图 9-1-4　选择安装目录

如果用户所指定的目录已经存在,则弹出如图 9-1-5 所示警告消息框。若确定在指定路径下安装,单击"确定",则该路径下已经存在的 DM 某些组件将会被覆盖;否则单击"取消",返回到如图 9-1-4 所示界面,重新选择安装目录。

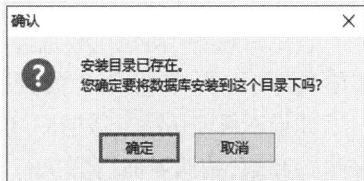

图 9-1-5　确认安装目录

【学习提示】

安装路径里的目录名由英文字母、数字和下画线等组成,不建议使用包含空格和中文字符的路径。

步骤 8:安装前小结。

显示用户即将进行安装的有关信息,例如产品名称、版本信息、安装类型、安装目录、可用空间、可用内存等信息,用户检查无误后单击"安装"按钮进行 DM 的安装。

如果 C:\Windows\system32 目录下已存在配置文件 dm_svc.conf,则弹出如图 9-1-6 所示警告消息框。若单击"是",则安装时将生成新的配置文件覆盖原有文件,开始进行 DM 的安装;若单击"否",则安装时使用原有文件,开始进行 DM 的安装。

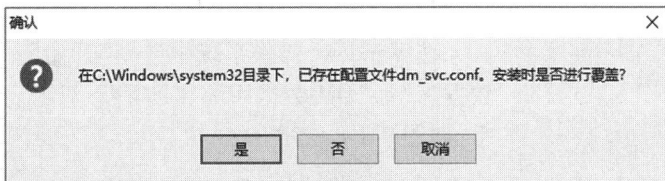

图 9-1-6　确认是否覆盖配置文件 dm_svc. conf

步骤 9:安装过程。

如用户在选择安装组件时未选中"服务器"组件,数据库自身安装过程结束时,单击"完成"将直接退出。若用户安装了"服务器"组件,则进入步骤 10。

步骤10：初始化数据库。

数据库安装后，将会提示是否初始化数据库，如图9-1-7所示。若单击"取消"将完成安装，关闭对话框。

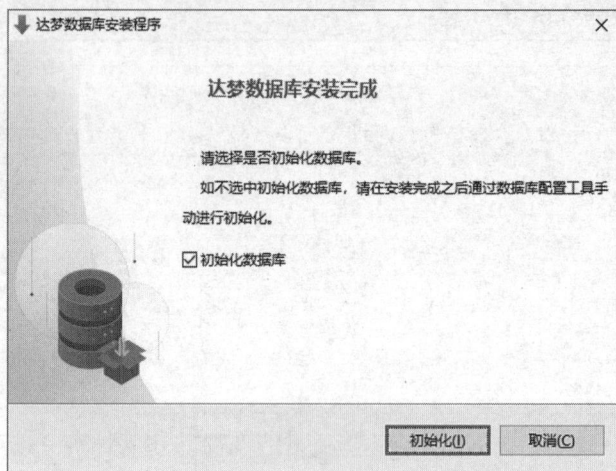

图9-1-7　初始化数据库

若用户选中"初始化数据库"选项，单击"初始化"将弹出数据库配置工具。详细初始化步骤参考下一小节"9.1.2 数据库实例管理"。

如果不再使用达梦数据库，可以选择卸载。在 DM 安装目录下，找到卸载程序 uninstall.exe 来执行卸载，按照界面提醒执行下一步即可。

【思政小贴士】

　　党的二十大报告中指出："加强基础研究，突出原创，鼓励自由探索。"达梦数据库管理系统作为国内最早推出的具有自主知识产权的数据库管理系统之一，是唯一获得国家自主原创产品认证的数据库产品，现已在公安、电力、铁路、航空、审计、通信、金融、海关、国土资源、电子政务等多个领域得到广泛应用，为国家机关、各级政府和企业信息化建设发挥了重要作用。

图9-1-8　启动数据库配置助手

9.1.2　数据库实例管理

达梦数据库配置助手提供了图形界面创建和删除达梦数据库实例的方法，可以通过 DM 支持的模板或用户自定义的模板来创建数据库。

在 Windows 操作系统中选择"开始"→"程序"→"达梦数据库"→"DM 数据库配置助手"，双击启动数据库配置助手，如图9-1-8所示。

（1）创建数据库

步骤1：创建数据库实例。

在 DM 数据库配置助手操作窗口中，选择"创建数据库实例"选项启动创建和配置一个数据库的向导，如图9-1-9所示，单击"开始"，进入下一步。

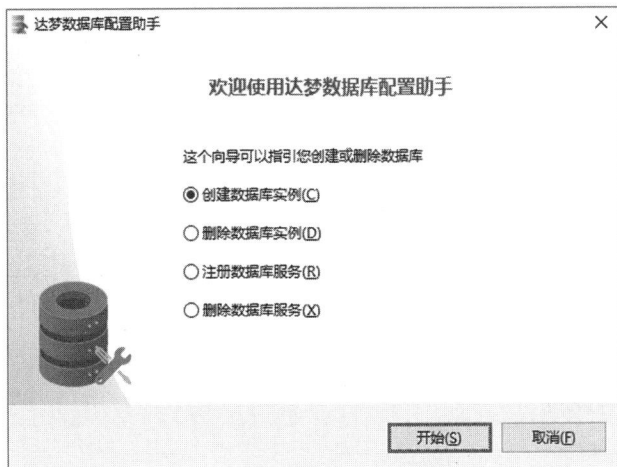

图 9-1-9 数据库配置工具操作界面

步骤2:数据库模板。

在数据库模块窗口中,DM 预定义了一些数据库模板,如一般用途、联机分析处理模板或联机事务处理模板。这里选择"一般用途"。

步骤3:数据库目录。

指定数据库目录,如图 9-1-10 所示。

图 9-1-10 指定数据库目录

步骤4:数据库标识。

在指定文本框中输入数据库名、实例名和端口号,如图 9-1-11 所示。

步骤5:数据库文件。

如图 9-1-12 所示,此界面包含 4 个选项卡:"控制文件""数据文件""日志文件"和"初始化日志"。可以通过双击路径来更改文件路径。

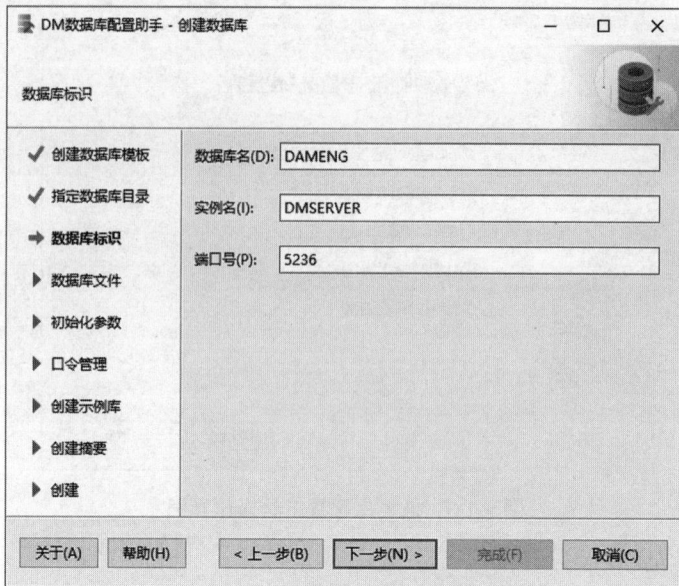

图 9-1-11　设置数据库标识

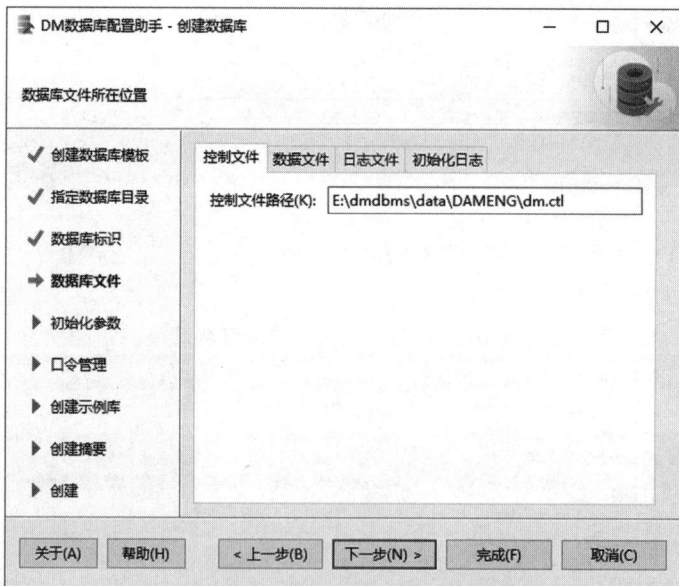

图 9-1-12　设置数据库文件路径

步骤 6：初始化参数。

设置数据库的初始化参数信息，包含簇大小、页大小、字符集、字符串比较大小写敏感等信息，如图 9-1-13 所示。

数据文件使用的簇大小，即每次分配新的段空间时连续的页数，簇由连续的页组成。页大小，可以为 4K、8K、16K 或 32K，页大小越大，DM 支持的元组长度也越长，但同时空间利用率可能下降，缺省使用 8K。字符集，默认 GB18030，选项包括 GB18030、Unicode、EUC-KR。簇大小、页大小、字符集、大小写敏感等一旦指定，将无法更改，除非重新初始化实例。

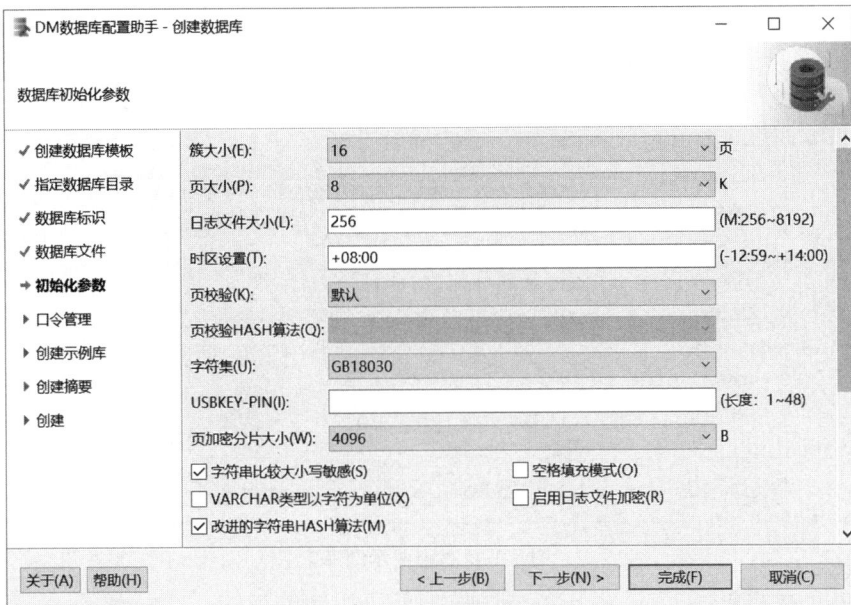

图 9-1-13　数据库初始化参数

步骤7：口令管理。

为了数据库管理安全,DM 提供了为数据库的 SYSDBA 和 SYSAUDITOR 系统用户指定新口令的功能。用户可以选择为每个系统用户设置不同口令(留空表示使用默认口令),也可以为所有系统用户设置同一口令。口令必须是合法的字符串,不能少于 9 个或多于 48 个字符,如图 9-1-14 所示。

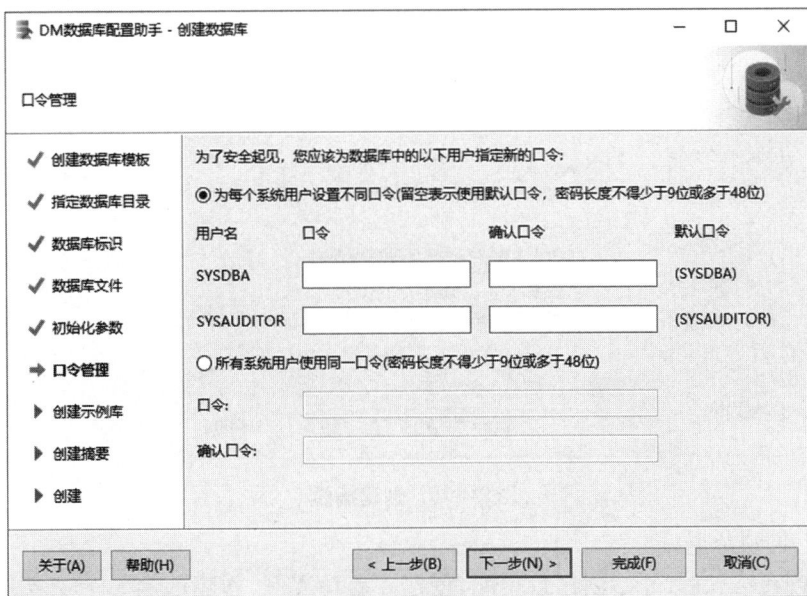

图 9-1-14　口令管理

步骤8：创建示例库。

DM 8 提供了 BOOKSHOP 和 DMHR 2 个示例库,如图 9-1-15 所示。

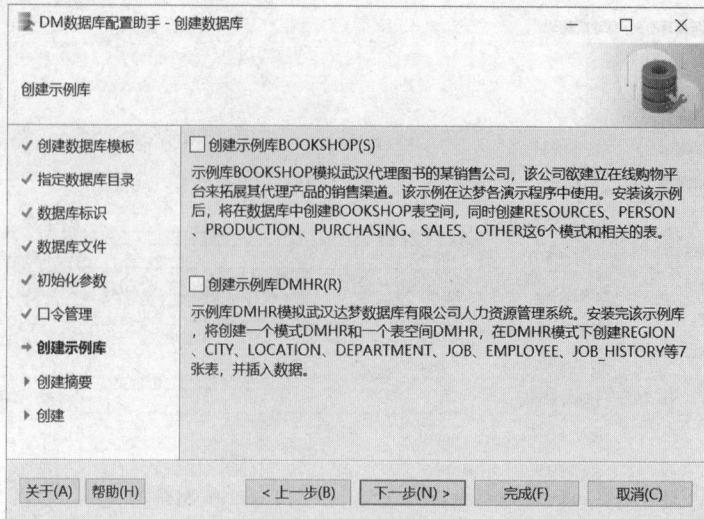

图 9-1-15　创建示例库

步骤 9：创建摘要。

列举创建数据库概要，包括数据库名、数据库目录、端口、数据文件路径、簇大小、页大小、日志文件大小、标识符大小写是否敏感等信息。用户需确认创建信息是否符合要求，如果不符合应及时返回修改，如图 9-1-16 所示。

图 9-1-16　创建摘要

步骤 10：创建数据库。

核对完创建信息后，开始创建数据库、创建并启动实例、创建示例库。安装完成后将提示安装完成或错误反馈信息。

如果想删除数据库，也可以使用 DM 数据库配置工具，如图 9-1-17 所示。删除数据库包括删除数据库的数据文件、日志文件、控制文件和初始化参数文件。为了保证删除数据库成功，必须保证数据库实例服务已关闭。

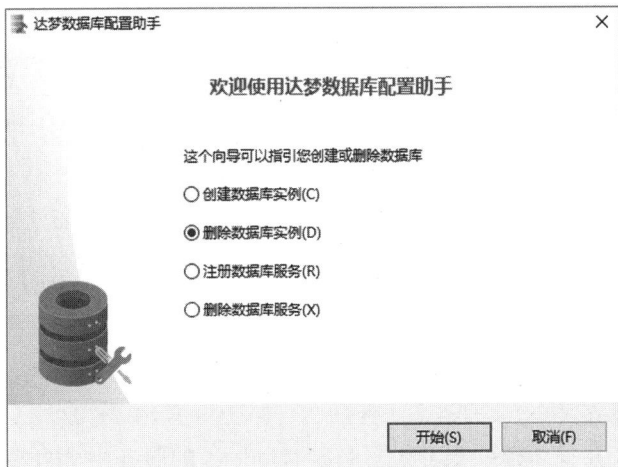

图 9-1-17　选择操作方式

　　根据数据库名称,选择要删除的数据库,如图 9-1-18 所示,也可以通过指定数据库配置文件删除数据库。单击"下一步"。

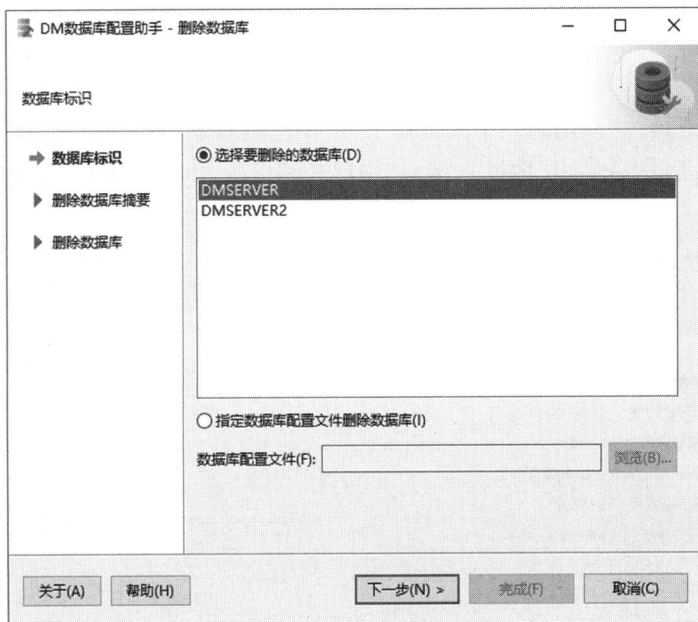

图 9-1-18　要删除的数据库

确认要删除的数据库名、实例名、数据库目录等,单击"完成"即可。

(2)数据库启动和关闭

数据库的启动和关闭可以通过 DM 服务查看器或 Windows 服务来管理。

1)DM 服务查看器

安装 DM 数据库后(默认情况下安装成功后 DM 服务会自动启动),在 Windows 的"开始"→"达梦数据库"→"DM 服务查看器",可以管理 DM 数据库的启动和关闭。单击"DM 服务查看器"菜单后,会弹出如图 9-1-19 所示界面。

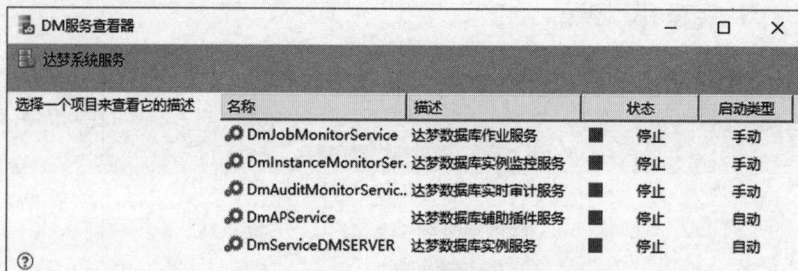

图 9-1-19　DM 服务查看器方式启动

在弹出界面中选中所要启动的数据库,单击鼠标右键,在菜单栏中选择启动。

2) Windows 服务方式

安装 DM 数据库并且新建一个 DM 实例后 Windows 的服务中会自动增加一项和该实例名对应的服务。例如,新建一个实例名为 DMSERVER 的 DM 数据库,Windows 的服务中会增加一项名称为"DmServiceDMSERVER"的服务。打开 Windows 的管理工具→"服务"→"DmServiceDMSERVER",启动 DM 数据库。

9.1.3　数据库的连接

使用 DM 管理工具图形化界面连接数据库。在 Windows 操作系统"开始"→"达梦数据库"→"DM 管理工具"。双击启动 DM 管理工具,在左侧对象导航窗口中,选择"新建连接",输入数据库主机名(服务器 IP 地址)、端口、用户名和口令,如图 9-1-20 所示,单击"连接"即可登录数据库。

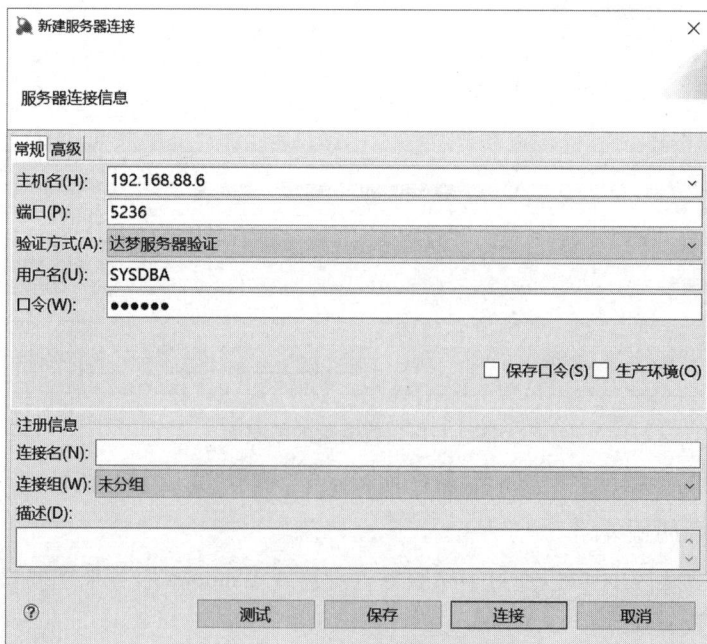

图 9-1-20　DM 管理工具创建连接

> **知识聚焦**

(1)DM 8 的主要特点

达梦数据库 DM 8 是新一代高性能数据库产品,在支持应用系统开发及数据处理方面的主要特点如下。

①支持安全高效的服务器端存储过程和存储函数的开发,在服务器端开发具有一定功能的数据处理程序,从而减少应用程序对达梦数据库的访问。还提供了具有程序调试、性能跟踪与调优等功能于一体的命令行和图形化两种调试工具。

②具有丰富多样的数据库访问和数据操作接口,以及程序包,完全满足当前数据库应用系统开发的需要。

③高度兼容 Oracle、SQL Server 等主流商业数据库管理系统,开发人员无须更改应用系统的数据库交互代码,即可基本完成应用程序的移植。兼容 MySQL、PostgreSQL 等开源数据库,开发人员只需做少量改动或无须改动,即可完成应用程序和应用数据的移植。

④支持国际化应用开发,系统能自动实现客户端和服务器的不同字符集之间的自动转换,满足开发国际化数据库应用系统的需要。

⑤自适应各种软硬件平台,达梦数据库服务器内核采用一套源代码实现了对不同操作系统(Windows/Linux/UNIX /AIX/Solaris 等)、不同硬件(X64/X86/SPARC/POWER/TITAM)平台的支持,确保在各种操作系统平台上都有统一的界面风格。

⑥支持国产平台,包括龙芯、飞腾、申威系列,以及兆芯、华为、海光等多种不同国产 CPU 架构的服务器设备,以及配套的中标麒麟、银河麒麟、中科方德、凝思、红旗、深之度、普华、思普等多种国产 Linux 操作系统。

(2)DM 8 的安装前准备

用户在安装 DM 之前需要检查操作系统的配置,以保证 DM 正确安装和运行。安装程序以 Windows 10 for x86-64 系统为例,由于 Windows 不同操作系统图形界面不尽相同,具体步骤及操作以本机系统为准。

1)检查系统 CPU 信息

用户在安装 DM 前,需要检查当前操作系统、CPU 等相关信息,确认 DM 安装程序与当前操作系统和 CPU 匹配,以保证 DM 能够正确安装和运行。用户可右击"我的电脑",选择"属性"查看(如果 CPU 是鲲鹏、飞腾等 ARM 架构,需下载对应 ARM 架构的 DM 软件安装包)。

2)检查内存

为了保证 DM 的正确安装和运行,要尽量保证操作系统至少有 1 GB 的可用内存(RAM)。如果可用内存过少,可能导致 DM 安装或启动失败。用户可以通过"任务管理器"查看可用内存。

3)检查存储空间

DM 完全安装需要 1 GB 的存储空间,用户需要提前规划好安装目录,预留足够的存储空间。用户在 DM 安装前也应该为数据库实例预留足够的存储空间,规划好数据路径和备份路径。

4）下载达梦软件包

登录达梦在线服务平台，下载对应系统和 CPU 版本的达梦安装包软件。

▶ **任务拓展**

安装部署一个达梦数据库环境，用于存储学生选课系统数据。要求如下。

①在 e:/dm8/dmdbms 目录下安装 DM 8 数据库软件。

②创建学生选课系统数据库实例，具体要求如下。

a. 数据库目录存放到 e:/dm8/data 目录下。

b. 数据库名为 EDUCATION，实例名为 EDUCATIONSVR，端口号 5236。

c. 数据库管理员 SYSDBA 的密码为：Dameng123。

d. 页大小设置为 8K，簇大小为 16。

任务9.2 MySQL 到达梦数据库的迁移

▶ **任务描述**

经过任务 9.1 的操作实践，王芳已经学会了达梦数据库的安装和实例创建，以及数据库的连接、启动和关闭。下面计划将学生选课系统 MySQL 数据库中的数据迁移到达梦数据库。要做数据迁移，就需要先在达梦数据库中规划业务表空间的存储及业务用户和权限信息。下面就跟随王芳一起学习如何在达梦数据库中管理表空间和用户，以及如何实现 MySQL 到达梦数据库的迁移。

具体任务实施如下。

［实施1］ 创建业务表空间，用于存储业务数据。

［实施2］ 创建业务用户，并赋予相关权限，用于管理业务表及对象信息。

［实施3］ 将 MySQL 的数据迁移至达梦数据库。

［实施4］ 进行迁移后的数据对比。

▶ **任务分析**

要完成上述任务，一是要会使用 DM 管理工具来创建表空间和用户；二是要会使用 DM 数据迁移工具（DTS）完成 MySQL 到 DM 的迁移；三是要会使用 DTS 完成源库和目标库的数据对比。

本任务知识聚焦内容如下。

● DM 表空间概述

● DM 用户概述

▶ **任务实施**

9.2.1 创建表空间和用户

准备迁移前，应在 DM 数据库中规划表空间的存储以及用户的安全，即创建指定表空间用于存储业务数据,并创建业务用户,赋予用户相关权限,用来管理业务表对象及数据信息。

(1)创建表空间

创建表空间的过程就是在磁盘上创建一个或多个数据文件的过程,这些数据文件被达梦数据库管理系统控制和使用,所占的磁盘存储空间归数据库所有。表空间用于存储表、索引等内容,可以占据固定的磁盘空间,也可以随着存储数据量的增加而不断扩展。

[实施1]　创建业务表空间,用于存储业务数据。

打开 DM 管理工具,使用 SYSDBA 系统管理员登录数据库,在左侧对象导航窗口中,选择"表空间",右击选择"新建表空间",如图 9-2-1 所示。

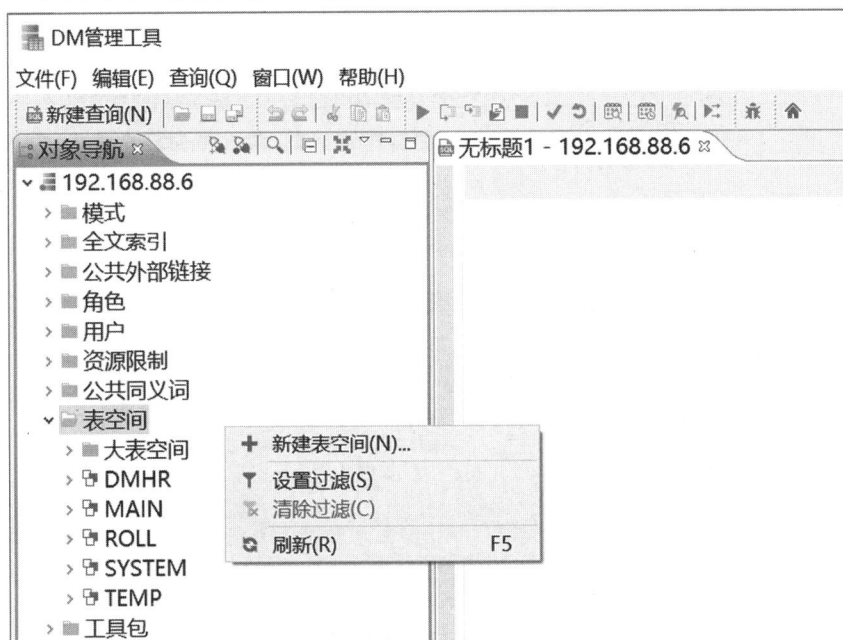

图 9-2-1　新建表空间

打开"新建表空间"页面,输入表空间名,添加数据文件路径,配置数据文件大小,设置自动扩展属性、扩展尺寸和扩展上限。创建表空间参数说明见表 9-2-1。

表 9-2-1　创建表空间参数说明

参数	说明
表空间名	表空间的名称
文件路径	数据文件的路径。可以单击"浏览"按钮浏览本地数据文件路径,也可以手动输入数据文件路径,但该路径应对服务器端有效,否则无法创建
文件大小	数据文件的大小,单位为 MB
自动扩充	数据文件的自动扩充属性状态,包括以下 3 种情况 默认:指使用服务器默认设置 打开:指开启数据文件的自动扩充 关闭:指关闭数据文件的自动扩充
扩充尺寸	数据文件每次扩展的大小,单位为 MB

续表

参数	说明
扩充上限	数据文件可以扩充到的最大值,单位为 MB

单击"添加"按钮,在表格中自动添加一行记录,指定数据文件名、数据文件路径、数据文件大小(默认为 32)和自动扩充属性等,如图 9-2-2 所示。

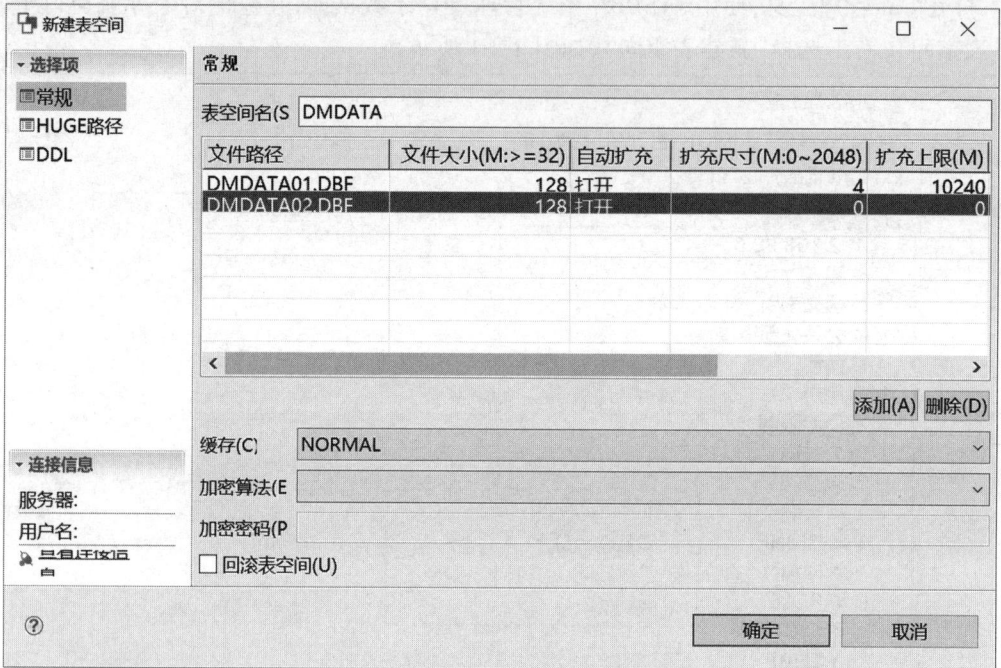

图 9-2-2　指定表空间数据文件等信息

单击"DDL"页签,可以查看创建表空间的 SQL 语句。单击"确定",即可创建表空间。

(2)创建用户

数据库系统在运行的过程中,往往需要根据实际需求创建用户,然后为用户指定适当的权限。创建用户的操作一般只能由系统预设用户 SYSDBA、SYSSSO 和 SYSAUDITOR 完成,如果普通用户需要创建用户,必须具有 CREATE USER 的权限。

［实施2］　创建业务用户,并赋予相关权限,用于管理业务表及对象信息。

打开 DM 管理工具,使用 SYSDBA 系统管理员登录数据,在左侧对象导航窗口中,选择"用户"→"管理用户",右击选择"新建用户",如图 9-2-3 所示。

打开新建用户页面,输入用户名、密码、指定用户口令策略(密码复杂度需满足口令策略),指定用户默认表空间,如图 9-2-4 所示。

单击"所属角色"页签,赋予用户 PUBLIC、SOI、VTI 角色权限,如图 9-2-5 所示。

单击"系统权限"页签,赋予用户 CREATE TABLE、CREATE VIEW、CREATE INDEX 等权限,如图 9-2-6 所示。

单击"DDL",查看创建用户的 SQL 语句;单击"确定",即可创建用户。

DM管理工具

文件(F)　编辑(E)　查询(Q)　窗口(W)　帮助(H)

新建查询(N)

对象导航 ✕　　　　　　　　　　　　　　　　　无标题1 - 192.168.88.6 ✕

192.168.88.6
- 模式
- 全文索引
- 公共外部链接
- 角色
- 用户
  - 管理用户　　　+　新建用户(N)...
    - SYSDBA　　　　生成SQL脚本(G)　　　　　　>
  - 审计用户　　　▼　设置过滤(S)
  - 安全用户　　　🔻　清除过滤(C)
  - 系统用户　　　🗘　刷新(R)　　　　　　F5
- 资源限制
- 公共同义词
- 表空间
- 工具包
- 类型别名
- 上下文
- 目录
- 备份

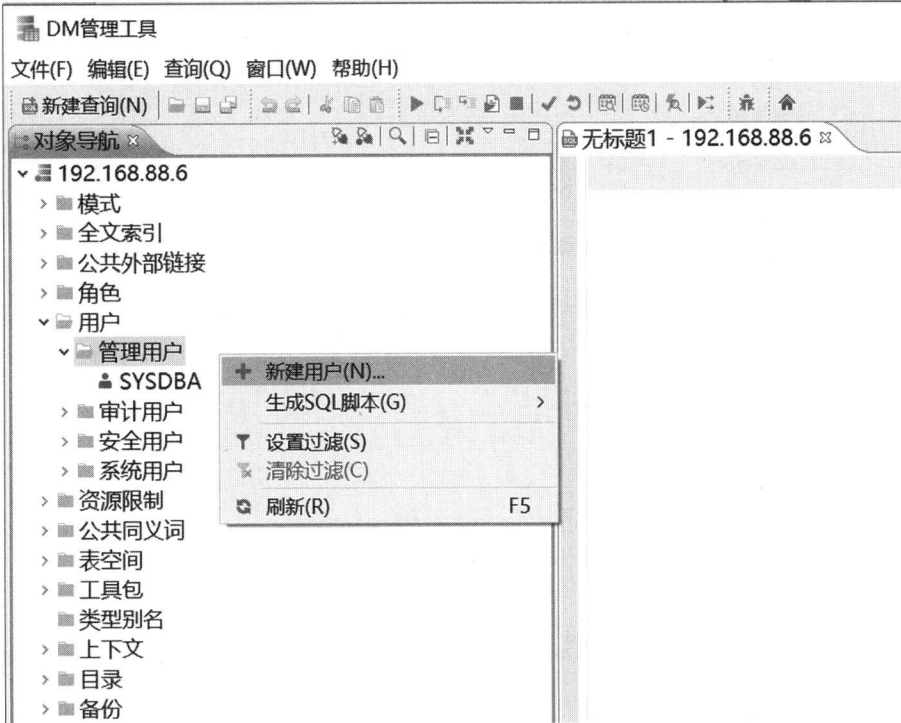

图 9-2-3　新建用户

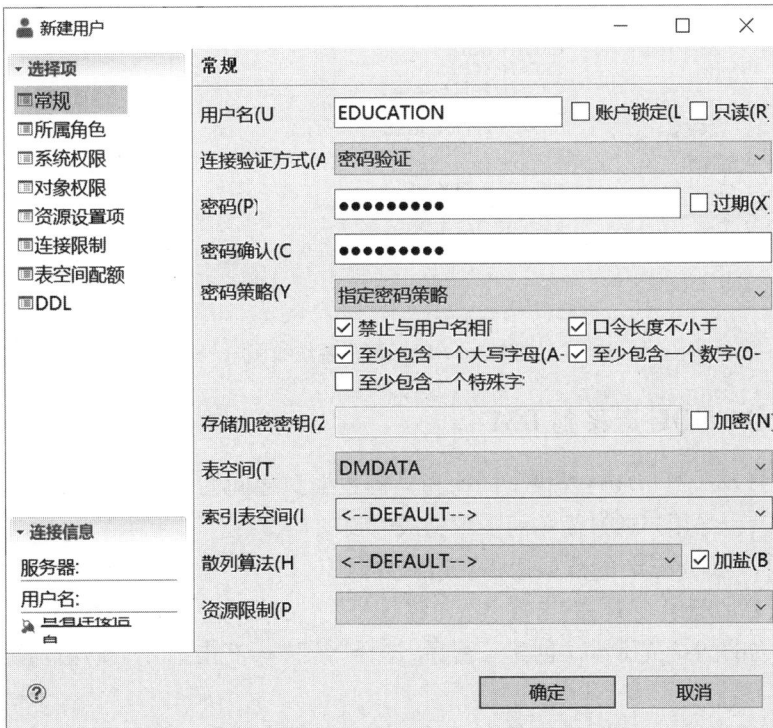

新建用户　　　　　　　　　　　　　　　　　　　—　　□　　×

选择项　　　　　　　常规

常规　　　　　　　　用户名(U　　　EDUCATION　　　　　　　☐账户锁定(L　☐只读(R
所属角色
系统权限　　　　　　连接验证方式(A　密码验证　　　　　　　　　　　　　　　　　∨
对象权限
资源设置项　　　　　密码(P)　　　●●●●●●●●●　　　　　　　　　　　☐过期(X
连接限制
表空间配额　　　　　密码确认(C　　●●●●●●●●●
DDL
　　　　　　　　　　密码策略(Y　　指定密码策略　　　　　　　　　　　　　　　∨

　　　　　　　　　　☑禁止与用户名相　　　　☑口令长度不小于
　　　　　　　　　　☑至少包含一个大写字母(A·☑至少包含一个数字(0-
　　　　　　　　　　☐至少包含一个特殊字

　　　　　　　　　　存储加密密钥(Z　　　　　　　　　　　　　　　　　　☐加密(N

　　　　　　　　　　表空间(T　　　　DMDATA　　　　　　　　　　　　　∨

连接信息　　　　　　索引表空间(I　　<--DEFAULT-->　　　　　　　　　　✕
服务器:
　　　　　　　　　　散列算法(H　　　<--DEFAULT-->　　　　　　∨　☑加盐(B
用户名:
　　　　　　　　　　资源限制(P　　　　　　　　　　　　　　　　　　　　∨

?　　　　　　　　　　　　　　　　　确定　　　　　取消

图 9-2-4　指定用户名和密码

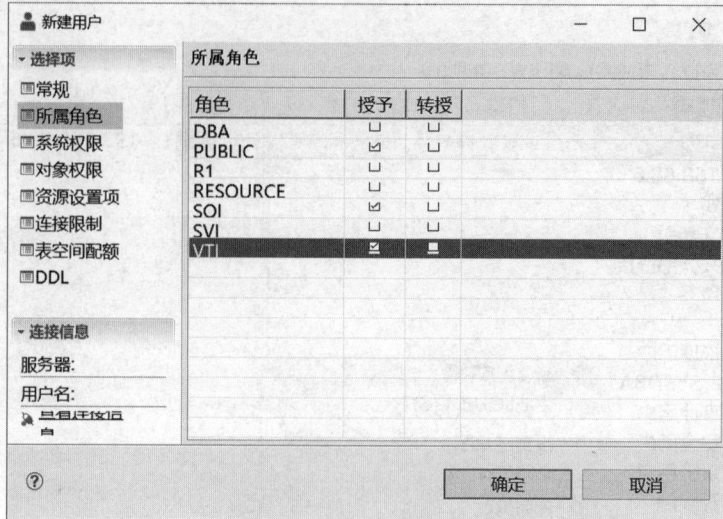

图 9-2-5　赋予用户角色权限

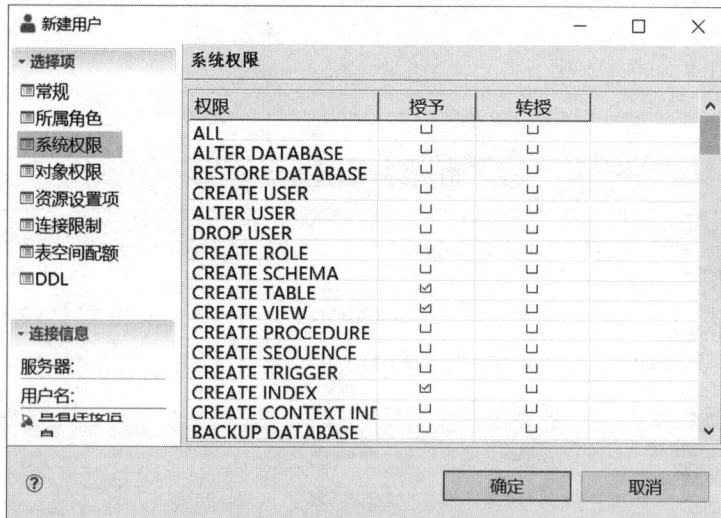

图 9-2-6　赋予用户系统权限

9.2.2　MySQL 迁移到 DM

DM 数据迁移工具（DTS）提供了同构和异构数据源之间的评估、迁移和对比功能。DTS 采用向导方式，引导用户通过简单的步骤完成需要的操作。

［实施3］　将 MySQL 的数据迁移至达梦数据库。

打开 DM 数据迁移工具，右击左侧"迁移管理"空白处，选择"新建工程"，填写工程名，单击"确定"，如图 9-2-7 所示。创建工程后，选择"迁移"，右击选择"新建迁移"，如图 9-2-8 所示。

打开新建迁移页面，填写迁移名称，单击"确定"，如图 9-2-9 所示。

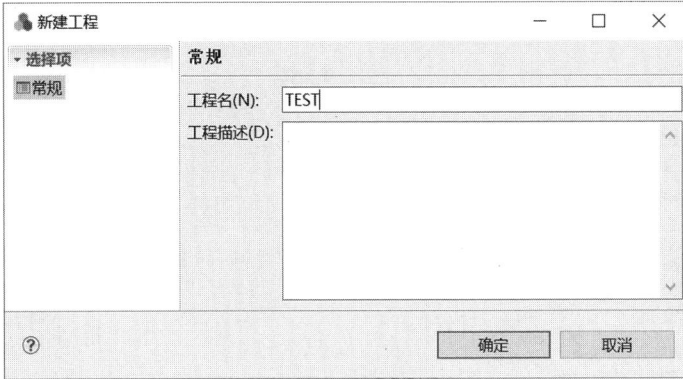

图 9-2-7 新建工程

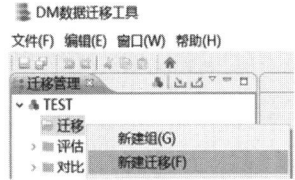

图 9-2-8 新建迁移

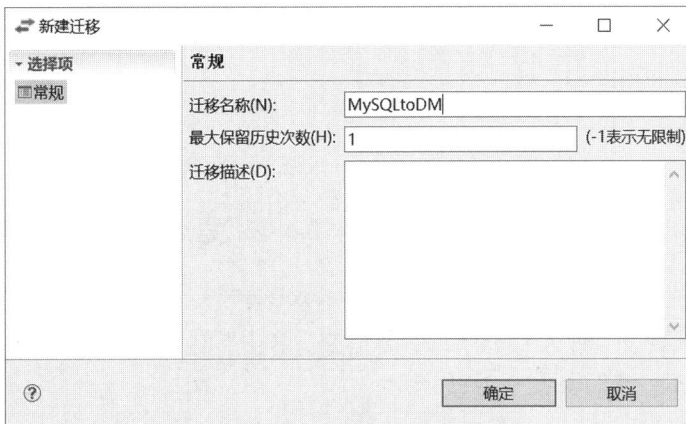

图 9-2-9 填写迁移名称

进入欢迎界面,单击"下一步",如图 9-2-10 所示。

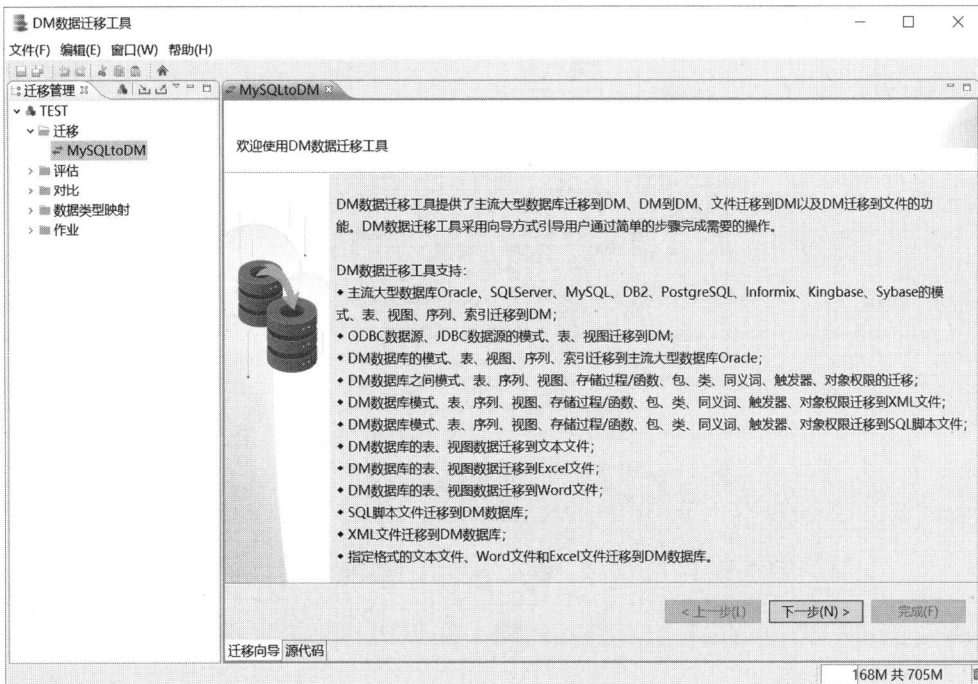

图 9-2-10 欢迎使用 DM 数据迁移工具

进入迁移方式页面,如图 9-2-11,选择"MySQL ==> DM",单击"下一步"。

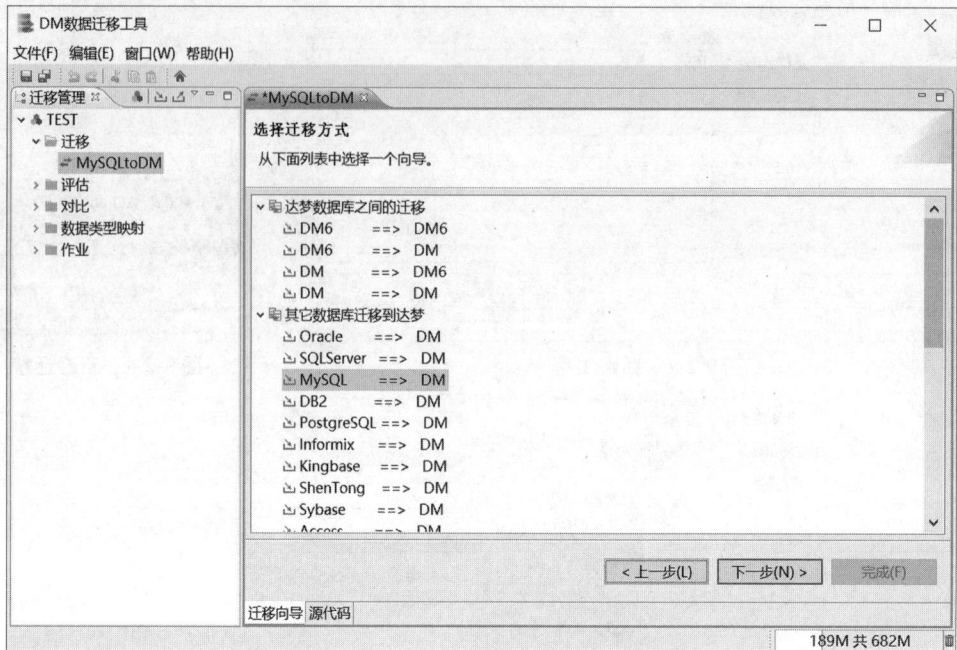

图 9-2-11　选择迁移方式

　　进入数据源页面,输入 MySQL 连接信息,单击"刷新",选择要迁移的数据库名 education,单击"下一步",如图 9-2-12 所示。

图 9-2-12　输入 MySQL 数据源信息

进入目的页面,输入达梦数据库信息,单击"下一步",如图9-2-13所示。

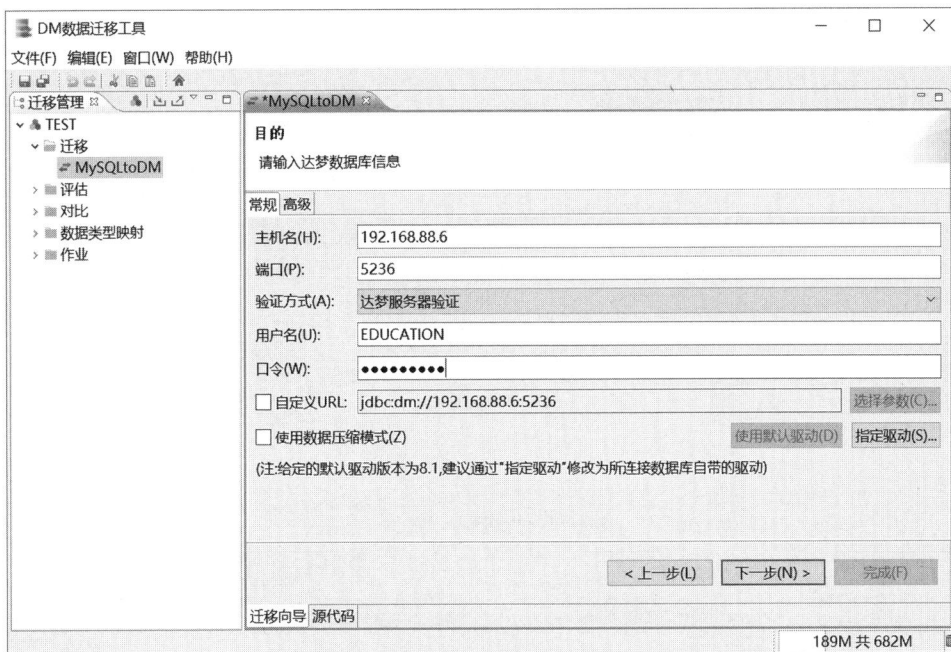

图9-2-13 输入目的数据源信息

进入迁移选项页面,保持默认,单击"下一步",如图9-2-14所示。

图9-2-14 选择迁移选项

进入指定模式页面,如图 9-2-15 所示,选择迁移源库和目的模式,单击"下一步"。

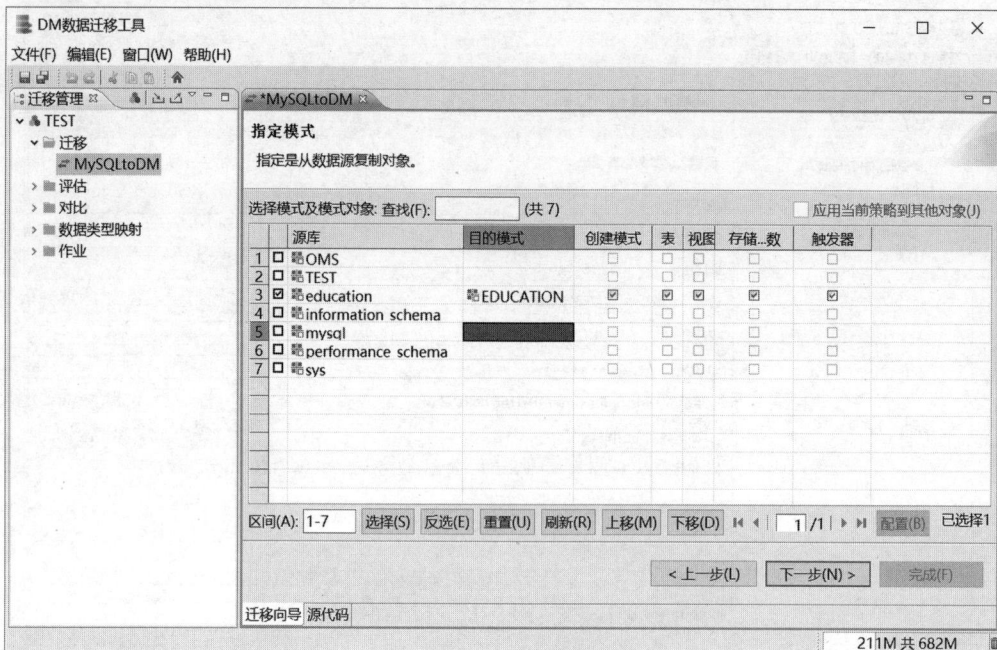

图 9-2-15　指定模式

进入指定对象页面,如图 9-2-16 所示,选择迁移的源库表信息,单击"转换"。

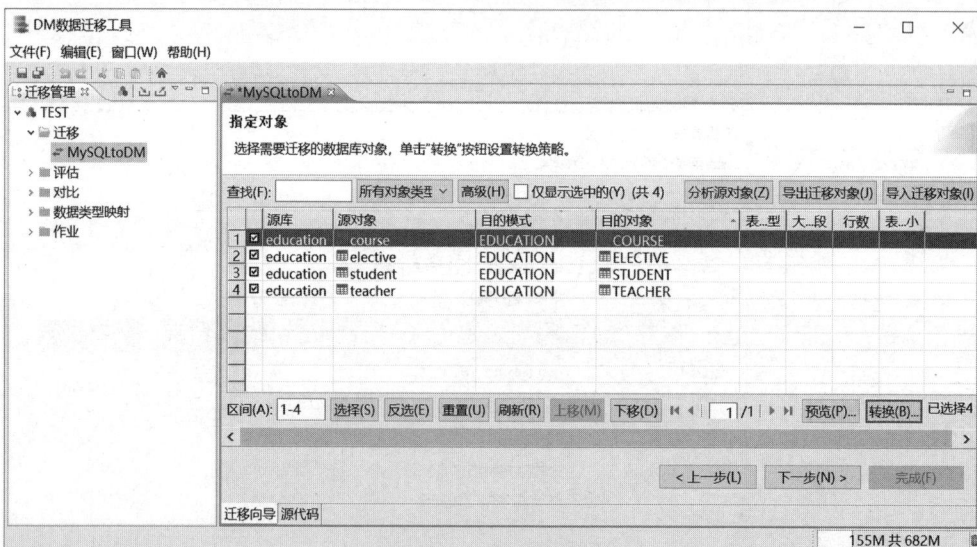

图 9-2-16　指定对象

打开设置表映射关系页面,如图 9-2-17 所示,取消勾选"保留引用表原有模式信息"。

勾选图 9-2-17 左下角"应用当前选项到其他同类对象",打开其他同类对象页面,如图 9-2-18 所示,单击左下角"选择"全选对象信息,单击"确定"。

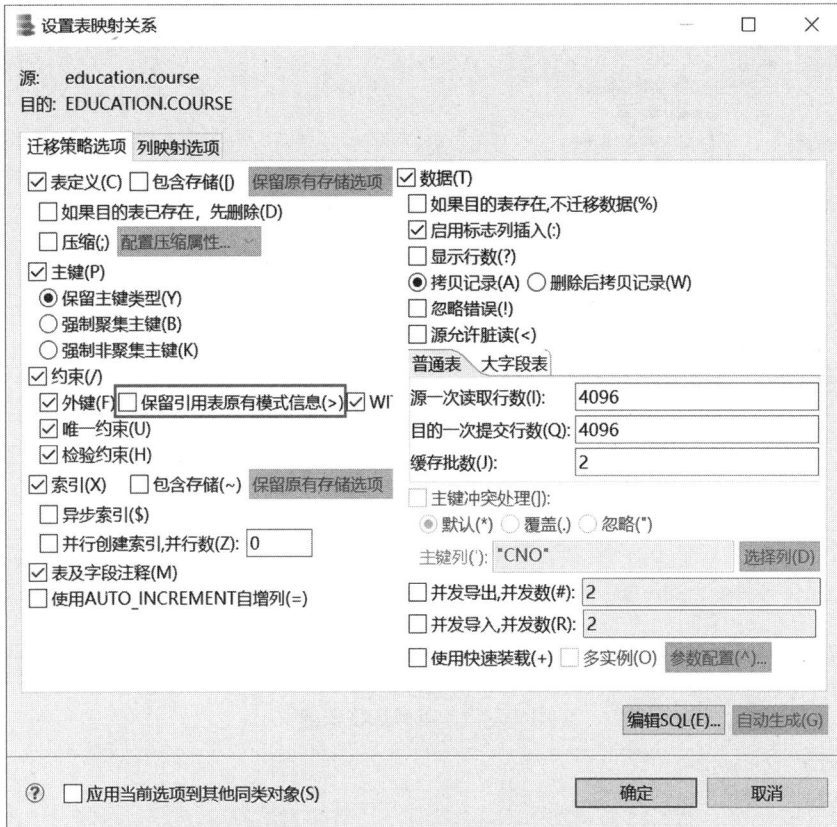

图 9-2-17 设置表映射关系

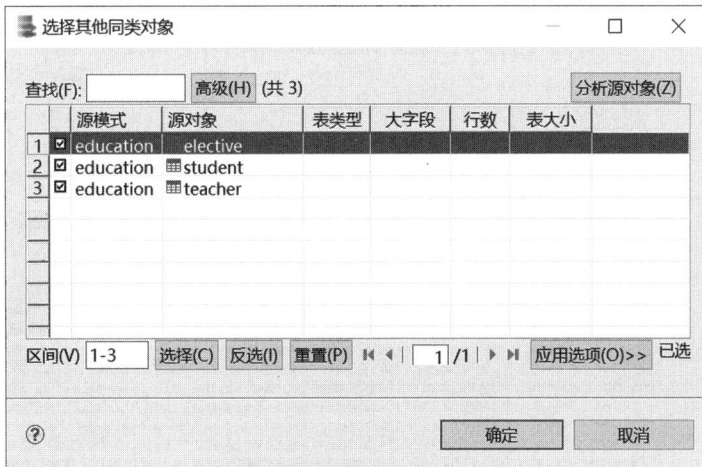

图 9-2-18 选择其他同类对象

在指定对象页面单击"下一步",进入审阅迁移任务页面,单击"完成",如图 9-2-19 所示。

进入完成迁移向导页面,如图 9-2-20 所示,任务完成后,查看迁移任务是否成功。

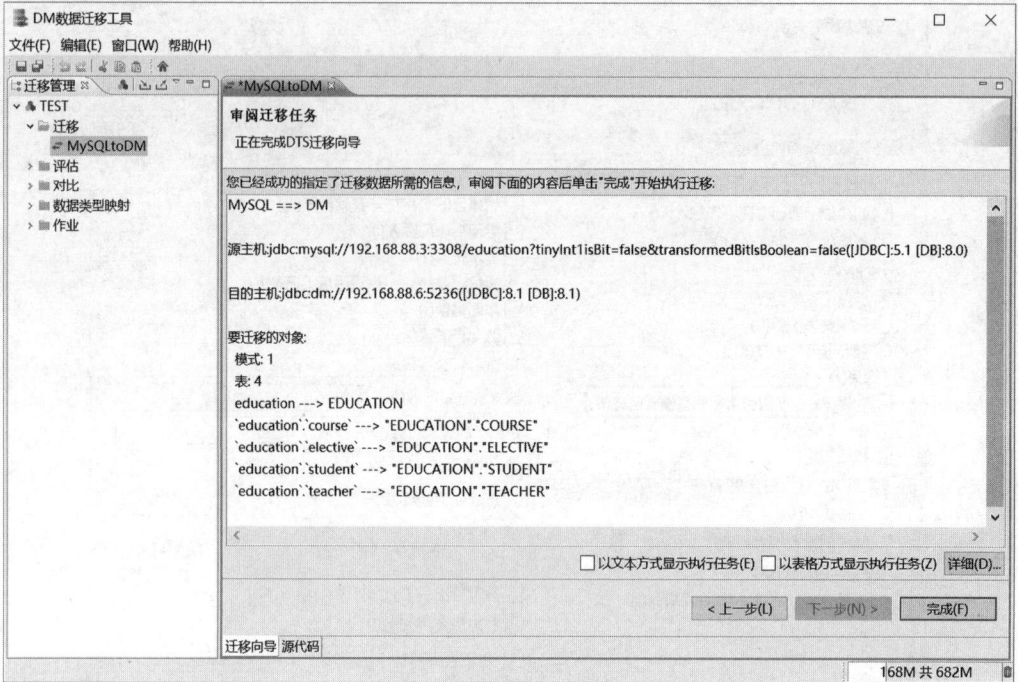

图 9-2-19   审阅迁移任务

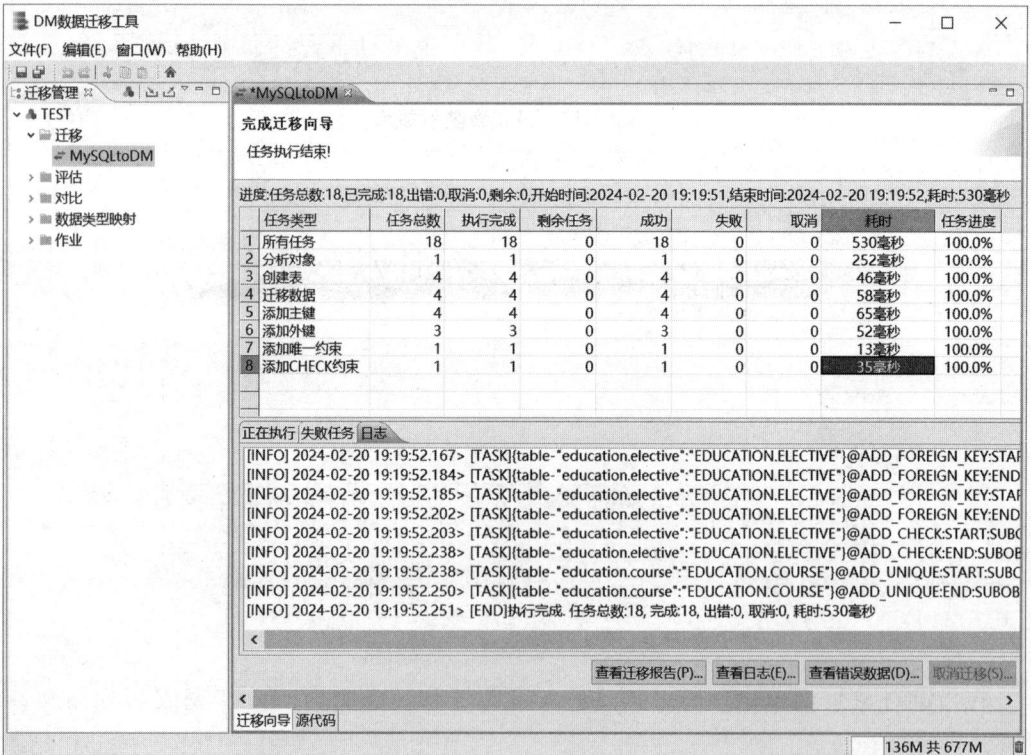

图 9-2-20   完成迁移向导

9.2.3 迁移后的数据对比

完成数据迁移后,可以使用 DTS 对比源库和目标库的数据。

[实施4] 进行迁移后的数据对比。

打开 DM 数据迁移工具,在左侧"迁移管理"中,选择"对比",右击选择"新建评估",打开新建对比页面,填写对比名称,单击"确定",如图 9-2-21 所示。

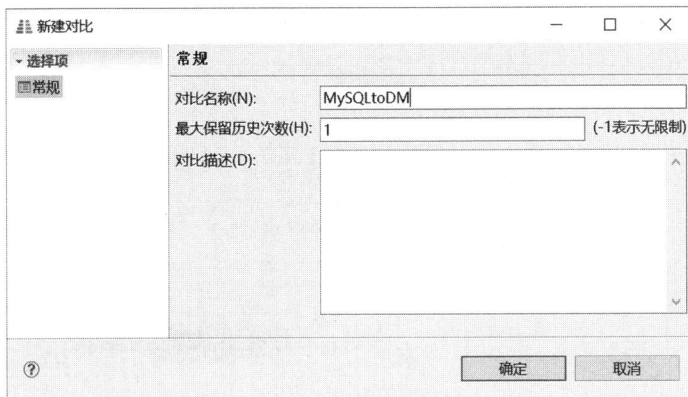

图 9-2-21 新建对比

进入对比源页面,如图 9-2-22 所示,选择"MySQL <==> DM",单击"下一步"。

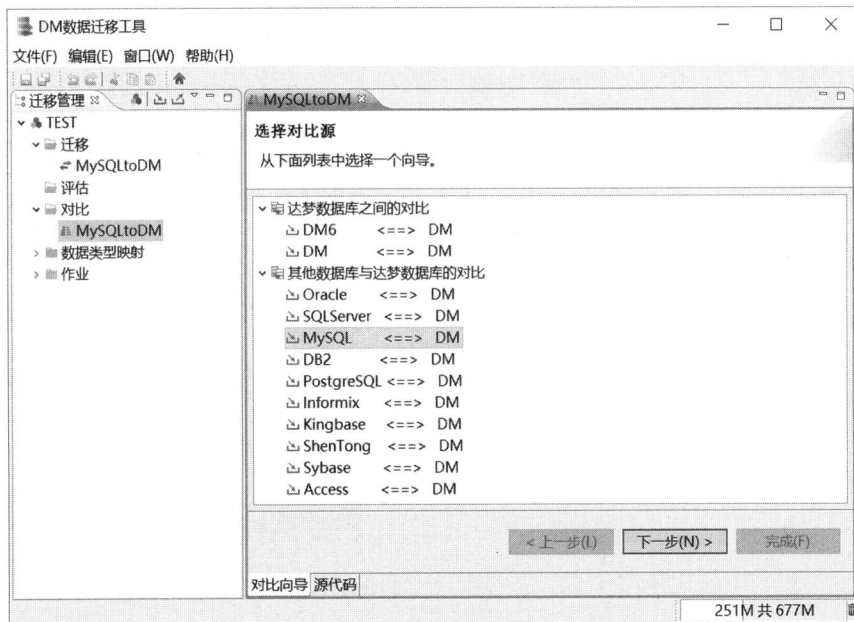

图 9-2-22 选择对比源

进入数据源页面,输入 MySQL 服务器连接信息,包含主机名、端口、用户名、口令,单击"刷新"按钮,选择要迁移的 MySQL 的数据库名 education,单击"下一步",如图 9-2-23 所示。

图 9-2-23　输入 MySQL 源数据库信息

进入目的页面,如图 9-2-24 所示,输入目的数据库信息,单击"下一步"。

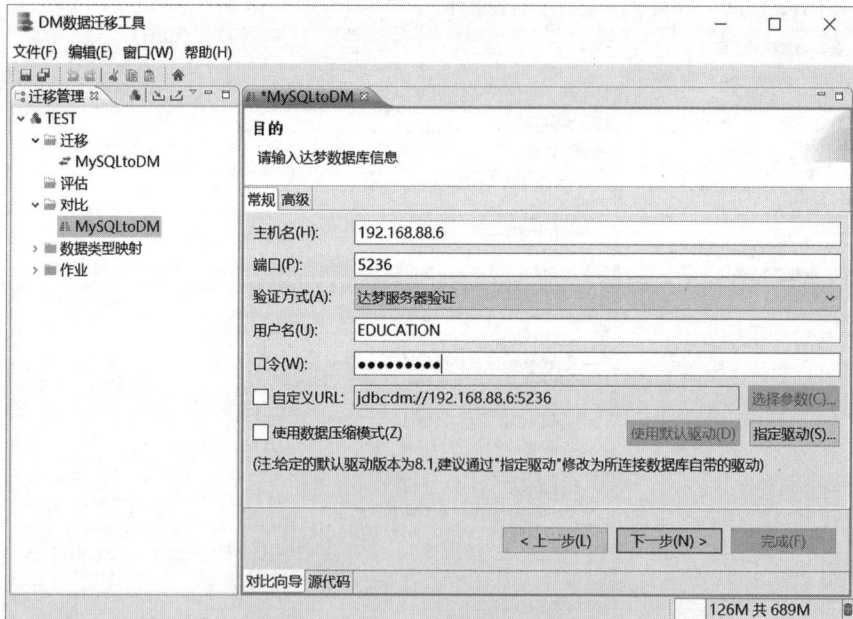

图 9-2-24　输入目的数据库信息

进入对比选项页面,保持默认,单击"下一步",如图 9-2-25 所示。

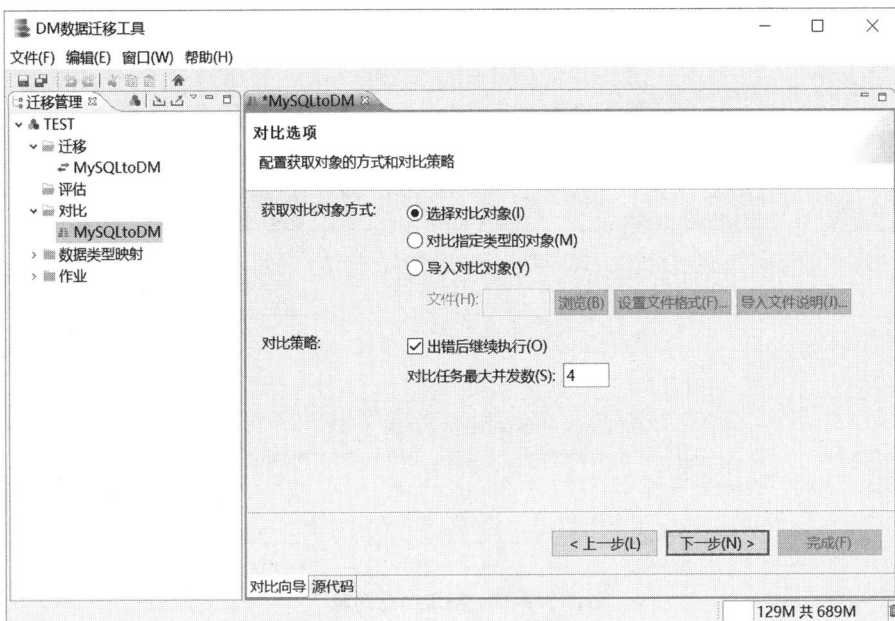

图 9-2-25 配置对比选项

进入指定模式页面,如图 9-2-26 所示,选择迁移源库和目的模式,单击"下一步"。

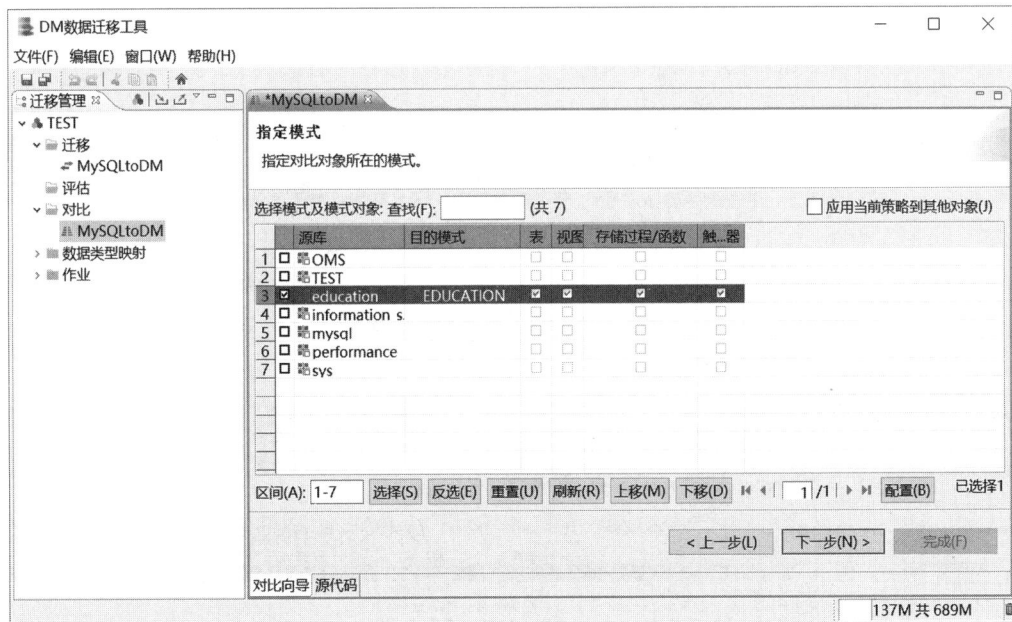

图 9-2-26 指定模式

进入指定对象页面,单击右上角"添加目的"按钮,如图 9-2-27 所示。

在添加对比目的对象页面的左下角单击"选择",全选所有表,单击"确定",如图 9-2-28 所示。

在指定对象页面,单击左下角"选择",全选所有表,单击右下角"配置",如图 9-2-29 所示。

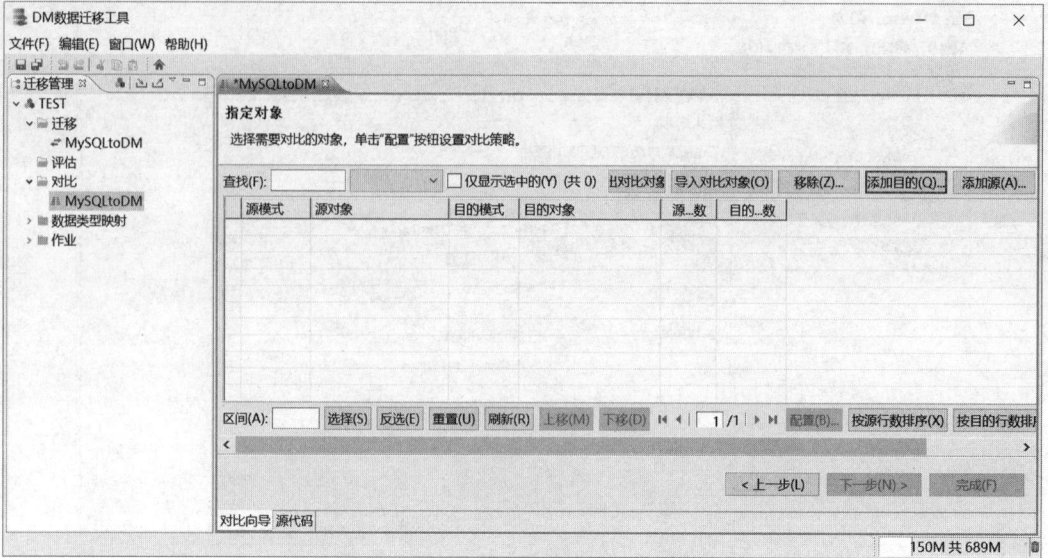

图 9-2-27　指定对比对象

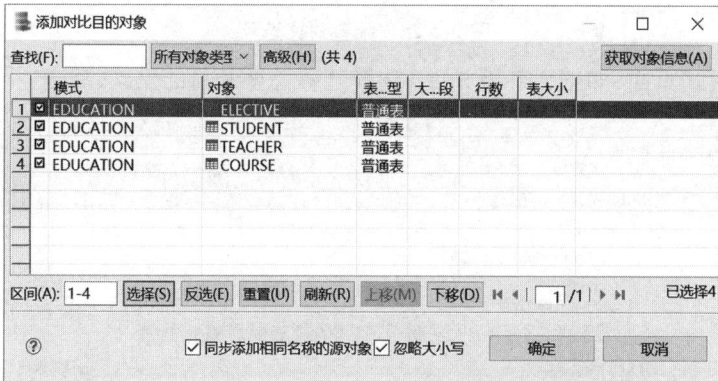

图 9-2-28　添加对比目的对象

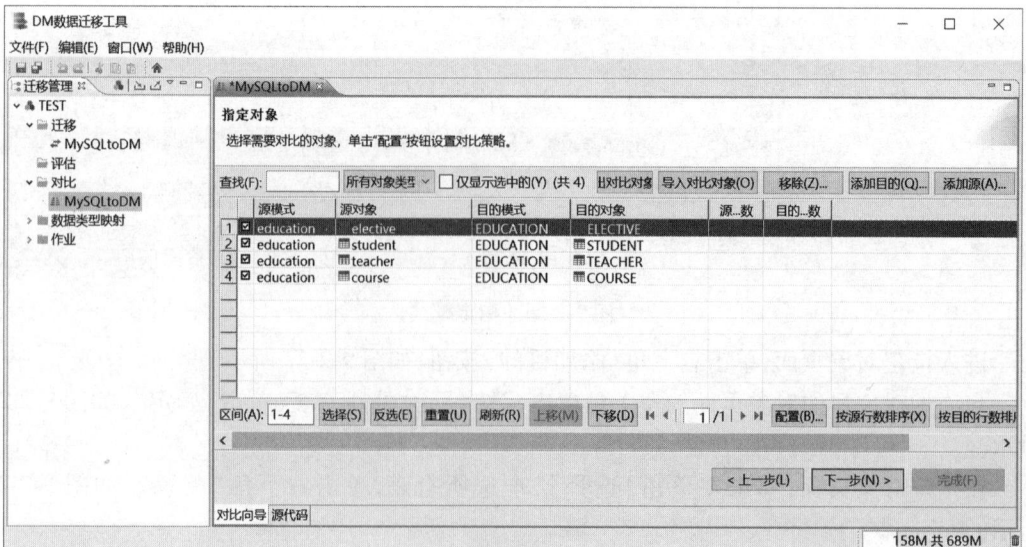

图 9-2-29　指定对比对象

打开对比参数设置页面,取消勾选"对比定义",并勾选"应用当前选项到其他同类对象",如图 9-2-30 所示。

图 9-2-30　对比参数配置

在其他同类对象页面,单击左下角"选择"全选对象信息,单击"确定",如图 9-2-31 所示。

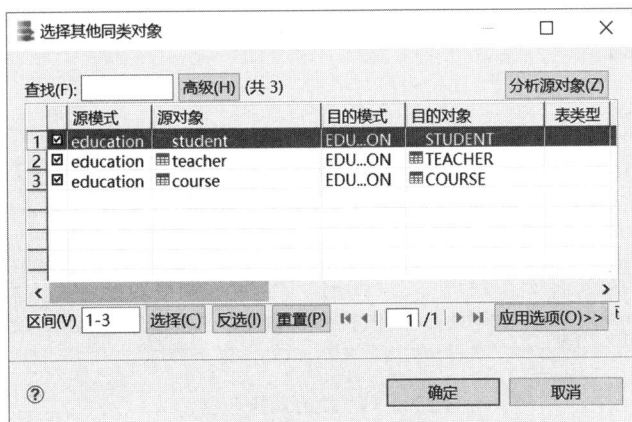

图 9-2-31　选择其他同类对象

在指定对象页面单击"下一步",进入审阅对比任务页面,单击"完成",如图 9-2-32 所示。

进入执行对比任务页面,任务完成后,查看对比任务结果,如图 9-2-33 所示。

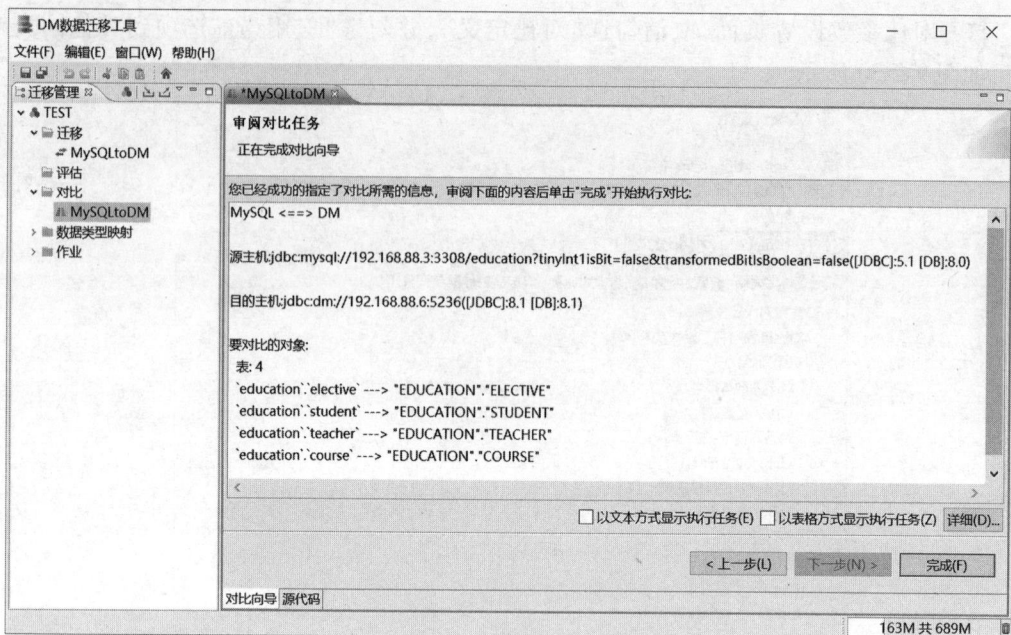

图 9-2-32　审阅对比任务

图 9-2-33　执行对比任务

知识聚焦

（1）表空间概述

在 DM 数据库中,表空间是达梦数据库最大的存储单元;表空间由一个或多个数据文件组成。DM 数据库中的所有对象在逻辑上都存放在表空间中,而物理上都存储在所属表空间的数据文件中。

在创建 DM 数据库时,会自动创建 4 个表空间:SYSTEM 表空间、ROLL 表空间、MAIN 表空间和 TEMP 表空间。

SYSTEM 表空间存放了有关 DM 数据库的字典信息,用户不能在 SYSTEM 表空间创建表和索引。

ROLL 表空间由 DM 数据库自动维护,用户无须干预。该表空间用来存放事务运行过程中执行 DML 操作之前的值,从而为访问该表的其他用户提供表数据的读一致性视图。

MAIN 表空间在初始化库的时候,会自动创建一个大小为 128 M 的数据文件 MAIN.DBF。在创建用户时,如果没有指定默认表空间,则系统自动指定 MAIN 表空间为用户默认的表空间。

TEMP 表空间完全由 DM 数据库自动维护。当用户的 SQL 语句需要磁盘空间来完成某个操作时,DM 数据库会从 TEMP 表空间分配临时段。如创建索引、无法在内存中完成的排序操作、SQL 语句中间结果集以及用户创建的临时表等都会使用 TEMP 表空间。

每一个用户都有一个默认的表空间。对于 SYS、SYSSSO、SYSAUDITOR 系统用户,默认的用户表空间是 SYSTEM,SYSDBA 的默认表空间为 MAIN。一般情况下,建议用户自己创建一个表空间来存放业务数据,或者将数据存放在默认的用户表空间 MAIN 中。

用户可以通过执行如下语句来查看表空间相关信息。

```
SELECT * FROM V$TABLESPACE;
```

(2)用户概述

DM 数据库采用"三权分立"或"四权分立"的安全机制,将系统中所有的权限按照类型进行划分,为每个管理员分配相应的权限,管理员之间的权限相互制约又相互协助,从而使整个系统具有较高的安全性和较强的灵活性。

使用"三权分立"安全机制时,将系统管理员分为数据库管理员、数据库安全员和数据库审计员 3 种类型。在安装过程中,DM 数据库会预设数据库管理员账号 SYSDBA、数据库安全员账号 SYSSSO 和数据库审计员账号 SYSAUDITOR,其缺省口令都与用户名一致。

使用"四权分立"的安全机制时,将系统管理员分为数据库管理员、数据库对象操作员、数据库安全员和数据库审计员 4 种类型,在"三权分立"的基础上,新增数据库对象操作员账户 SYSDBO,其缺省口令为 SYSDBO。

1)数据库管理员(DBA)

每个数据库至少需要一个 DBA 来管理,DBA 可能是一个团队,也可能是一个人。总体而言,数据库管理员的职责主要包括以下任务:评估数据库服务器所需的软、硬件运行环境;安装和升级 DM 服务器;进行数据库结构设计;监控和优化数据库的性能;计划和实施备份与故障恢复。

2)数据库安全员(SSO)

有些应用对安全性有很高的要求,传统的由 DBA 一人拥有所有权限并且承担所有职责的安全机制可能无法满足企业实际需要,此时数据库安全员和数据库审计员两类管理用户就显得异常重要,他们对限制和监控数据库管理员的所有行为都起着至关重要的作用。

数据库安全员的主要职责是制定并应用安全策略,强化系统安全机制。数据库安全员 SYSSSO 是 DM 数据库初始化时就已经创建好的,可以该用户登录到 DM 数据库来创建新的数据库安全员。

SYSSSO 或新的数据库安全员都可制定自己的安全策略,在安全策略中定义安全级别、范围和组,然后基于定义的安全级别、范围和组来创建安全标记,并将安全标记分别应用到主体(用户)和客体(各种数据库对象,如表、索引等),以便启用强制访问控制功能。

数据库安全员不能对用户数据进行增、删、改、查,也不能执行普通的 DDL 操作,如创建表、视图等。他们只负责制定安全机制,将合适的安全标记应用到主体和客体,通过这种方式可以有效地对 DBA 的权限进行限制,DBA 此后就不能直接访问添加有安全标记的数据,除非安全员给 DBA 也设定了与之匹配的安全标记,DBA 的权限受到了有效的约束。数据库安全员也可创建和删除新的安全用户,向这些用户授予和回收安全相关的权限。

3)数据库审计员(AUDITOR)

在 DM 数据库中,审计员的主要职责就是创建和删除数据库审计员、设置/取消对数据库对象和操作的审计设置、查看和分析审计记录等。

可以想象一下,某个企业内部 DBA 非常熟悉公司内部 ERP 系统的数据库设计,该系统包括了员工工资表,里面记录了所有员工的工资,公司的出纳通过查询系统内部员工工资表来发放工资。传统的 DBA 集所有权力于一身,很容易修改工资表,从而导致公司工资账务错乱。为了预防该问题,可以采用前面数据库安全员制定安全策略的方法,避免 DBA 或其他数据库用户具有访问该表的权限。为了能够及时找到 DBA 或其他用户的非法操作,还可以在系统建设初期,由数据库审计员(SYSAUDITOR 或其他由 SYSAUDITOR 创建的审计员)来设置审计策略(包括审计对象和操作),在需要时,数据库审计员可查看审计记录,及时分析并查找出幕后真凶。

4)数据库对象操作员(DBO)

数据库对象操作员是"四权分立"新增的一类用户,可以创建数据库对象,并对自己拥有的数据库对象(表、视图、存储过程、序列、包、外部链接等)具有所有的对象权限并可以授出与回收,但其无法管理与维护数据库对象。

▶ **任务拓展**

将 MySQL 中的学生选课系统数据迁移至达梦数据库 EDUCATION 中,迁移前,应先创建表空间和用户,要求如下。

①创建表空间 EDUTBS,用于存储学生选课系统数据。要求如下。

a. 创建表空间 EDUTBS,指定数据文件 EDUTBS01. DBF 和 EDUTBS02. DBF。

b. 数据文件存放至数据库默认目录下,文件初始大小为 50 M,自动扩展,每次扩展 2 M,最大值为 10 G。

②创建用户 EDU,用于管理学生选课系统的表结构和数据等。要求如下。

a. 创建用户 EDU,密码为 Dameng123,表空间默认为 EDUTBS。

b. 该用户密码复杂度要求不能和用户名同名、密码不小于 9、包含大小写字母和数字。

c. 该用户 EDU 具有创建表、创建索引和创建视图的权限。

d. 将角色 VTI、SOI、PUBLIC 赋予 EDU 用户。

③将 MySQL 中的 education 库迁移至达梦数据库 EDU 用户下,并对比迁移后的数据。

思维导图

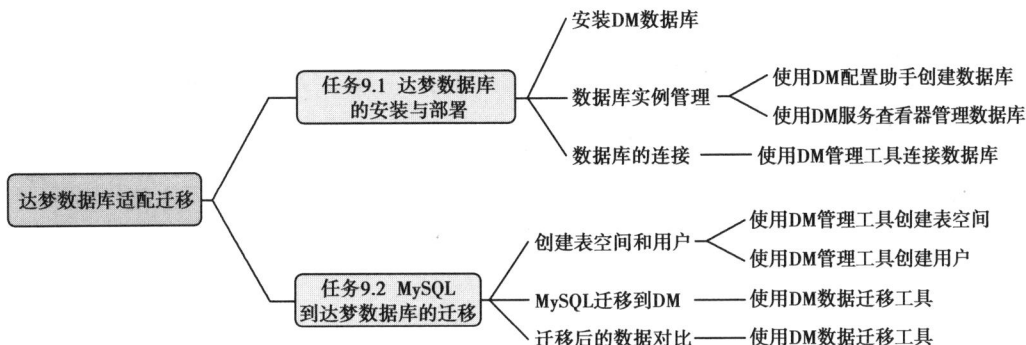

项目实训

一、实训目的

1. 掌握达梦数据库安装与部署的方法。

2. 掌握达梦数据库存储和用户规划的方法。

3. 掌握将 MySQL 的数据迁移至达梦数据库的方法。

二、实训内容及要求

高校图书管理系统原存储于 MySQL 数据库中,现需要使用 DTS 完成将 MySQL 中 library 数据迁移至达梦数据库的操作。迁移前需要安装与部署达梦数据库,并在达梦数据库中规划高校图书管理系统的数据存储和用户安全。

实训 1:安装与部署达梦数据库

在 Windows 环境中,安装与部署一个达梦数据库环境,用于搭建图书管理系统。要求在 d:/dm8/dmdbms 目录安装 DM 8 数据库软件,并创建图书管理系统数据库实例。实例要求如下。

①数据库目录存放到 d:/dm8/data 目录下。

②数据库名为 LIBRARY,实例名为 LIBRARYSVR,端口号 5236。

③数据库管理员 SYSDBA 的密码为 Dameng123。

④页大小设置为 16K,簇大小为 16。

实训 2:规划存储和用户安全

(1)创建表空间 LIBTBS,用于存储图书管理系统数据,具体要求如下。

①创建表空间 LIBTBS,指定数据文件 LIBTBS01.DBF 和 LIBTBS02.DBF。

②数据文件存放至数据库默认目录下,文件初始大小为 64 M,自动扩展,每次扩展 2 M,最大值为 5 G。

(2)创建用户 LIB,用于管理图书管理系统的表结构和数据等,具体要求如下。

①创建用户 LIB,密码为 Dameng123,表空间默认为 LIBTBS。

②该用户密码复杂度要求不能和用户名同名、密码不小于 9、包含大小写字母和数字。

③用户 LIB 具有创建表、创建索引和创建视图的权限。

④将角色 VTI、SOI、PUBLIC 赋予 LIB 用户。

实训3:使用 DTS 迁移数据库

使用 DM 数据迁移工具将 MySQL 中的图书管理系统 library 库迁移至达梦数据库 LIB 用户下,迁移完成后对比迁移前后的数据是否一致。

课后习题

一、选择题

1.(多选)达梦数据库支持的软硬件平台包含(　　)。

A. Windows　　　　　B. Linux　　　　　C. Solaris　　　　　D. HP UNIX

2.(多选)在创建数据库时,下列(　　)选项可以在创建数据库时指定,一旦数据库创建完成,将无法更改。

A. 页大小　　　　　　　　　　　B. 字符串大小写敏感

C. 簇大小　　　　　　　　　　　D. 字符集

3.(单选)使用下列(　　)工具可以创建数据库实例。

A. DM 服务查看器　　　　　　　B. DM 数据库配置助手

C. DM 管理工具　　　　　　　　D. disql 命令行工具

4.(多选)使用下列(　　)工具可以连接 DM 数据库。

A. DM 服务查看器　　　　　　　B. DM 数据库配置助手

C. DM 管理工具　　　　　　　　D. disql 命令行工具

5.(单选)使用下列(　　)工具可以启动 DM 数据库。

A. DM 服务查看器　　　　　　　B. DM 数据库配置助手

C. DM 管理工具　　　　　　　　D. disql 命令行工具

6.(多选)DTS 支持将以下(　　)数据库迁移至达梦数据库中。

A. MySQL　　　　　B. PostgreSQL　　　　　C. Oracle　　　　　D. SQL Server

7.(单选)DM 数据库数据字典存放在(　　)表空间。

A. SYSTEM　　　　　B. MAIN　　　　　C. TEMP　　　　　D. ROLL

8.(多选)以下(　　)表空间是达梦数据库创建完成后就有的预定义表空间。

A. SYSTEM　　　　　B. MAIN　　　　　C. TEMP　　　　　D. ROLL

9.(单选)以下(　　)属于对象权限。

A. CREATE VIEW　　　　　　　B. CREATE TABLE

C. SELECT TABLE　　　　　　　D. SELECT ON DMHR. EMPLOYEE

10.(多选)关于用户管理,下列说法正确的是(　　)。

A. 创建用户时需要指定有效密码

B. 创建用户时可指定密码策略,如果不指定,则使用系统默认口令策略

C. 创建用户时可指定用户默认表空间,如果不指定,则默认使用 MAIN 表空间

D. 用户和角色不能使用相同的名称

二、简答题

1.简述达梦数据库的安装与 MySQL 等其他数据库安装的区别。

2.达梦数据库创建实例时默认大小写是敏感的,简述其他哪些数据库默认大小写也是敏感的。

参考文献

［1］王珊,萨师煊.数据库系统概论［M］.5 版.北京:高等教育出版社,2014.

［2］教育部考试中心.全国计算机等级考试二级教程——MySQL 数据库程序设计［M］.北京:高等教育出版社,2022.

［3］张素青,翟慧.MySQL 数据库技术与应用［M］.2 版.北京:人民邮电出版社,2023.

［4］陈志泊.数据库原理及应用教程:MySQL 版［M］.北京:人民邮电出版社,2022.

［5］武洪萍,孟秀锦,孙灿.MySQL 数据库原理及应用［M］.3 版.北京:人民邮电出版社,2021.

［6］李锡辉,王敏.MySQL 数据库技术与项目应用教程［M］.2 版.北京:人民邮电出版社,2022.

［7］周德伟.MySQL 数据库基础实例教程［M］.2 版.北京:人民邮电出版社,2021.

［8］石坤泉,汤双霞.MySQL 数据库任务驱动式教程［M］.3 版.北京:人民邮电出版社,2021.

［9］苏雪,张雪林.数据库管理与应用［M］.西安:西安电子科技大学出版社,2022.

附　录

MySQL **快速上手**

序号	内容	二维码
1	任务3.1　创建和使用数据库	
2	任务3.2　创建和使用数据表	
3	任务3.3　创建和使用表中约束	
4	任务4.1　插入数据	
5	任务4.2　修改数据	
6	任务4.3　删除数据	
7	任务5.1　查询单表数据	

续表

序号	内容	二维码
8	任务 5.2　分组统计与排序	
9	任务 5.3　查询多表数据	
10	任务 5.4　子查询多表数据	
11	任务 6.1　创建和使用索引	
12	任务 6.2　创建和使用视图	
13	任务 7.1　MySQL 编程基础	
14	任务 7.2　创建和使用存储过程	
15	任务 7.3　创建和使用存储函数	
16	任务 7.4　创建和使用触发器	

续表

序号	内容	二维码
17	任务 8.1　事务管理	
18	任务 8.2　用户管理	
19	任务 8.3　权限管理	
20	任务 8.4　数据库备份与恢复	